미르카, 수학에 빠지다

미르카, 수학에 빠지다

망설임과 괴델의 불완전성 정리

유키 히로시 지음 • 박지현 옮김

③

이지북
EZbook

차례

① 거울의 독백

② 페아노 산술

③ 갈릴레오의 망설임

⑥ 입실론-델타

⑨ 망설임의 나선계단

⑩ 괴델의 불완전성 정리

감사와 우정을 담아
바다에서 얻은 것은 바다로 돌려보낸다.
_『바다의 선물』

밀려오다 다시 밀려가는 파도.
반복하고 또 반복하는 파도, 파도, 파도.

반복되는 리듬은 의식을 나 자신에게로 집중시킨다.
반복되는 리듬은 의식을 과거로 이끈다.

누구나 창공을 향해 날갯짓을 준비하던 그 시절.
나는 조그만 새장 속에 웅크리고 있었다.

이야기하는 나 자신. 침묵하는 나 자신.
말해야 하는 과거. 침묵해야 할 과거.

봄이 다시 올 때마다 나는 수학을 떠올린다.

종이 위에 기호를 쓰면서 우주를 그린다.
종이 위에 수식을 쓰면서 진리에 가까이 간다.

봄이 찾아올 때마다 나는 그녀들을 떠올린다.

수학이라는 언어로 이야기하며
청춘의 시간을 나누었던 그녀들.

내가 날개를 펼칠 수 있게 도와준 아주 작은 계기.
이제부터 그것에 대해 이야기하려고 한다.

거울의 독백

"거울아 거울아, 이 세상에서 누가 제일 아름답지?"
"여왕님, 바로 당신입니다."
대답을 들은 여왕은 흡족해했다.
이 거울은 진실만을 말하기 때문이었다.
_『백설공주』

1. 정직한 사람은 누구?

거울아, 거울아

"오빠, 백설공주 알아?"

유리가 말했다.

"당연하지……. 유리 구두를 잃어버린 공주님 찾는 얘기 아니야?"

내가 대답했다.

"그건 신데렐라지! 정말 못 말려."

"그랬던가?"

내가 시치미를 떼자 유리는 장난치지 말라며 웃었다.

이곳은 내 방. 지금은 1월. 연말부터 이어진 연휴도 이제 끝이다. 연휴 다음엔 실력 테스트가 기다리고 있지만 왠지 전혀 긴장이 되지 않았다.

유리는 중학교 2학년. 고등학교 2학년인 나를 그녀는 '오빠'라고 부른다.

유리가 내 친동생은 아니다. 그녀의 엄마와 내 엄마는 자매간이다. 그러니 내 사촌동생인 셈이다. 어릴 때부터 나를 오빠라고 불렀던 유리는 지금도 여전히 그렇게 부른다.

내 방에는 유리가 좋아하는 책이 많다. 휴일이 되면 늘 내 방으로 놀러오곤 한다. 내가 공부하고 있으면 유리는 뒹굴뒹굴하며 책을 읽는다.

유리가 말했다.

"백설공주의 새엄마는 거울 앞에서 항상 이렇게 말했지."

'거울아, 거울아! 이 세상에서 누가 제일 아름답지?'

"응. 거울이 미인 판정기라도 되는 거야?" 내가 대답했다.

"자신이 예쁘다고 생각하니까 그렇게 묻는 거겠지? 난 말이야, 거울을 보면 한숨만 나와. 머리는 왜 이런 색인지, 머리끝도 갈라져 푸석푸석하고."

유리는 그렇게 말하며 포니테일로 묶은 밤색 머리 꽁지를 만지작거리기 시작했다.

나는 새삼스레 유리를 쳐다보았다. 유리의 자기 평가는 혹독하지만 나는 그 정도로 심하지는 않다고 생각했다. 유리는 표정 변화가 잦아 눈을 뗄 수 없게 하는 구석이 있다. 언제나 톡톡 튀는 팝콘이 연상되는 인상이다. 머리 회전도 빠르고 대화할 때 전혀 지루하지 않다.

"아아, 염색하고 싶다. 예뻐지고 싶어."

"아니야, 유리." 내가 말했다.

유리는 머리끝을 만지작거리다가 멈추고는 나를 보았다.

"아니라고? 무슨 뜻이야?"

"음, 그러니까 유리는 지금 이대로도, 음, 충분하달까……."

"충분하다고?"

"그렇다니까."

"얘들아! 베이글 먹을래?" 주방에서 엄마가 큰 소리로 외쳤다.

"먹을래요!"

진지한 얼굴로 나를 보던 유리가 표정을 휙 바꿔 큰 소리로 답했다.

일어나서 나를 끌어당기는 유리. 딱 붙는 청바지가 잘 어울리는 호리호리한 몸매인데도 의외로 힘이 세다.

"자, 오빠. 빨리 간식 먹으러 가자!"

정직한 사람은 누구?

주방.

"이 책 재미있어?"

유리는 협탁에 놓여 있는 수학 퀴즈 책을 팔랑팔랑 넘겨보며 말했다.

"아니, 아직 안 읽어 봤어. 연휴 전에 학교에서 빌려 온 거야."

"아, 학교 도서실에 이런 책도 있어? 오빠, 이 퀴즈 알겠어? 'A$_1$~A$_5$, 여기 5명 중에 정직한 사람은 누구일까?' 이게 질문이네."

정직한 사람은 누구일까?

A$_1$: 여기 있는 사람 중에 거짓말쟁이는 1명이다.

A$_2$: 여기 있는 사람 중에 거짓말쟁이는 2명이다.

A$_3$: 여기 있는 사람 중에 거짓말쟁이는 3명이다.

A$_4$: 여기 있는 사람 중에 거짓말쟁이는 4명이다.

A$_5$: 여기 있는 사람 중에 거짓말쟁이는 5명이다.

"자, 좋아하는 맛으로 고르렴."

엄마가 베이글이 놓인 접시를 가지고 왔다.

"이쪽이 플레인이고, 이쪽이 호두 맛, 이건 바질 맛."

"이게 뭐예요?" 유리가 물었다.

"그건 양파 맛."

"그럼, 이거 먹을래요."

"넌 어떤 게 좋니?"

엄마가 접시를 내게 내밀었다. 따뜻하고 고소한 냄새.

"아무거나. 유리, 그보다 이 문제를……."

"안 돼. 어서 하나 골라!" 접시를 들이미는 엄마.

"그럼, 플레인 먹을게요."

"호두 맛이 괜찮은데."

"아, 그럼 그거요."

내가 호두 맛 베이글을 집어 들자 엄마는 만족스럽게 주방으로 돌아갔다. 이럴 거면 왜 고르라는 거지?

"유리, 이 문제에서 정직한 사람은 항상 참을 말한다는 거지?"

"맞아. 거짓말쟁이는 항상 거짓을 말하고. A_1에서 A_5까지 모두 정직한 사람이거나 아니면 거짓말쟁이야."

"그럼 간단하지. 정직한 사람은 A_4. 나머지는 다 거짓말쟁이야."

"칫, 시시하다냥……. 너무 금방 풀어 버리잖아."

사촌동생은 때때로 고양이 말을 섞어 쓰는 버릇이 있다. 애도 아니고…….

"이 문제는 정직한 사람의 수로 경우에 따라 나누기만 하면 금방 풀려."

나는 말했다.

"정직한 사람은 0명~5명 중 하나야. 우선 정직한 사람이 0명(즉 5명 모두가 거짓말쟁이인 경우)일 수는 없어. 왜냐하면 A_5는 '여기에 거짓말쟁이 5명이 있다'고 했거든. 즉 A_5의 말이 참인데, 그렇게 되면 A_5의 말 '거짓말쟁이는 5명'이 성립하지 않는 거지. 이건 이상하잖아."

"응응." 유리가 맞장구를 쳤다.

"다음으로, 정직한 사람이 1명(거짓말쟁이가 4명)인 경우를 생각해 보자. A_4의 말만 참이 되니까 A_4가 정직한 사람이야. 그리고 남은 넷은 거짓말쟁이. 이렇게 해야 앞뒤가 들어맞아."

"그러네." 유리가 기쁜 듯 말했다.

"다음으로 정직한 사람이 2명(거짓말쟁이가 3명)인 경우를 보자. 이 경우에는 A_3만이 참을 말하고 있어. 하지만 A_3의 말이 참이라면 '거짓말쟁이가 3명'일 텐데 실제로는 4명이 거짓말을 하고 있으니 이것도 거짓이지. 정직한 사람이 3명, 4명, 5명일 경우에도 똑같이 앞뒤가 안 맞아. 결국 정직한 사람은 A_4일 수밖에 없다 이거지. 재미있는걸."

"뭐가?"

"사람 이름을 A, B, C, D, E로 하지 않고, A_1, A_2, A_3, A_4, A_5라고 숫자를

붙인 거 말이야.”

“헤에.”

“일반화한 문제를 낼게. 풀 수 있겠어?” 나는 말했다.

정직한 사람은 누구일까? (일반화)

B_1 : 여기에 거짓말쟁이가 1명 있다.

B_2 : 여기에 거짓말쟁이가 2명 있다.

B_3 : 여기에 거짓말쟁이가 3명 있다.

B_4 : 여기에 거짓말쟁이가 4명 있다.

B_5 : 여기에 거짓말쟁이가 5명 있다.

⋮

B_{n-1} : 여기에 거짓말쟁이가 $(n-1)$명 있다.

B_n : 여기에 거짓말쟁이가 n명 있다.

“n이 뭐야?” 유리가 베이글을 먹으면서 물었다.

“좋은 질문이야. 문자 n은 어떤 자연수야.”

“모르겠어. n이라고 해도…… 무수한 사람 중에 찾으라고?”

“무한하지 않아. n이라는 수가 주어졌으니까 B_1, B_2, $\cdots$, B_n의 n명일 뿐이야. 무수한 사람이 있는 게 아니라.”

“그러네. 무한하지 않네.”

“이 문제는 5명일 때와 같은 생각을 할 수 있어.”

“응? 아, 알았어. B_{n-1}이 정직한 사람이지?”

“맞았어. 꽤 영리한데?”

“오호, 이 정도쯤이야. 정직한 사람은 1명이니까 거짓말쟁이는 $(n-1)$명이고.”

유리가 장난스럽게 말했다.

“이건 n이라는 문자를 써서 문제를 일반화시킨 거야.”

문자를 도입해 일반화한다

"n은 뭐든지 가능하다는 거야?"

"그렇지. n이 $1, 2, 3, \cdots$이라는 자연수 중 하나니까."

"음, 그거 이상한데? $n = 1$일 경우 누구도 정직한 사람이 될 수 없잖아!"

정직한 사람은 누구? ($n = 1$일 경우)

C_1: 여기에 거짓말쟁이가 1명 있다.

"응? 이 경우에는 '정직한 사람은 없다'가 정답이지." 내가 말했다.

"뭐? 말도 안 돼! 그럼 C_1은 정직한 사람이야? 아니면 거짓말쟁이야?"

"거짓말쟁이겠지?"

"그렇다면 거짓말쟁이가 한 사람 있는 거잖아? C_1 본인이 거짓말쟁이야. 그럼 거짓말쟁이가 참을 말한 게 된다고!"

"아, 그런가? 하지만 C_1이 정직한 사람이라곤 할 수 없어. 자기 혼자뿐인데 '거짓말쟁이가 1명'이라고 말한 셈이니까. 정직한 사람인 C_1이 스스로를 거짓말쟁이로 만들어 버리는 셈이니까······. 음, 이건 문제 자체가 성립하지 않는걸."

"문제가 성립하지 않다니?"

"응. 그렇게 돼. '정직한 사람 혹은 거짓말쟁이 둘 중 하나'라는 전제 조건 자체가 이상한 거야. $n = 1$의 경우엔 문제가 성립하지 않아."

"어느 쪽으로도 결정할 수 없는 문제란 거야?"

"응. C_1이 정직한 사람인지 거짓말쟁이인지 결정할 수 없어. 유리, 꽤 날카로운데?"

"냐하하, 하지만 결정할 수 없다니 찜찜한데. 깨끗하게 풀면 좋겠는데냥."

"그렇긴 하지."

"알았다. 여기서 거짓말쟁이는 '출제자'야!"

"무슨 소릴 하는 거야?"

똑같은 답

나는 새로운 문제를 생각해 냈다.

"유리, 이 문제는 어때?"

> 대답이 같은 질문은?
>
> 대답하는 사람이 정직한 사람과 거짓말쟁이 중 하나일 때, 어느 쪽이든 '같은 대답'
> 이 나올 수 있는 질문을 생각하시오. 단 '예'와 '아니오'로만 대답할 수 있어야 한다.

"무슨 말인지 모르겠어. '같은 대답'이란 게 뭐야?"

"정직한 사람의 대답과 거짓말쟁이의 대답이 같아야 한다는 뜻이야. 만약 정직한 사람이 '예'라고 대답한다면 거짓말쟁이도 '예'라고 대답한다는 거지. 만약 정직한 사람이 '아니오'라고 대답한다면 거짓말쟁이도 '아니오'라고 대답하게 하는 질문 말이야."

"그런 질문이 있다고?"

유리는 진지한 얼굴로 생각에 잠겼다. 나는 생각에 빠져 있는 유리의 표정을 좋아한다. 바로 '모르겠다'고 말할 때도 있지만.

"어때 유리, 알겠어?"

"당연하지. 이렇게 물어보면 돼. '당신은 정직한 사람입니까?'"

"아하, 맞았어. 잘하네."

"정직한 사람은 정직하니까 '예'라고 대답할 테고, 거짓말쟁이는 거짓말쟁이니까 '예'라고 대답하겠지. 둘 다 '예'라고 대답하게 되지."

"그렇지. 정직한 사람의 '예'는 참이고, 거짓말쟁이의 '예'는 거짓이지. 이 질문도 괜찮아. '당신은 거짓말쟁이입니까?'"

"아하. 이번에는 정직한 사람도 거짓말쟁이도 '아니오'로 대답하게 되네."

"엄마가 늦었지?" 엄마가 마실 것을 가져다주셨다. "자, 여기 코코아."

"어. 커피가 좋은데." 내가 말했다. "아, 이것도 좋긴 해."

"이모가 주신 코코아는 정말 맛있어요." 유리가 말했다.

"유리는 예쁜 말만 하네." 엄마가 말했다.

"근데, 오빠. '정직한 사람과 거짓말쟁이' 설정이 멋지네. 정직한 사람은 진실만 말하잖아. 입만 열면 다 진실인 거야. 얼마나 멋져!"

"그거야 뭐. 그런데 유리, 거짓말쟁이는 정직한 사람과 똑같은 능력을 가졌다는 건 알지?"

"응? 그게 무슨 말이야?" 유리는 나를 쳐다보았다.

"거짓말쟁이는 거짓만 말하잖아. 그렇다면 정직한 사람만큼 진실을 알고 있어야만 하지. 그렇지 않으면 자칫 진실을 말해 버릴 수 있으니까."

"어, 진짜네! 자칫 진실을 말해 버린다는 거, 재밌다냥."

"둘 다 부디 거짓말쟁이는 되지 말아 주렴." 엄마가 말했다.

침묵이라는 대답

"새로운 문제가 떠올랐어. 아까는 정직한 사람과 거짓말쟁이가 같은 대답을 할 질문을 만드는 거였잖아? 이런 건 어때? 물론 '예'나 '아니오'로만 대답하는 질문이야."

> 대답할 수 없는 질문은?
> 거짓말쟁이는 대답할 수 있지만, 정직한 사람은 대답할 수 없는 질문은 무엇인가?

"흐음, 과연." 나는 이렇게 말하고 생각에 잠겼다. "대답을 알 수 없는 질문을 내면 되지 않을까? 예를 들면 '쌍둥이 소수는 무한히 존재하는가?' 같은 질문……."

"쌍둥이 소수가 뭐야?"

"두 수의 차가 2인 소수의 쌍을 말하는 거야. 예를 들면 3하고 5, 5와 7. 이 것이 무수한지, 혹은 얼마나 존재하는지는 아직까지 그 누구도 몰라."

"그건 아니지. '쌍둥이 소수가 무한히 존재하는가?'를 아직 모른다는 뜻이 잖아? 언젠가는 밝혀질지도 모르는 거고. 게다가 '쌍둥이 소수는 무한히 존재하는가?'라는 질문으로는 거짓말쟁이도 대답 못 할걸. 진실을 알지 못하면 거짓말쟁이도 거짓을 말하지 못하니까."

"아, 그러네."

"내가 생각해 본 질문은 이거야."

이 질문에 당신은 '아니오'라고 대답하겠습니까?

"재미있는데! 정직한 사람이 '예'라고 대답하면 '아니오'라고 대답하지 않았기 때문에 거짓이 돼. '아니오'라고 대답하면 '아니오'라고 대답했으니까 당연히 거짓이 되지. 이거 까다로운데. 정직한 사람은 거짓을 말하지 않으니까 '예'라고도 '아니오'라고도 대답할 수 없게 되는 거야."

"그치? 거짓말쟁이는 '예'라고 대답하면 돼. 그것도 거짓이니까."

"까다롭네." 유리는 웃었다.

"그러네." 나도 웃었다. 정직한 사람은 '침묵'으로 대답하게 되는 것이다.

2. 논리 퀴즈

앨리스와 폴리스와 크리스

"이 문제 엄청 재미있네!"

수학 퀴즈 책을 팔랑팔랑 넘겨보던 유리가 웃음 지으며 말했다.

앨리스와 폴리스와 크리스 세 사람이 모자와 시계와 재킷을 각각 몸에 지니고 있다. 모자, 시계, 재킷은 빨간색, 초록색, 노란색의 세 가지색을 띠고 있으며, 같은 품목은 똑같은 색이 없다. 또한 세 사람이 몸에 지니고 있는 물건도 각기 다른 색이다. 아래 조건을 전제로 세 사람이 몸에 지니고 있는 세 가지 물건의 색깔을 맞춰 보라.

- 앨리스의 시계는 노란색이다.
- 폴리스의 시계는 초록색이 아니다.
- 크리스의 모자는 노란색이다.

"응? 이게 그렇게 웃긴 문제야?" 내가 말했다.

"세 사람의 모습을 상상해 봐. 엄청 화려한 3인조잖아?"

"그렇긴 하지만…… 답은 알겠어?"

"왠지 어려울 것 같으니까 관둘래. 패스."

"그럼 안 되지. 이럴 때는 '표'로 생각하는 게 좋아."

"표로 생각한다고?"

표로 생각하기

"각자 가지고 있는 물건을 표로 만들어 봐. 우선은 문제에서 나온 조건을 써 보는 거지."

	모자	시계	재킷
앨리스		노란색	
폴리스		초록색 아님	
크리스	노란색		

문제의 조건을 쓴다

유리는 뿔테 안경을 쓰더니 표를 들여다보았다.

"밝혀진 조건을 쓴단 말이지?"

"응. 까다로운 문제를 정리할 때는 머릿속으로만 생각하지 말고 표를 그려서 생각하는 게 좋아. 그러면 폴리스의 시계는 바로 알 수 있어. 초록색이 아니고 앨리스의 시계와는 다른 색일 테니까 노란색도 아니지. 남은 건 빨간색뿐이야."

"그렇구나."

	모자	시계	재킷
앨리스		노란색	
폴리스		빨간색	
크리스	노란색		

폴리스의 시계 색깔을 알아내다

"이제 표를 잘 분석하면 폴리스의 재킷 색깔도 알아낼 수 있어."

"음…… 노란색인가?"

"맞았어. 왜 그런지 설명할 수 있겠어?"

"그냥 보고 안 건데…… 폴리스의 재킷은 노란색이잖아?"

"그러니까 왜?"

"두 사람이 이미 노란색을 가지고 있으니까. 앨리스의 시계는 노란색이고, 크리스의 모자도 노란색이잖아? 따라서 앨리스의 재킷과 크리스의 재킷은 노란색이 될 수 없어. 그렇다면 노란색 재킷을 입을 수 있는 사람은 폴리스뿐이야."

"멋진 설명이야."

	모자	시계	재킷
앨리스		노란색	노란색이 될 수 없음

폴리스		빨간색	노란색으로 결정
크리스	노란색		노란색이 될 수 없음

앨리스와 크리스의 재킷은 노란색이 될 수 없다

	모자	시계	재킷
앨리스		노란색	
폴리스		빨간색	노란색
크리스	노란색		

폴리스의 재킷 색깔을 알아내다

"크리스의 시계도 바로 알겠지?" 내가 말했다.

"응. 앨리스의 시계는 노란색, 폴리스의 시계는 빨간색이니까 크리스의 시계가 될 수 있는 색깔은 초록색뿐이야."

"정답!"

	모자	시계	재킷
앨리스		노란색	
폴리스		빨간색	노란색
크리스	노란색	초록색	

크리스의 시계 색깔을 알아내다

"오빠, 그러면 크리스의 재킷 색깔도 알아낼 수 있어. 모자는 노란색, 시계는 초록색…… 노란색도 초록색도 아닌 색이라면…… 빨간색이야. 크리스의 재킷은 빨간색. 윽, 악취미네."

	모자	시계	재킷
앨리스		노란색	
폴리스		빨간색	노란색
크리스	노란색	초록색	빨간색

크리스의 재킷 색깔도 알아내다

"다음 단계는 조금 더 생각할 필요가 있겠는데……."

"알았다, 앨리스의 모자! 폴리스의 시계는 빨간색이고 크리스의 재킷도 빨간색이야. 그렇다면 앨리스는 시계도 재킷도 빨간색일 수 없어. 앨리스는 빨간 모자밖에 가질 수 없지!"

	모자	시계	재킷
앨리스	빨간색	노란색	
폴리스		빨간색	노란색
크리스	노란색	초록색	빨간색

앨리스의 모자 색깔을 알아내다

"그다음은……."

"잠깐! 나머지는 내가 할 거야! 우선 앨리스의 재킷은……."

	모자	시계	재킷
앨리스	빨간색	노란색	초록색
폴리스		빨간색	노란색
크리스	노란색	초록색	빨간색

앨리스의 재킷 색깔을 알아내다

"그리고 마지막으로 폴리스의 모자……라."

	모자	시계	자켓
앨리스	빨간색	노란색	초록색
폴리스	초록색	빨간색	노란색
크리스	노란색	초록색	빨간색

폴리스의 모자 색깔을 알아내다

"이걸로 끝!"

	모자	시계	자켓
앨리스	빨간색	노란색	초록색
폴리스	초록색	빨간색	노란색
크리스	노란색	초록색	빨간색

모든 색깔을 알아내다

"네, 참 잘했어요." 내가 말했다.

출제자의 의도

"너무 쉬워서 재미없어." 유리가 말했다.
"아까 말이랑 틀리네? 출제자의 입장이 되어 보니까 재미있는걸."
"무슨 뜻이야?"
"봐, 이 문제는 세 가지 조건이 미리 주어졌잖아?"

• 앨리스의 시계는 노란색이다.
• 폴리스의 시계는 초록색이 아니다.

- 크리스의 모자는 노란색이다.

"이 조건은 너무 많지도 적지도 않아."

"무슨 말인지 모르겠는데?"

"조건을 이보다 많이 주면 너무 쉬워지니까 시시하지. 하지만 조건을 이보다 적게 주면 문제를 풀 수 없게 돼. 그런 뜻이야."

"응. 출제자의 의도라…… 음, 그런가? 그런데 조건을 적게 줘도 풀 수 있잖아? 예를 들면 '크리스의 모자는 노란색이다'라는 조건이 없다면?"

- 앨리스의 시계는 노란색이다.
- 폴리스의 시계는 초록색이 아니다.

"이렇게 주어진다고 하면? 음…… 두 가지 답이 나와."

	모자	시계	재킷
앨리스	빨간색	노란색	초록색
폴리스	초록색	빨간색	노란색
크리스	노란색	초록색	빨간색

	모자	시계	재킷
앨리스	초록색	노란색	빨간색
폴리스	노란색	빨간색	초록색
크리스	빨간색	초록색	노란색

'크리스의 모자는 노란색이다'라는 조건이 없을 경우의 대답

"응. 풀 수 없다고 생각한 내가 틀렸어, 유리. 답이 오직 하나라고는 할 수 없어. 즉, 일의성(一意性: 오직 하나의 해, 하나의 성질을 갖는 것)을 갖지 않는다고 말해야겠네.”

“오빠는 항상 출제자가 어떤 의도인지를 생각해?”

“문제를 푸는 것도 재미있지만 문제를 만드는 것도 재미있으니까. 내가 문제를 낸다면 어떤 문제를 만들까, 항상 생각하거든. 문제를 어떻게 만들까 생각하는 건 정말 재미있어.”

“'재미있는 문제를 만드는 문제'는 재미있는 문제라는 거구냥!”

3. 모자는 무슨 색인가?

모르겠어요

“또 재미있어 보이는 문제 찾았다.” 유리가 퀴즈 책을 펼쳤다.

모자는 무슨 색?

사회자는 A, B, C(당신) 세 사람을 자리에 앉게 했다.

사회자: 지금부터 여러분에게 모자를 씌우겠습니다. 씌울 수 있는 모자는 5개 중 3개입니다. 5개 중 3개는 빨간색, 2개는 흰색입니다. 자기 모자의 색깔을 확인할 수는 없지만, 다른 사람의 모자 색깔은 볼 수 있습니다.

사회자는 세 사람에게 모자를 씌우고, 남은 2개의 모자를 숨겼다.

사회자: A씨, 당신 모자는 무슨 색입니까?

참가자 A: 모르겠습니다.

사회자: B씨, 당신 모자는 무슨 색입니까?

참가자 B: 모르겠습니다.

C인 당신은 A와 B의 모자가 보인다. 두 사람 다 빨간색이다.

사회자: C씨, 당신 모자는 무슨 색입니까?

참가자 C: …….

자, C씨의 모자는 무슨 색입니까?

"이상한 상황이네." 유리가 말했다.

"그러게."

장면을 상상해 보자.

나는 C이고 A와 B의 모자가 보인다. 두 사람은 빨간색 모자를 쓰고 있다. 빨간색은 3개니까 내 모자가 빨간색일 수도 있다. 혹은 흰색일지도 모른다. 그렇게 간단히는 알 수 없나? 아니, A와 B는 자기가 쓰고 있는 모자의 색깔을 '모른다'고 했다.

이것도 힌트다.

"오빠, 알겠어?" 유리가 말했다.

"생각 중이야."

A는 B와 C를 보고 있다. A가 '모른다'고 말했으므로 B와 C는 둘 다 흰색이 아니다. 만약 B와 C가 흰색이라면, A는 자기 모자가 빨간색이라는 걸 알게 되기 때문이다. 둘 다 흰색이 아니기 때문에, B와 C는 적어도 한쪽은 빨간색이 된다.

한편으로 B는 A와 C를 보고 있다. B도 똑같이 생각할 테니 A와 C는 '적어도 한쪽은 빨간색'…… 윽, 큰일이다. 이거 꽤 어려운데?

"헤헤, 오빠, 아직도 생각 중이야?"

유리가 싱글싱글 웃으면서 말했다.

"어, 유리…… 풀었어?"

"의외로 간단하던걸." 의기양양한 유리.

좋아, 확실하게 경우로 나눠서 생각해 보자. C의 모자는 흰색 아니면 빨간색이다.

C가 흰색이라고 가정했을 때

- A는 B(빨간색)와 C(흰색)를 본다. 확실히 A는 자기 모자의 색깔을 알 수 없다.

- B는 A(빨간색)와 C(흰색)를 본다. 음…….

그렇구나. A의 '모른다'라는 말은 B에게는 힌트다!
B는 이렇게 생각하겠지.

C가 흰색이라고 가정했을 때 B의 생각
- A는 B(모름)와 C(흰색)를 보고 있다.
- A는 '모른다'고 대답했다.
- A가 모르기 때문에 B와 C 중 '적어도 한쪽은 빨간색'이다.
- C는 흰색이니까 빨간색은 B가 된다!

B는 위와 같이 생각하고 '내 모자는 빨간색입니다'라고 말했을 것이다.
하지만,

- 하지만 실제로 B는 '모른다'고 대답했다.
- 그렇다면 C가 흰색이라고 가정하면 안 된다.
- C의 모자는 흰색 혹은 빨간색이니, 흰색이 아니라면 빨간색이다.
- 따라서 C의 모자는 빨간색이다!

"알았다. C의 모자는 빨간색이지?"
"정답!" 유리가 말했다.

출제자의 확인

내가 어떻게 정답을 도출했는지 설명하자 유리가 미간을 좁혔다.
"오빠는 'C의 모자가 흰색이라고 가정했을 때'를 생각했다고 하는데 'C의 모자가 빨간색이라고 가정했을 때'는 생각 안 해도 돼?"
"호오!" 하고 나는 감탄했다.
"이 문제에서 그것까지는 생각 안 해도 돼. 'C가 흰색 혹은 빨간색'이라는 조건이 있으니까."
"있잖아, 난 '출제자가 거짓말쟁이일 경우'를 생각하고 있었어."

"무슨 소리야?"

"그러니까……."

(1) C의 모자는 흰색이거나 빨간색이다.

(2) C의 모자는 흰색이 아니다.

그러므로…

(3) C의 모자는 빨간색이다.

"이렇게 생각한 거야. 하지만 (1)이 거짓이라면 (3)에는 도달할 수가 없잖아."

"응, 네 말도 맞아. 'C의 모자는 흰색 혹은 빨간색이다'라는 전제 조건이 충족되지 않으면 설령 'C의 모자는 흰색이 아니다'라는 걸 알아도 '따라서 C의 모자는 빨간색이다'라고는 할 수 없지. 'C의 모자가 빨간색이라고 가정했을 때'를 생각하는 건 출제자의 말에 거짓이 없다는 것을 확인하고 싶다는 거지. 한번 해 볼래?"

"응."

C의 모자가 빨간색이라고 가정했을 경우

- A는 B(빨간색)와 C(빨간색)를 본다. 하지만 A는 자신의 모자 색깔을 모른다.
  → 이는 A의 발언과 일치한다.
- B는 A(빨간색)와 C(빨간색)를 본다. 하지만 B는 자신의 모자 색깔을 모른다.
  → 이는 B의 발언과도 일치한다.

"확실히 발언과는 맞아. C가 흰색이라고 가정했을 때는 앞뒤가 맞지 않게 되지만, C가 빨간색이라고 가정했을 때는 들어맞지. 그러니까 'C는 흰색이나 빨간색 중 하나'라는 전제 조건이 틀렸다고 할 수 없어."

"이해했어, 오빠. 이 문제 까다롭긴 한데 재미있네."

"응, 재미있어. 어떤 점이 재미있냐면…… '모른다'라는 발언이 힌트가 된다는 점이나, A와 B의 위치에서 그러니까 상대의 입장이 되어 생각한다는 점 같은 것……."

"사랑이네!"

"그런데 넌 나보다 훨씬 먼저 풀었네."

"응. 하지만 난 어떻게 정답을 알아냈는지 오빠처럼 설명할 수가 없는걸. 멋지다고 생각했던 건 '모두 흰색'은 아니니까 '적어도 한쪽은 빨간색'이라고 했던 때야. 나 잠깐 감동했어."

"이 모자 퀴즈에서는 '모른다'고 말한 사람이 보는 두 사람 중 적어도 한쪽은 빨간색이라는 게 '정리(定理)' 같은 거니까."

"정리라……."

"이제 슬슬 방으로 가야겠어. 베이글 잘 먹었어요."

"이모님, 잘 먹었습니다."

"좀 있다 방에 차라도 갖다 줄게." 엄마가 말했다.

거울의 독백

방으로 들어오자 유리가 손가락을 튕겨 소리를 냈다.

"오빠, 모자 퀴즈 말야. 실제로 푸는 건 간단하지 않아?"

"무슨 소리야?"

"방에 거울을 놔두면 되잖아? 반짝반짝 빛나는 미러볼을 켜 놓거나."

"과도한 장치는 오버야…… 아니, 거울에 비친 모자를 보는 건 반칙 아냐?"

"헐. 근데 방에 거울이 없네? 오빠, 무슨 드라큘라라도 돼?"

"드라큘라 방에는 거울이 없니?"

"드라큘라는 거울에 안 비치잖아."

"거울에 비치지 않는다는 설정은 세계에 존재하지 않는 것이라는 걸 상징적으로 보여 주는……."

"됐어, 하여간 로망이 없다니까……. 좋아, 빨리 말하기로 승부 내기다!"

유리가 나를 손가락으로 가리키며 말했다.

"빨리 말하기?"

"과연, 나를 따라잡을 수 있을까 몰라."

"미러볼 키라키라, 드라큘라 쿠라쿠라!"

"드라큘라라니, 뭐야?"

나는 푸하하, 웃음을 터뜨렸다.

"어라? 잠깐만……. 미러볼, 키라키라! 드라큘라, 큐라큐라!"

"이번엔 쿠랴쿠랴로 들리는데." 나는 웃음을 멈출 수가 없었다. "말하고 싶었던 거 '드라큘라, 쿠라쿠라' 맞지?"

"맞아 그거. 드라큘라, 큐라…… 어라?"

유리는 몇 번이고 도전했다.

"드라큘라, 쿠랴쿠랴! 후, 드디어 안 틀렸다."

"그거 아니라니까."

우리는 소리 내어 웃음을 터뜨렸다.

"너무 웃어서 눈물이 나." 유리는 작은 거울을 꺼내 들었다.

"너 거울 가지고 다녀?"

"당연하지!"

유리가 갑자기 입을 다물더니 신기한 표정으로 거울을 보았다.

"유리야?"

"여자가 거울 볼 때는 방해하는 거 아니야!"

"아, 예. 그러시군요."

유리는 각도를 바꿔 가며 자기 얼굴과 머리 모양을 살폈다. 의외로 여자다운 구석이 있네.

"있잖아, 오빠. 세상에서 제일 아름다운 사람이 되는 방법은 간단하지? 만약 세상에 단 한 사람만 남게 된다면 확실히 제일 아름다워지지. 아, 아니다. 세상에 단 한 사람뿐이라면 보여 줄 상대가 없어지는구나. 의미 없네."

유리는 거울을 든 채 일어나 연극적인 어조로 말하면서 한 바퀴를 돌았다.

"거울아, 거울아! 이 세상에서 누가 제일 아름답지?"

그 순간 엄마가 차를 내오며 물었다.

"어머 유리, 신데렐라니?"

페아노 산술

> 내동댕이쳐진 몇 개의 콩들이
> 밤사이에 놀랄 만큼 자라 있었습니다.
> 두꺼운 줄기는 서로 얽혀 사다리처럼 높이 뻗었으며,
> 그 끝은 구름에 가려 보이지 않을 정도였습니다.
> _『잭과 콩나무』

1. 테트라

페아노의 공리

"선배!" 하고 부르는 소리에 나는 뒤를 돌아보았다.

"안녕, 테트라."

학교 안 작은 연못 언저리. 여기저기 벤치가 있어서 간혹 점심 도시락을 먹는 학생들도 보였다. 하지만 지금은 방과 후. 나는 홀로 벤치에 앉아 호수를 바라보고 있었다. 날이 약간 쌀쌀했지만 머리가 맑아지는 느낌이라 오히려 기분이 좋았다.

"여기 계셨네요?" 테트라가 말했다.

잘도 찾았네. 역시 '귀여운 스토커'라는 별명이 맞는군. 물론 테트라를 그렇게 부르는 건 우리 엄마뿐이지만.

후배 테트라. 짧은 커트 머리가 잘 어울리는 귀여운 고딩 1학년이다. 작은 몸집에 호기심이 왕성한 명랑 소녀.

나는 그녀에게 수학을 가르치고 있다. 방과 후 도서실이나 옥상, 교실에서. 테트라는 늘 나를 찾아와 수학을 질문한다. 사이좋은 선후배 관계이긴 하다.

내 몸을 약간 옆으로 옮기자 테트라가 옆자리에 앉았다. 달콤한 향기가 내

코로 훅 들어왔다. 여자애들한테선 왜 이렇게 좋은 향기가 나는 걸까?

"새로운 문제를 받았는데요." 테트라가 카드를 꺼냈다.

"무슨 말인지 잔뜩 적혀 있는데, 잘 모르겠어요."

페아노의 공리(문장 표현)

PA1: 1은 자연수다.

PA2: 임의의 자연수 n에 대하여 따름수 n'은 자연수다.

PA3: 임의의 자연수 n에 대하여 $n' \neq 1$이 성립한다.

PA4: 자연수 m, n에 대하여 $m' = n'$이라면 $m = n$이다.

PA5: 자연수 n에 관한 술어 P(n)에 대하여 (a)와 (b)가 성립한다고 하면 모든 자연수 n에 대하여 P(n)이 성립한다.

   (a) P(1)이다.

   (b) 임의의 자연수 k에 대하여 P(k)라면 P(k')이다.

"아하, 그러네." 나는 말했다.

"뒷면에도 있어요."

카드를 뒤집자 논리식이 써 있었다.

페아노의 공리(논리식 표현)

PA1 $1 \in \mathbb{N}$

PA2 $\forall n \in \mathbb{N} \left[n' \in \mathbb{N} \right]$

PA3 $\forall n \in \mathbb{N} \left[n' \neq 1 \right]$

PA4 $\forall m \in \mathbb{N} \quad \forall n \in \mathbb{N} \left[m' = n' \Rightarrow m = n \right]$

PA5 $\left(P(1) \wedge \forall k \in \mathbb{N} \left[P(k) \Rightarrow P(k') \right] \right) \Rightarrow \forall n \in \mathbb{N} \left[P(n) \right]$

"무슨 문제일까요?" 테트라가 말했다.

"이건 무라키 선생님이 내 준 연구 과제야."

무라키 선생님은 매번 수업과 상관없는 문제를 내는 별난 수학 선생님이다. 문제를 '카드'에 써서 우리에게 건넨다. 불규칙적으로 시험하고 난이도도 제각각이다. 책을 보고 풀어도 되고, 아무한테나 물어봐도 상관없다. 제출 기한은 없다. 성적을 내는 것도 아니다. 우리는 자율적으로 문제를 풀고 보고서를 만들어 선생님께 드린다. 선생님이 내 준 문제를 푸는 것은 지적으로 아주 즐겁다. 그뿐만이 아니다. 문제 풀이는 우리에게 진검승부 비슷한 어떤 것이었다.

"연구 과제……라는 건 이걸 가지고 스스로 문제를 만들어서 풀라는 건가요?"

테트라는 다시 카드를 쳐다보았다.

"이건 **페아노의 공리**야. 무척 유명하지. 여기에 적힌 PA1부터 PA5까지 생각해 보라는 거야."

"이 카드를 받고 열심히 독해하려고 했지만 전혀 의미를 모르겠어요. 하나 알 수 있는 건 따름수 n이라는 거……."

"테트라, 주의해서 읽어. 따름수는 n(엔)이 아니라 n'(엔 프라임)이니까."

"아, 그러네요. n'이라는 게 혹시 $n+1$을 말하는 건가요? 따름수는 '다음 수'라는 의미죠?"

n'은 $n+1$일까?

"결과적으로는 그렇지."

"왜 n'이라고 쓴 걸까요? $n+1$이라고 쓰면 될걸. 왠지 일부러 어렵게 쓴 것 같아서요. 페아노의 공리는 뭘 말하고자 하는 건지 그걸 모르겠어요. '논리식 버전'은 특히 그래요."

"자, 진정해. 이것저것 보려고 하지 말고 PA1부터 시작해 보자고."

"네, 알겠어요."

"책에서 페아노의 공리에 대해 읽은 적이 있어. 그래서 여러 가지를 알고 있기는 해. 테트라는 페아노의 공리를 처음 봤으니까 '전혀 모르겠다'는 반응은 당연해. 함께 읽어 볼까?"

"네!"

테트라는 큰 눈을 빛내며 대답했다. 나처럼 수학 공부를 정말 좋아하는군.

"우선 페아노의 공리가 말하고자 하는 것은……."

"페아노는 사람 이름이죠? 페아노 씨?"

"응. 페아노는 수학자야. 페아노의 공리로 자연수를 정의할 수 있어."

페아노의 공리로 자연수를 정의할 수 있다.

"자연수를 정의한다고요? 그런 게 가능한가?"

"응, 가능해."

"아니, 가능한가 어떤가의 문제가 아니라…… 자연수를 정의할 필요가 있는지 해서요. 자연수는 그냥 자연수잖아요. 정수든 뭐든 자연수는 1, 2, 3, …… 이렇게 알고 있는데."

테트라는 "1, 2, 3"이라고 말하며 손가락을 꼽는 제스처를 했다.

"페아노는 자연수의 본질적인 성질로 페아노의 공리를 정립했어. **공리**라는 건, 증명 없이도 성립하는 명제를 말해. **명제**라는 건 참, 거짓을 판단할 수 있는 수학적 주장을 말하고. 이 카드에 쓰인 PA1~PA5 공리를 써서 자연수전체의 집합 $\mathbb{N}$을 정의했지. 지금 네가 알고 있는 자연수는 일단 잊어버려. 집합 $\mathbb{N}$은 페아노의 공리를 충족한다고 보는 거야. 이때 '집합 $\mathbb{N}$에는 어떤 원소가 속하는지'의 관점에서 페아노의 공리를 알아보는 거야."

"에쿼."

테트라가 귀여운 소리로 재채기를 했다.

"여긴 추우니까 로비로 갈까?"

무한 반복하는 소원

나와 테트라는 로비까지 교내 가로수 길을 나란히 걸었다. 테트라는 내 걸음에 맞추어 잰걸음으로 따라오고 있었다.

"선배, 동화에 '세 가지 소원'이 잘 나오잖아요?"

"병에 갇힌 정령이 소원을 들어주는 거?"

"맞아요. 그 이야기를 접하면 드는 생각이 있어요. 두 가지 소원을 이룬 후에 세 번째 소원을 빌 때 '세 가지 소원을 더 들어줘'라고 하면 되지 않을까요?"

"무한 반복하면 무한하게 소원을 이룰 수 있는 거지."

"그렇죠, 에헤헤."

"'세 가지 소원을 더'라는 건 '메타 소원'인 거지?"

"메타 소원이요?"

"소원에 대한 소원이잖아? 그렇게 말할 수 있지."

"아, meta 말이죠. 소원에 대한 소원이라······."

"잠깐만." 나는 멈추어 섰다. "그럼 처음부터 '무수한 소원을 들어주세요' 하면 되잖아? 메타 소원은 그거 하나만 충족하면 되니까."

"그건 무수한 요구를 한마디로 말하는 거잖아요? 너무 뻔뻔하지 않나?"

그녀는 주먹을 쥐고 힘주어 말했다.

"그런데 네 소원은 뭐야?"

"언제까지나 선배를······ 아차차! 비, 비밀이에요."

페아노의 공리 PA1

로비는 학생들의 휴식 공간이다. 우리는 자동판매기에서 커피를 뽑아 4인용 테이블에 앉았다. 오늘은 평소와 달리 비어 있었다. 테트라는 내 왼쪽에 앉았다. 나는 노트를 펼쳤다.

페아노의 공리 PA1

1은 자연수다.

$$1 \in \mathbb{N}$$

"공리 PA1에 나오는 $1 \in \mathbb{N}$ 식이 뭔지 알겠어?"

"왠지…… 원소와 집합의 관계 같은데요. $1 \in \mathbb{N}$은 1이 $\mathbb{N}$이라는 집합의 원소라는 걸 나타낸 식."

"맞았어. 테트라가 말한 그대로야."

"네."

나는 노트에 메모를 했다.

$$1 \in \mathbb{N} \qquad \text{1은 집합 } \mathbb{N} \text{의 원소다}$$

"'속한다'라는 표현을 써도 좋겠지. 1은 집합 $\mathbb{N}$에 속한다."

"그렇죠. '1 belongs to $\mathbb{N}$'이네요."

테트라의 영어 발음은 아주 매끈하다.

"응. $1 \in \mathbb{N}$을 그림으로 나타내면 이렇게 되겠지."

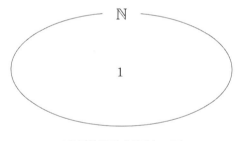

1은 집합 $\mathbb{N}$에 속한다 ($1 \in \mathbb{N}$)

"이제 공리 PA2로 가 볼까?"

페아노의 공리 PA2

"따름수 n'이라고 써 있긴 하지만 이건 $n+1$을 말하는 거죠?"

"결과적으로는 그렇지만 공리 PA2는 거기까지 말하고 있지는 않아."

이거 설명하기 어려운걸…….

"무슨 말이에요? '말하고 있지 않다'라니요?"

내가 말끝을 흐리자 테트라는 놓치지 않고 질문했다. 그녀는 납득할 수 있을 때까지 생각을 거듭한다. 스스로는 뭘 할 때마다 남들보다 두 배 느려서 짜증이 난다고 말은 하지만, 뭐 하나 그냥 넘기지 않는 태도는 큰 장점이다.

"공리 PA2를 주의 깊게 읽어 봐. '어떤 자연수 n에 대해서도 따름수 n'은 자연수다'라고 써 있지. 'n''이라고는 써 있지만 '$n+1$'이라고는 돼 있지 않아. 지금부터 우리가 정의하고자 하는 자연수에서는 아직 '더한다'는 개념은 정의하지 않은 상태고."

"아……."

"결과적으로 n'은 $n+1$에 상당하지만 그건 더 진전돼야 나오는 얘기야. 그러니까 n'이 $n+1$이라는 선입관을 가지고 읽어서는 안 돼."

"어쩐지 알 것 같아요. 아직 $n+1$은 정의되지 않았으니까 쓸 수 없다는 그런 뜻이죠?"

"바로 그거야. 이 공리 PA2가 대체 뭘 말하고자 하는 거라고 생각해? 즉, 자연수 전체의 집합 $\mathbb{N}$에, 어떤 원소가 속해 있다고 말하고 싶은 걸까?"

"모든 자연수 n에 대하여 n'도 자연수니까, 예를 들면 자연수 1에 대해 '2도 자연수'라고 말하고 있는 거 아닐까요?"

"테트라, 우린 아직 2라는 수를 몰라."

"네? 1은 자연수니까 거기에 1을 더한 2도 자연수 아닌가요?"

"아냐. 아직 1은 더할 수 없어. '더한다'가 정의되지 않았으니까."

"아차, 그랬지. 난 왜 이렇게 금방 까먹는 걸까……."

"'1은 자연수다'라는 건 공리 PA1에서 증명했지. 거기에 공리 PA2를 쓰면 '1'은 자연수다'라고 말할 수 있어. 알겠어? 여기서는 2가 아니라 1′(일 프라임)이라고 쓰는 게 포인트야."

"공리 PA2를 리터러리(literally)하게 좇는다는 말이네요."

"리터러리?"

"문자 그대로 좇는다는 거예요." 그녀는 고쳐 말했다.

"그렇지. 이걸로 1′∈ℕ이라고 할 수 있어. 왜냐하면 우선 공리 PA1에서 1이 자연수라고 할 수 있다고 했지."

$$1 \in \mathbb{N}$$

"공리 PA2에서는 모든 자연수 n에 대해 n'이 자연수라고 할 수 있다고 했고."

$$n' \in \mathbb{N}$$

"따라서 이 n에 1을 대입하면 1′이 자연수라고 할 수 있지."

$$1' \in \mathbb{N}$$

"좀 장황하긴 해도 확실하게 공리를 써서 1′∈ℕ이라고 나타내는 게 중요해."

"요령을 조금 알 것 같아요. 이건 '모른 척하기 게임' 같은 거네요. 공리에 있는 것만 써서 이게 결과적으로 무엇이 될지 미리 알고 있어도 일부러 모르는 척하는 게임……."

"멋진데! 바로 그거야. '공리로 주어진 것'만 쓰면 돼. 그리고 '공리에서 논리적인 추론을 통해 얻어 낸 것'은 써도 되고. 하지만 그 외에는 쓰면 안 돼. 정의된 것 외에는 모르는 척을 한다. 확실히 이건 '모른 척하기 게임'이야."

"네. PA1과 PA2를 쓰면, 1과 1′이 자연수의 집합에 속해 있다는 것을 알았어요. 그림으로 한번 그려 볼게요!"

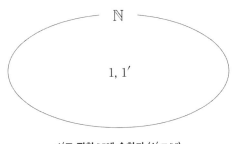

1′도 집합 ℕ에 속한다 (1′∈ ℕ)

"좋아."

"그런데 선배. 논리식 표현에 나오는 ∀n∈ ℕ 말인데요."

"응. 이건 ∀(for all). 즉 '모든 ~에 대해'라는 의미야. 카드에는 이런 형식으로 써 있었지?"

$$∀n∈ ℕ \, ['n\text{에 속하는 명제}']$$

"이 의미는 집합 ℕ의 모든 원소 n에 관하여 'n에 관한 명제'가 성립한다는 거야. ⇒를 써서 이렇게 쓸 때도 있지."

$$∀n\,[n∈ℕ ⇒ 'n\text{에 속하는 명제}']$$

"앞서 n∈ ℕ이라고 정해 두고, 논리식에서는 ∈ ℕ을 생략하기도 해."

$$∀n\,['n\text{에 속하는 명제}']$$

"모두 똑같은 의미야. 수학책을 많이 보면 여러 가지로 응용할 수 있다는 걸 알 수 있어."

"그렇군요. 그럼 공리 PA3으로 진도를 나가 볼까요?"

테트라는 오른손을 꼭 쥐고 높이 들었다.

"안 돼, 테트라. 아직 공리 PA2로 말해야 할 게 남았어."

"네?"

크게 늘어나다

"우리는 1′이 집합 $\mathbb{N}$에 속한다는 걸 알았어. 1′은 자연수야. 1′에 대해 공리 PA2를 쓰면 어떻게 되지?"

공리 PA2 : 어떤 자연수 n에 대하여 따름수 n'은 자연수다.

"설마, 따름수의 따름수요?"

"맞았어. 자연수라고 알게 된 1′에 ′을 하나 더 붙인 1″도 자연수가 되는 거야."

$$1'' \in \mathbb{N}$$

"그러면 ′을 몇 개나 붙여도 괜찮다는 건가요?"

"맞아!"

$$1 \in \mathbb{N}, \ 1' \in \mathbb{N}, \ 1'' \in \mathbb{N}, \ 1''' \in \mathbb{N}, \ 1'''' \in \mathbb{N}, \ \cdots$$

"우와, 그렇군요. 자연수는 1, 2, 3, 4, 5… 이렇게 잔뜩 있으니까 1, 1′, 1″, 1‴, 1⁗, … 이렇게 만들어야겠네요."

"PA1과 PA2 두 개의 공리로, 자연수는 이렇게 크게 늘어났어."

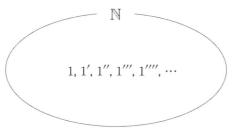

$1, 1', 1'', 1''', 1'''', \cdots$는 집합 $\mathbb{N}$에 속한다

"집합 $\mathbb{N}$을 이렇게 써 보자."

$$\mathbb{N} = \{1, 1', 1'', 1''', 1'''', \cdots\}$$

"이걸로 자연수가 정의되었네요."

"아직 아니야. PA1과 PA2, 두 개의 공리만 썼잖아."

"아, 그러네요. 요령을 슬슬 알 것 같으니까 재미있어져요."

- 공리로서 주어진 조건은 써도 좋다.
- 공리에서 논리적으로 알게 된 사실도 써도 좋다.
- 공리는 반복하여 써도 좋다.
- 그렇게 해서 우리는 집합 $\mathbb{N}$을 정의하고 있다.

"응, 깨끗하네. 이 $\mathbb{N}$이 자연수 전체의 집합이 되기를 우리는 기대하고 있어. 그런데 공리 PA1과 PA2에서 우리는 집합 $\mathbb{N}$이 $\{1, 1', 1'', 1''', 1'''', \cdots\}$이라는 형태를 띠고 있다는 것을 알았지."

"네. 이 집합은 $\{1, 2, 3, 4, 5, \cdots\}$를 말하는 거지만, 우리는 현재 '모르는 척'하는 중이고요."

"바로 그거야. '모르는 척 게임'이지."

"단 두 개의 공리로 무수한 자연수가 만들어진다니 정말 멋져요. 마치 두

장의 거울을 서로 마주 보게 하는 '거울들의 대화' 같아요."

"아니, PA1과 PA2만으로 무수한 자연수를 만들 수 있다고는 할 수 없어."

"네?"

테트라는 큰 눈을 더 동그랗게 뜨고 나를 쳐다보았다.

페아노의 공리 PA3

"자연수가 무수히 있다고 말할 수 없다고요? '은 몇 개를 붙여도 되는 거 잖아요? 한계가 없으니까."

"그래. 하지만 아직 무수한 자연수를 만들었다고는 할 수 없지."

"어째서요?"

"어째서라고 생각해?"

"그러니까 $\{1, 1', 1'', 1''', 1'''', \cdots\}$ 를 만들었잖아요?"

"그렇지."

"그럼 많이 만들 수……."

"그건 1과 1'과 1''이 서로 다르다는 보증이 없기 때문이야."

"하지만 1'은 1과 다르잖아요?"

"1' ≠ 1이라고 PA1과 PA2만으로는 분명히 설명할 수 없어."

"그것까지 의심해야 하는 건가요?"

"그래. 그래서 페아노의 공리 PA3이 있는 거야."

"페아노 씨는 정말 대단한 사람 같네요."

페아노의 공리 PA3

임의의 자연수 n에 대하여 $n' \neq 1$이 성립한다.

$$\forall n \in \mathbb{N}\left[n' \neq 1\right]$$

"공리 PA3으로 1' ≠ 1이라고 말할 수 있나요?"

"물론. '임의의 자연수 n에 대하여 $n' \neq 1$이 성립한다'고 했지. $n' \neq 1$의 n에 자연수 1을 대입해서 $1' \neq 1$이 성립하는 거지."

"아하, 1은 자연수니까…… 그렇구나, 지금 떠오른 건데 '임의의 자연수 n에 대하여'라는 표현은 정말 멋진 것 같아요. n이 무엇이든 상관없는 거죠. 그저 한 가지, n이 자연수인지 아닌지만 규명하는…… 저는 조건이나 논리는 질색이라 이렇듯 논할 필요가 없는 문제가 서투른지도 모르겠어요."

"그 점은 유리하고 꽤 다르네. 유리는 딱 정해진 논리를 가진 문제를 좋아하거든. 하지만 테트라가 말하는 게 뭔지는 나도 알아. 잔걱정이 많은 건 나와 비슷해서 말이야."

"그…… 그런가요?" 테트라는 뺨을 붉혔다. "매번 엉뚱한 말을 해서 죄송해요."

"무슨 말을 해도 상관없어. 나도 공부가 되잖아."

테트라가 살짝 미소를 지었다.

작다고?

식어 버린 커피를 내가 한 모금 마시자 테트라가 손을 들었다.

"공리 PA3에 대해 질문…… 있어요."

상대가 눈앞에 있는데도 질문할 때면 손을 드는 테트라.

"뭔데?"

"공리 PA3은 '1이 제일 작은 수다'라고 말하고 있는 걸까요?"

공리 PA3 : 임의의 자연수 n에 대하여 $n' \neq 1$이 성립한다.

"그건 맞는 말이기도 하고 아니기도 해."

"네?"

"공리 PA3은 1이 특별한 역할을 한다고는 주장하고 있어. 하지만 '제일 작은 수'라고는 할 수 없지. 왜 그렇다고 생각해?"

테트라는 고민에 빠진 표정으로 생각에 잠겼다. 오늘 로비는 묘하게 고요했다. 평소라면 대화 소리나 연주 동아리 연습으로 떠들썩한 곳인데.

폭신폭신한 털을 가진 다람쥐 같은 작은 동물을 떠올리게 하는 테트라. 말하자면 '테트라다람쥐과'. 작은 테트라가 똘똘 뭉쳐 떨어져 내려오는 테트리스 게임이 떠올라 나는 웃음이 터질 것만 같았다.

"어째서 '1이 제일 작은 수'라고 말할 수 없는 걸까?" 그녀는 말했다.

"왜일까? 우리는 지금 자연수의 집합을 정의하려고 하고 있어. 평소 수학을 배울 때 당연했던 것들이 아직 정의되지 않은 거지."

"이해가 안 가요." 그녀는 약간 분해 보였다.

"우리는 '작다'라는 개념을 가지고 있지 않아. 크다, 혹은 작다는 아직 정의되지 않았어. 그러니까 '1이 제일 작은 수'라고 말할 수 없는 거야."

"그런 기본적인 것까지 정의되지 않은 걸로 보는 거예요?"

"그럼 다시 돌아갈까? 남아 있는 페아노의 공리는 두 개야."

페아노의 공리 PA4

"페아노의 공리 PA4는 말이야."

"이거예요." 테트라는 카드를 손으로 가리키며 말했다.

페아노의 공리 PA4

두 자연수 m, n에 대하여 $m' = n'$이라면 $m = n$이다.

$$\forall m \in \mathbb{N} \quad \forall n \in \mathbb{N} \left[m' = n' \Rightarrow m = n \right]$$

"이제 잘 읽을 수 있겠지, 이거?"

"문장의 의미나 논리식의 의미를 조금 알 것 같기는 해요. $\Rightarrow$는 '이라면'이죠?"

"응."

"'$m' = n'$이라면 $m = n$이다'라는 의미는 알겠어요. 'm'과 n'이 같다'면 'm과

n은 같다'는 거니까. 하지만 이것이 자연수를 정의하는 것과 어떤 관계가 있는 건지 모르겠어요.'

"그렇구나."

"$m'=n'$이라면 $m=n$은 너무 당연한 말 아닌가요? $m'=n'$이라는 건 $m+1=n+1$인 거니까 $m=n$이란 건 너무 당연해 보이는데요."

"잠깐, 아직도 공리 개념을 이해하지 못하고 있네. 그 발상은 뒤집혔어. 지금 따름수의 '의미'를 생각하고 있잖아. 결과적으로 m'이 $m+1$을 의미하는 것을 알고 있기 때문에 '$m'=n'$이라면 $m=n$'을 당연하게 생각한 거지. 테트라가 스스로 말했던 '모른 척하기 게임' 규칙을 위반하고 있는 거야."

"아, 또 잊어버렸네요."

"그래. 공리 PA4가 주장하고 있는 것은 '$m'=n'$이라면 $m=n$이 되도록 따름수를 정하겠다'는 거야. 즉 '$m'=n'$이라면 $m=n$'이라는 조건을 충족하는 따름수를 구하는 연산을 정의하겠다고 말하고 있는 거지."

"연산…… 그렇군요. '이라는 건 연산이지요. 하지만 그렇게 되면 어떻게 되는 건가요? 으, 머리가 아파 오기 시작했어요. 내가 알던 수학이 아닌 것만 같아요. 왠지 어지러워요."

테트라는 그렇게 말하며 머리를 감싸 안았다.

"응, 연산 '이 '$m'=n'$이라면 $m=n$'이라는 조건을 충족한다면 말이지. 그러면…… **루프**를 피할 수 있어."

"루프(loop)라면 '순환 고리'를 말하는 건가요?"

"응. 루프라는 건 내가 마음속에 그린 연쇄 이미지야. 우리는 이미 $\mathbb{N}$이 $\{1, 1', 1'', 1''', 1'''', \cdots\}$이라는 걸 알고 있어. 거기서 연산 '을 써서 지금 이 원소 위를 건너간다고 치자. 이렇게 하면 내게는 이런 연쇄가 머리에 떠오르지."

$$1 \longrightarrow 1' \longrightarrow 1'' \longrightarrow 1''' \longrightarrow \cdots$$

"아하, 1부터 순서대로 따름수, 따름수……로 따라가는 거네요."

"그래. 이게 외길처럼 보이지만, 도중에 예를 들어, $1'$ 하고 $1''''$가 같다고 하면 이 연쇄는 외길이 아니라, 빙글빙글 도는 루프가 되어 버려."

만약 1′과 1′′′′′이 같다면 루프가 되어 버린다

"어째서죠? 아, 그렇군요. 1′′′′′까지 가면 다시 1′으로 돌아와 버리네요."

"하지만 이건 우리가 만들려고 하는 자연수의 구조와는 달라. 루프를 만들지 않고 직선으로 뻗어 가야 하니까."

"잠깐만요!"

테트라는 내 팔을 꽉 잡았다. 진지한 얼굴이다.

"잠깐만요. 지금 뭔가 알 것만 같아요. 선배가 말했던 발상의 전환이란 걸 '알 것 같은' 느낌이에요. n'이 어떤 성질을 가져야 하는지를 공리로 말하고 있는 거네요."

테트라는 내 팔을 잡고 있는 걸 잊었는지 계속 흔들어 대면서 말을 했다.

"맞아요. '1은 자연수야'라고 말하려고 $1 \in \mathbb{N}$이라는 공리 PA1을 준비하고 '어떤 자연수에도 따름수가 존재한다'고 말하려고 $n' \in \mathbb{N}$이라는 공리 PA2를 준비하고요. 그리고 1보다 작은 자연수는 없으니까…… 아, 또 '작다'고 말하면 안 되죠? 음…… '따름수가 1이 되는 자연수는 없다'고 말하려고 $n' \neq 1$이라는 공리 PA3을 준비하고요. 그리고 '따름수를 차례차례 따라가는 거야'라고 말하려고 공리 PA4를 준비하는 거구요!"

"그래, 지금 페아노가 전하는 메시지를 잘 읽어 냈어. 페아노가 말하고자 하는 자연수의 형태를 말이야!"

그녀는 꽉 잡고 있던 내 팔을 놓고는 뺨은 한껏 달아오른 채 벌떡 일어섰다.

"페아노의 메시지! 그렇구나!"

테트라가 목소리를 높였다.

그녀의 시선을 쫓아가니 미소 지으며 서 있는 미르카가 보였다.

2. 미르카

같은 반 친구 미르카는 수학을 잘한다. 아니, 잘한다는 말로는 부족하다. 수학에 관해서는 누구도 그녀를 당해 낼 수 없다. 금속 테 안경, 검고 긴 머리에 달변가다. 수학 말고 뭘 생각하며 사는지는 잘 모르겠다. 처음 만났을 때부터 그랬다. 미르카의 의중을 알아내는 건 참 어렵다.

"여기 있었네, 두 사람 다. 테트라, 카드 받아 온 거야?"

미르카는 우리가 앉아 있는 테이블로 다가왔다. 그러곤 테트라에게 손을 뻗었다. 그 한 동작 한 동작이 무척이나 우아했다.

"네……."

테트라는 미르카에게 카드를 건네고 의자에 앉았다.

"**페아노 산술.**" 미르카는 선 채로 카드의 앞뒷면을 훑어보더니 말했다.

"페아노 산술이라고 하나요?" 테트라가 물었다.

미르카는 중지로 안경을 밀어 올렸다.

"PA1에서 PA5까지는 Peano Axioms, 즉 페아노의 공리야. 페아노의 공리를 충족하는 집합 $\mathbb{N}$을 연구하거나, 거기다 술어 $P(n)$을 정의하고, 덧셈이나 곱셈을 정의하고, Peano Arithmetic, 즉 페아노 산술을 연구할 수 있지. 더 설명할 게 남았나?"

나는 테트라에게 말했던 내용을 요약해서 다시 미르카에게 말했다.

미르카는 내 뒤로 가더니 어깨 너머로 내 노트를 쳐다보았다.

그녀의 머리가 내 뺨에 닿았다.

감귤 향기가 나를 감싸 안았다.

어깨 위로 미르카의 손길이 닿았다.

'따뜻해'

"그래. 틀린 건 아니지만 루프라……."

그녀는 상체를 곧게 세우고 눈을 감았다. 순간 주변의 공기가 변한 듯한 느낌이 들었다.

미르카가 눈을 감으면 왠지 누구도 말을 하면 안 될 것 같았다.

"루프라는 표현은 적절치 못해." 미르카가 눈을 뜨고 말했다.

"그런가?" 나는 조금 초조해졌다. "만약 PA4가 없다면, 그러니까 $m'=n'$
$\Rightarrow m=n$이라는 공리가 없다면 따름수 '을 따라가는 길은 루프가 되어도 상
관없지 않아?"

"그건 괜찮아. 내가 말하고 싶은 건, PA4가 막고 있는 것은 루프보다 합쳐
지는 합류 구조야. 합류를 막으면 루프도 막는 셈이지만."

"합류?"

"그림으로 그려 줄게."

미르카는 테트라를 향해 손을 살랑살랑 흔들었다.

내 옆에서 비키라는 뜻인가?

순간 공기가 얼어붙었다.

테트라는 약간 망설이나 싶더니 일어서서 맞은편으로 옮겨 갔다.

미르카가 테트라 옆에 앉았다.

어, 그쪽에 앉는 거야?

미르카는 이어서 설명을 계속했다.

"요컨대 PA1, PA2, PA3뿐이라면 자연수는 이런 구조가 되어도 괜찮아.
이건 루프가 아닌 합류 구조라고 봐야 해."

미르카는 내 샤프로 그림을 그렸다.

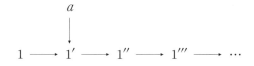

PA1, PA2, PA3뿐이라면 합류 구조가 포함된다

"이상한데…… a라는 원소는 어디서 온 거야? a는 1에서 도출될 수 없잖
아?" 나는 반론했다.

"공리를 잘 읽어 봐. PA1, PA2, PA3 중 어느 공리에도 '모든 원소는 1에
서 도출된다'라고 써 있지 않아. 또, 이 세 공리만으로는 그런 걸 구할 수도

없어. 그러니까 a처럼 1에서 구할 수 없는 원소 a가 있다고 해도 돼. PA1, PA2, PA3뿐이라면 이런 모델을 만들 수 있다는 거야. 네 말처럼 PA4는 루프를 막는 역할을 하지. 하지만 a의 합류도 막을 수 있어."

"미르카 선배……." 테트라가 말했다. "지금 말을 듣고 생각난 건데요, PA4가 합류를 금지하는 거라면 PA3의 $n' \neq 1$은 불필요한 것 아닌가요?"

"필요해." 미르카는 바로 답했다. "PA3을 제외하고 PA1, PA2, PA4만 있다면, 자연수는 이런 구조라도 괜찮다는 말이 되거든."

미르카는 새로운 그림을 그렸다.

$$\cdots \longrightarrow a \longrightarrow 1 \longrightarrow 1' \longrightarrow 1'' \longrightarrow 1''' \longrightarrow \cdots$$

PA1, PA2, PA4뿐이라면 이런 구조가 포함된다

"확실히 합류는 아니지. 하지만 이건 자연수가 기대하는 구조는 아니야…… 그렇지?" 미르카가 말꼬리를 올리며 물었다.

"음…… PA1, PA2, PA4만 있다면 무한의 저편으로 사라지는 집합도 있다는 거잖아?"

"페아노는 정말 고심해서 공리를 만든 것 같아요."

"마지막 공리 PA5를 검토해 보자." 미르카가 말했다.

페아노의 공리 PA5

마지막 공리 PA5를 검토해 보자.

자연수 n에 관한 명제 P(n)에 대해 조건 (a)와 (b)가 성립한다면 모든 자연수 n에 대하여 P(n)이 성립한다.

(a) P(1)은 참이다.

(b) 임의의 자연수 k에 대하여 P(k)이 참이면 P(k')도 참이다.

$$\underbrace{\left(\text{P}(1)\right.}_{(a)} \wedge \underbrace{\forall k \in \mathbb{N} \left[\text{P}(k) \Rightarrow \text{P}(k')\right]}_{(b)} \left.\right) \Rightarrow \forall n \in \mathbb{N} \left[\text{P}(n)\right]$$

공리 PA5에는 자연수 n에 관한 술어가 등장해. 그것은 구체적인 자연수 n이 주어졌을 때 P(n)이 명제가 된다는 거야. 여기서는 P(n)이라고 했지만 이름은 뭐라도 상관없어. 공리 PA5는 **모든 자연수 n에 대하여 P(n)이 성립한다**는 것을 증명하는 방법을 제시해. 이건 **수학적 귀납법**이야. 자연수를 정의하는 데 귀납법이 등장한다는 건 의미가 있어. 수학적 귀납법이 자연수의 본질과 관련되어 있다는 것을 보여 주기 때문이지.

만약 자연수가 유한개, 예를 들어 1, 2, 3 이렇게 3개뿐이라고 하자. 그러면 P(1), P(2), P(3) 세 가지 명제가 존재한다는 것을 증명하면, 모든 자연수 n에 관하여 P(n)이 성립함을 증명한 것이 돼.

하지만 자연수는 무수해. 무수한 자연수를 실제로 세는 것은 불가능해. 모든 자연수에 대해 주장하려면 수학적 귀납법이 필요한 이유지. PA5는 모든 자연수에 대해 뭔가를 주장하기 위한 기본 장치로, 페아노의 공리가 그걸 해결했어.

◆◆◆

"미르카 선배." 테트라가 우물쭈물하며 말을 꺼냈다. "전 수학적 귀납법이 이해가 안 가요. 수업 시간에 배우긴 했지만."

"그럼 가볍게 얘기하고 넘어갈까? 수학적 귀납법에는 두 가지 단계가 있어." 미르카는 재미있다는 듯 말을 계속했다.

수학적 귀납법

(a)단계에서는 명제 P(1)을 증명해. 이건 출발점 같은 거지.

(b)단계에서는 임의의 자연수 k에 대하여 'P(k)가 성립하면 P($k+1$)도 성립한다'는 걸 증명해.

(a)단계와 (b)단계가 다 증명되었다면, 모든 자연수 n에 대하여 'P(n)이 성립한다'는 걸 증명하는 거야.

이것이 수학적 귀납법을 사용한 증명이지.

◆◆◆

테트라가 고개를 끄덕였다.

"쉬운 문제를 내 볼게." 미르카는 계속했다. "덧셈 ＋가 없으면 얘기가 진행이 안 되니까, 지금은 페아노의 공리로 자연수를 정의하는 건 그만하고, 자연수와 사칙연산 같은 건 이미 정의되어 있는 걸로 치자고."

문제 2-1 홀수의 합과 제곱수

임의의 자연수 n에 대하여 아래 식이 성립한다는 것을 증명하라.

$$1+3+5+\cdots+(2n-1)=n^2$$

"네, 증명할게요. 수학적 귀납법에 따르면……."

"아니." 미르카는 책상을 '탕' 하고 쳤다. "우선은 예를 만들어. 항상 그래야 해. 예시를 잊는 건 바보들이나 하는 짓이야."

"아 '예시는 이해의 시금석'이었죠."

테트라는 그렇게 말하고 나를 흘끔 보았다. "구체적으로 예를 써 볼게요."

$$1=1=1^2 \qquad n=1인\ 경우$$
$$1+3=4=2^2 \qquad n=2인\ 경우$$
$$1+3+5=9=3^2 \qquad n=3인\ 경우$$

"네, $n=1, 2, 3$이라면 확실히 성립하네요. 그런데 구체적인 예를 쓰면서 안 건데, $1+3+5+\cdots+(2n-1)$이라는 식은 n개의 홀수를 더한 거죠?"

"맞아. 테트라가 알아낸 그게 핵심 포인트야." 미르카는 검지를 치켜들었다.

"사람의 마음은 구체적인 예로 보여 줄 수 있어. 무의식적으로 패턴을 찾아 짧은 표현을 발견해 내는 게 사람 마음이야. 'n개의 홀수를 더한 것'처럼. 이 증명은 여러 방법으로 할 수 있지만 수학적인 귀납법으로 생각해 봐, 테트라."

"네, 그러니까……."

◆◆◆

그러니까 자연수 n에 관한 술어 $P(n)$을 다음과 같이 정할게요.

술어 $P(n)$: $1+3+5+\cdots+(2n-1)=n^2$

그리고 (a)와 (b)단계를 순서대로 증명할게요.

(a)단계 증명: 우선 $P(1)$을 증명할게요. $P(1)$은 다음과 같은 명제니까 확실하게 성립해요.

명제 $P(1)$: $1=1^2$

이걸로 (a)단계가 증명되었어요.

(b)단계 증명: 다음으로 자연수 k에 관해 $P(k)$가 성립한다고 가정하면 $P(k+1)$이 성립한다는 걸 증명할게요. 자연수 k에 관해 $P(k)$가 성립한다고 가정하면 $P(k+1)$도 성립한다고 할 수 있어요.

가정한 명제 $P(k)$: $1+3+5+\cdots+(2k-1)=k^2$

여기서부터 $P(k+1)$이 성립한다는 걸 증명하는 게 목표예요. $P(k+1)$은,

목표한 명제 $P(k+1)$: $1+3+5+\cdots+(2\underline{(k+1)}-1)=\underline{(k+1)}^2$

대략 이런 식이에요. k가 $(k+1)$이 된 것뿐이니까요. 이 식이 나의 목표예요. 그럼 $\mathrm{P}(k)$ 식은,

$$1+3+5+\cdots+(2k-1)=k^2$$

여기에서 이 좌변을 $\mathrm{P}(k+1)$의 형태로 만들 거예요.
그러기 위해서 양변에 $(2(k+1)-1)$을 더해요.

$$1+3+5+\cdots+(2k-1)+\underline{(2(k+1)-1)}=k^2+\underline{(2(k+1)-1)}$$

괄호를 제거하면,
$$=k^2+\underline{2(k+1)-1}$$

또 괄호를 제거하면,
$$=k^2+\underline{2k+2}-1$$

정수 부분을 계산해요.
$$=k^2+2k+\underline{1}$$

인수분해를 하고요.
$$=\underline{(k+1)^2}$$

이제, 여기서 도출된 식을 다시 한번 쓸게요.

$$1+3+5+\cdots+(2k-1)+(2(k+1)-1)=(k+1)^2$$

이건 $\mathrm{P}(k+1)$의 형태와 일치해요. 따라서 가정한 명제 $\mathrm{P}(k)$에서 목표로 했던 명제 $\mathrm{P}(k+1)$을 도출해 낸 거예요. 이걸로 (b)단계가 증명되었어요.
이렇게 (a)단계와 (b)단계 모두 성립하니까 수학적 귀납법으로 임의의 자연수 n에 대해 $\mathrm{P}(n)$이 성립한다는 게 증명되었어요. 따라서 아래 식은 임의의 자연수 n에 대해 성립하는 거죠.

$$1+3+5+\cdots+(2n-1)=n^2$$

이게 말하고 싶었던 거였어요. ─Q.E.D

◆◆◆

"Q.E.D." 테트라가 말했다.

Q.E.D는 증명이 끝났다는 말이다.

"퍼펙트." 미르카가 말했다.

나는 테트라가 식 변형을 정확히 해냈다는 게 놀라웠다.

"테트라, 왜 이해를 못 하겠다고 한 거야?"

"아, 그건 수식을 수학적 귀납법 패턴으로 맞추는 건 할 수 있어요. 수업 시간에도 배웠고. 하지만 완전히 이해하고 있는 건 아니에요. 제게 수수께끼는 (b)단계예요. 아까 (b)단계를 증명할 때 이렇게 말했어요.

'다음으로 자연수 k에 관해 $\mathrm{P}(k)$가 성립한다고 가정하면…….'

하지만 이 부분이 이해가 안 가요. 원래 '임의의 자연수 n에 대해 $\mathrm{P}(n)$이 성립한다'고 증명하고자 하는 거잖아요? 여기서 증명하고 싶은 걸 가정하는 것이 이상해요. 증명하고 싶은 걸 가정해서 증명을 하다니 뭔가 뒤바뀐 것 같아요. 수학적 귀납법에 따라 증명을 써 내려가는 건 할 수 있지만, 이것이 어째서 증명이 된 것인지는 모르겠어요."

테트라는 단번에 그렇게 말하고는 미르카를 쳐다보았다.

미르카는 '다음은 네 차례야' 하고 말하는 듯 나를 보았다.

"테트라, 아주 좋은 질문이야." 나는 말했다.

◆◆◆

간단한 예로 설명할게.

수학적 귀납법은 도미노 원리와 비교되곤 해.

'일렬로 배열한 도미노는 모두 쓰러진다'는 것을 증명하는 거야.

(a)단계는 '제일 첫 번째 도미노가 쓰러진다'는 것.

(b)단계는 'k번째 도미노가 쓰러진다면, $k+1$번째 도미노도 쓰러진다'는 것을 말해. 뭐 '만약, 도미노가 쓰러진다면 다음 도미노도 쓰러진다'는 거지.

잘 생각해 봐.

- '만약 도미노가 쓰러졌다면, 다음 도미노도 쓰러진다'는 것
- '실제로 도미노가 쓰러진다'는 것

이 두 가지는 전혀 달라.

◆ ◆ ◆

"확실히 도미노가 눈앞에 있다고 상상하면 '만약 도미노가 쓰러졌다면, 다음 도미노도 쓰러진다'와 '실제로 도미노가 쓰러진다'는 건 완전히 다른 것 같아요."

"그렇지." 나는 말했다. "거기다 쉽게 착각하는 일도 많아. 말의 해석에 달린 문제지. 수학적 귀납법의 (b)단계는 어느 쪽일까?"

(1) 임의의 자연수 k에 대하여
　'P(k)가 성립한다면, P($k+1$)도 성립한다.'
(2) '임의의 자연수 k에 대하여 P(k)가 성립한다'면, P($k+1$)도 성립한다.

"어, 그러네요! 수학적 귀납법에서 쓰는 건 (1)이네요! 왠지 무의식중에 (2)라고 생각했어요."

"그럴 만해." 나는 고개를 끄덕였다.

[풀이 2-1] 홀수의 합과 제곱수

수식 $1+3+5+\cdots+(2n-1)=n^2$이 성립한다는 것을 P(n)이라 하고, 수학적 귀납법을 사용한다.

(a) $1=1^2$이라는 것에서 P(1)이 성립한다.

(b) 자연수 k에 대하여 P(k)라고 가정하면, 다음이 성립한다.

$$1+3+5+\cdots+(2k-1)=k^2$$

양변에 $(2(k+1)-1)$을 더하여 정리하면,

$$1+3+5+\cdots+(2k-1)+(2(k+1)-1)=(k+1)^2$$

이 성립한다. 따라서 P($k+1$)이 성립한다.

위처럼 (a)와 (b)가 성립하므로, 수학적 귀납법에 따라, 임의의 자연수 n에 대하여 P(n)이 된다. 즉 다음 식이 성립한다.

$$1+3+5+\cdots+(2n-1)=n^2$$

3. 무수한 걸음 중에

유한인가, 무한인가?

밖은 완전히 어두워졌다.

우리 셋은 학교에서 나와 역을 향해 걸었다. 좁은 인도를 한 줄로 걸었다. 테트라, 나, 미르카 순으로.

나는 걸으며 생각에 잠겼다.

인간은 한 걸음씩 전진한다. 모든 걸음을 미리 아는 것은 불가능하다.

인간은 하루씩 살아간다. 모든 나날을 미리 아는 것은 불가능하다.

'내일 무슨 일이 일어날지 알 수 없다.'

미래는 마치 어렴풋이 보이는 길 같다.

하지만 우리의 추억은 그 걸음마다 남겨지는지도 모르겠다.

봄비 내릴 때 테트라의 속도에 맞춰 걸었던 추억…….

붉게 물든 하늘 속 미르카의 속도를 맞춰 걸었던 추억도…….

모두 무수한 걸음 속에 존재한다.

"다섯 개의 공리로 자연수를 정의하다니 정말 멋져요." 테트라가 돌아보며 말했다.

"그렇지?" 나는 동의했다. "하지만 그렇게 생각하기엔 PA5는 꽤나 복잡한걸. 굳이 하나의 공리라고 보면 하나지만……."

"유한으로 무한을 구한다. 확실히 매력적이야." 미르카가 말했다.

"단, 무한이라 해도 어떤 형식, 어떤 제약, 어떤 기법에선 제한되기 마련이야. 패턴화가 되어 있지 않은 무한을 패턴화해서 설명할 수는 없어."

동적인가, 정적인가?

"페아노는 따름수라는 '다음 걸음'으로 자연수라는 무한과 맞섰다고 할 수 있지 않을까?" 나는 걸어가며 말했다.

"'다음 걸음'도 무시할 수 없네요." 테트라가 말했다. "수학적 귀납법도 한 걸음 한 걸음 나아가며 증명해 낸 것이니⋯⋯."

"한 걸음 한 걸음 나아가면서 증명했다는 동적 이미지는 과연 맞을까?" 미르카가 말했다. "수학적 귀납법은 언뜻 보면 그렇게 보이지. 그런 생각도 틀린 건 아니야. 하지만 수학적 귀납법이 말하는 것은 모든 자연수에 대한 명제가 성립한다는 거야. 그건 정적인 이미지지. 자연수 한 개 한 개에 대한 주장이 아니라 자연수 전체의 집합에 대한 주장이지. 논리의 힘으로 전체를 한 번에 파악하는 거야. 네가 도미노에 비유한 건 나쁘지 않아. 하지만 일면적이지."

"그렇지." 나는 말했다.

"예전에 그렇게 생각했어요. 선배가 수열을 설명해 주었을 때요. 예를 들면 '모든 자연수에 대하여 $a_n < a_{n+1}$이 성립한다'는 주장은 미르카 선배가 말한 정적 이미지예요." 테트라가 말했다.

"페아노의 공리를 써서 자연수의 집합을 정의할 수 있어. 자연수를 정의하는 데 '집합과 논리'를 쓴 거야. 집합과 논리로 수학의 기초를 만들려고 했던 거지." 미르카가 말했다.

"집합과 논리로 수학의 기초를⋯⋯." 내가 말했다.

"아, 노란불이에요!"

테트라가 외치고 횡단보도를 뛰어 건넜다. 갑자기 신호가 빨간색으로 바뀌었고, 나와 미르카는 테트라의 반대편에 서 있었다.

신호 대기.

테트라는 이쪽을 보며 손을 흔들었다.

나도 손을 흔들어 응답했다.

"아, 그렇지." 나는 옆에 서 있는 미르카에게 말했다. "아까 로비에서 네가 테트라 옆에 앉을 줄은 몰랐어."

침묵.

이윽고 미르카는 신호등에서 눈길을 떼지 않고 말했다.

"맞은편에 앉아야 얼굴이 잘 보이니까."

"응?"

"파란불이다."

4. 유리

가산이란?

"페아노 산술 얘기, 재밌었다옹." 유리가 말했다.

평소와 같은 주말, 내 방에서 유리는 이야기를 해 달라고 졸랐다.

"어떤 부분?"

"공리로 모든 게 싹 정리되는 부분 말이야. 단지 1을 처음에 준비하고, 따름수를 만들기 위한 연산 ′(프라임)을 준비하는 거야. 단지 그것만으로 무수한 자연수를 한 번에 만들어 버리는 그 부분! 거기다 합류하지 않도록 공리를 잘 만들었잖아. 정말 빈틈없이! 그런 거 너무 좋아. 조그만 틈새도 허락하지 않는 페아노 님, 제법인데?"

"잘난 척하기는."

"그런데 '덧셈'도 정의할 수 있어?"

"응. 덧셈의 정의는 그렇게 어렵지 않아."

덧셈의 공리

ADD1 모든 자연수 n에 대하여 $n+1=n'$이 성립한다.

ADD2 모든 자연수 m, n에 대하여 $m+n'=(m+n)'$이 성립한다.

"어? 이게 정말 덧셈을 정의한 거야?" 유리가 말했다.

"응. 이건 ＋라는 연산의 정의라고도 할 수 있지."

"그럼 1＋2＝3으로 해 봐!"

"좋아. 1＋2 대신 1＋1′을 계산하는 거긴 하지만."

"응? 그렇구나. 2를 아직 모르니까?"

$$1+1' = (1+1)' \qquad \text{공리 ADD2로, } m=1, n=1\text{이라 한다}$$
$$= (1')' \qquad \text{공리 ADD1로, } n=1\text{이라 한다}$$
$$= 1'' \qquad \text{괄호를 벗긴다}$$

"따라서 다음 식이 성립하지."

$$1+1' = 1''$$

"그다음 1′과 1″ 각각에 2, 3을 대입하면, 다음 식이 증명된 셈이야."

$$1+2=3$$

"그럼 2＋3＝5는?"

$$1'+1'' = (1'+1')' \qquad \text{공리 ADD2로, } m=1', n=1'\text{이라 한다}$$
$$= ((1'+1)')' \qquad \text{공리 ADD2로, } m=1', n=1\text{이라 한다}$$
$$= (((1')')')' \qquad \text{공리 ADD1로, } n=1'\text{이라 한다}$$
$$= 1'''' \qquad \text{괄호를 벗긴다}$$

"따라서 다음 식이 성립하지."

$$1'+1'' = 1''''$$

"이전처럼 $1', 1'', 1''''$에 $2, 3, 5$를 대입하면 다음 식이 증명된 셈이야."

$$2+3=5$$

공리란?

"아무리 그래도 테트라는 이상해. 모른다면서도 결국엔 알게 되잖아. 오빠, 테트라는 어떤 친구야?"

"나도 그런 생각이 들 때가 많아. 테트라는 얼마 전까지도 수학을 잘 모르겠다고 했거든. 그녀는 노력형이지. 무척 열심이야. 유리도 그런 태도를 배우면 좋을 텐데."

"흥." 유리는 눈썹을 찡그렸다. 곧 표정을 펴더니 말했다. "미르카 님도 늘 빛나지. 대체 어떻게 공부하는 걸까?"

유리는 미르카를 거의 숭배하다시피 해서 이름에 님을 붙인다.

"미르카도 아마 착실하게 공부하고 있을걸."

"과연 그럴까? 수학적 귀납법 이야기도 재미있었어. 모든 자연수 n에 대한 증명 말이야……."

$$1+3+5+\cdots+(2n-1)=n^2$$

"'n개의 홀수를 더한 것'='n의 제곱'이지. 어? 뭔가 이상한데, 오빠?"

유리가 천천히 고개를 들어 어른스러운 표정을 지었다.

"뭐가?"

"어째서 $=$를 쓸 수 있는 거야? 오빠는 아까 $+$만 정의하고 $=$은 아직 정의하지 않았지?"

나는 허를 찔렸다.

"정말 그러네."

빙긋빙긋 웃기 시작한 유리.

"$=$만이 아니라 $\in$(속하다)도 정의하지 않았고!"

"그것도 그러네."

"여기 나온 기호 대부분을 정의하지 않았어! ∀(모든)도, ⇒ (~이라면)도 아직 정의하지 않았어. 공리는 정의를 생성하는 거잖아? 그렇다면……."

유리는 나를 지그시 바라보며 말했다.

"오빠. =, ∈, ∀, ⇒에 대한 공리는 대체 어디에 있냐옹?"

정수의 어떤 성질을 증명하려 해도
결국 어느 정도는 수학적 귀납법을 써야만 한다.
왜냐하면 기본적인 개념까지 파고들다 보면
정수는 본질적으로 수학적 귀납법으로 정의되어 있기 때문이다.
_도널드 커누스

나의 노트

$$-\overset{\circ}{\underset{|}{|}}-\ \times$$

페아노 산술

페아노의 공리

$$1 \in \mathbb{N}$$

$$\forall n \in \mathbb{N} \left[n' \in \mathbb{N} \right]$$

$$\forall n \in \mathbb{N} \left[n' \neq 1 \right]$$

$$\forall m \in \mathbb{N} \ \forall n \in \mathbb{N} \left[m' = n' \Rightarrow m = n \right]$$

$$\left(P(1) \wedge \forall k \in \mathbb{N} \left[P(k) \Rightarrow P(k') \right] \right) \Rightarrow \forall n \in \mathbb{N} \left[P(n) \right]$$

덧셈의 공리

$$\forall n \in \mathbb{N} \left[n + 1 = n' \right]$$

$$\forall m \in \mathbb{N} \quad \forall n \in \mathbb{N} \left[m + n' = (m+n)' \right]$$

제곱의 공리

$$\forall n \in \mathbb{N} \left[n \times 1 = n \right]$$

$$\forall m \in \mathbb{N} \quad \forall n \in \mathbb{N} \left[m \times n' = (m \times n) + m \right]$$

부등호의 공리

$$\forall n \in \mathbb{N} \left[\neg\, (n < 1) \right] \ (n \text{은 1보다 작지 않다.})$$

$$\forall m \in \mathbb{N} \quad \forall n \in \mathbb{N} \left[(m < n') \Longleftrightarrow (m < n \vee m = n) \right]$$

갈릴레오의 망설임

1. 집합

미인의 집합

"오빠, 일-어-낫!"

귀청 떨어지는 소리로 나를 깨우는 유리.

"책상에서 자지 말라고!"

"잠깐 눈 감고 생각한 거야." 나는 말했다.

"침이나 닦으라옹."

나는 당황해서 입가에 손을 가져갔다.

"뺑-이-지-롱." 유리가 웃었다.

"하아." 피곤이 몰려왔다.

지금은 주말. 여긴 내 방. 여느 때처럼 놀러 온 유리. 자신은 공부하러 온 거라고는 하지만 과연…….

"있잖아 오빠, 오늘은 집합 가르쳐 주라."

"집합?"

"선생님이 이번 수업 막바지에 재미있는 수학 얘기를 해 주셨는데 집합에 관한 거였어. 오빠도 저번에 언급한 적 있잖아? 점점 흥미가 생기네."

"흐음."

"선생님이 '집합은 모임을 말하는 겁니다. 예를 들어 미인의 집합 같은……' 이렇게 말하는 순간 애들이 엄청 소란스러운 거야. 미인이 대체 누구냐면서. 그랬더니 선생님이 '미인의 모임이라 해도 이건 집합이 아니라' 이렇게 얼버무리는 바람에 무슨 말인지 전혀 모르겠더라고."

"중학생에게는 예만 잘 들어 줘도 충분히 이해할 텐데." 나는 말했다.

"수학의 예?"

"응, 그럼 같이 생각해 볼까?" 나는 노트를 펼쳤다.

"좋아!" 유리는 뿔테 안경을 끼고 말했다.

외연적 정의

"유리, 너 2의 배수를 말할 수 있지? 자연수의 범위 안에서."

"2나 4 이런 거 말이지?"

"응. 2부터 순서대로 말해 봐."

"2, 4, 6, 10, 12, 14, 16 이렇게?"

"그런데 말야, 2의 배수를 전부 모아서 '2의 배수 전체의 집합'이라고 치자. 그리고 그걸 이렇게 써 보는 거야."

$$\{2, 4, 6, 10, 12, 14, 16, \cdots\}$$

"이건 그냥 나열한 거잖아."

"집합을 표시하는 규칙은 다음과 같아."

- 원소의 구체적인 예를 쉼표(,)로 구분하여 나열한다.
- 원소는 어떤 순서로 나열해도 상관없다.
- 원소가 무수하다면, 마지막에 줄임표($\cdots$)를 사용한다.
- 그리고 전체를 중괄호로 묶는다.

"중괄호가 뭐야?"

"{ } 말이야."

"응. 집합이란 수의 모임 같은 거야?"

"항상 그렇다고는 할 수 없어. 아무튼 '뭔가'의 모임이지."

"알맹이를 모아서 중괄호로 묶으면 되는 거네? 간단하네."

"알맹이가 아니라 원소라고 불러."

"원소?"

"집합에 속한 하나하나를 **원소**라고 해."

"원소."

"예를 들어, 10은 '2의 배수 전체의 집합'의 원소라는 걸 $\in$ 기호로 이렇게 표시해."

$$10 \in \{2, 4, 6, 10, 12, 14, 16, \cdots\}$$

"수학자들은 기호를 정말 좋아하네." 유리는 어깨를 씰룩거렸다.

"이것처럼 100이 '2의 배수 전체의 집합'의 원소라면?"

"이렇게 표시하면 되지?"

$$100 \in \{2, 4, 6, 10, 12, 14, 16, \cdots\}$$

"그렇지. 여기서 3은 '2의 배수의 집합'의 원소가 아니야. 이것도 수식으로 쓸 수 있어. $\in$에 사선을 넣어서 $\notin$ 이렇게 쓰는 거야."

$$3 \notin \{2, 4, 6, 10, 12, 14, 16, \cdots\}$$

"간단하네. 이 집합에는 1이 포함되지 않지?"

"응. 너 지금 포함되지 않는다고 말했어?"

"응?"

"'1은 이 집합에 속하지 않는다'라고 말하는 게 좋아."

"이 말이나 그 말이나 똑같잖아?"

"하지만."

"이제 재미없어. 배도 고프고."

"유리, 네가 먹고 싶을 때마다 간식이 나오지는 않아."

"이모의 텔레파시를 믿어 보겠어."

유리는 "비비비" 하며 로봇 흉내를 내고는 방을 나갔다.

이윽고 "이모~ 뭐 먹을 거 없어요?" 하는 소리가 들려왔다.

나도 배가 고프네.

식탁

거실로 이동. 유리는 바움쿠헨을 먹고 있었다.

"오빠도 먹을래? 맛있어."

"너도 먹을 거지? 맛있단다." 엄마가 접시를 내밀었다.

"유리, 너 너무 빨리 질리는 거 아냐?" 나는 테이블 위에 노트를 펼치고 바움쿠헨을 재빨리 한 입 물었다. 윽, 이 과한 달달함.

"그게 말야, 질리는 이유는 기억해야 할 게 많아져서 그런 거라고."

"알았어, 그럼 퀴즈 형식으로 가르쳐 줄게."

"역시 우리 오빠! 유리 전담 선생님다워."

공집합

"이건 집합일까?" 나는 테이블 위에 펼친 노트에 식을 썼다.

$$\{ \ \}$$

"중괄호 안에 아무것도 없는데?"

"들어가 있어야 할 게 뭐지?"

"오빠는 심술쟁이. 원소지. 원소 없는 집합도 있어?"

"맞아, 이건 공집합이지. 공집합도 어엿한 집합이라고."

"공집합…… 모여 있지 않아도 집합이란 거지? 텅 빈 것."

"그럼 이건 집합일까?" 나는 하나를 더 썼다.

$$\{1\}$$

"응. 집합이야. 알맹이……가 아니고 원소가 1인 집합? 그러니까 이렇게 쓰는 거고."

이번에는 유리가 식을 썼다.

$$1 \in \{1\}$$

"잘하는데? 모른다 모른다 해놓고 유리는 기억을 잘한다니까."

"헤헤."

"그럼 이건 성립할까?"

$$\{1\} \in \{1\} \qquad ?$$

"으 갈등되네. 성립한다?"

"어째서?"

"으…… 모르겠어!"

"$\{1\} \in \{1\}$ 는 성립하지 않아. $\{1\} \notin \{1\}$ 는 성립하지."

$$\{1\} \notin \{1\}$$

"흐음……."

"1은 $\{1\}$ 의 원소지만, $\{1\}$ 는 $\{1\}$ 의 원소가 아니지. 자연수 1과 집합 $\{1\}$ 은 달라."

"아하, ∈이라는 기호는 '원소∈집합' 이렇게 쓰는 거구나?"

"그렇지. '원소∈집합'이 틀린 건 아니지만 단, 어떤 집합이 다른 집합의 원소인 경우도 있다는 것에 주의해야 해."

"집합이 원소가 된다고? 그게 무슨 말이지?"

집합 속의 집합

"예를 들게. 이 식을 봐. 이건 성립할까?"

$$\{1\} \in \{\{1\}, \{2\}, \{3\}\}$$

"중괄호가 엄청 많은데, 이게 성립되는 거야?"

"응, 성립해. 우변의 집합을 잘 봐. 중괄호의 크기를 크게 해서 알아보기 쉽게 쓰면 돼."

$$\Big\{ \{1\}, \{2\}, \{3\} \Big\}$$

"응."

"이 집합에는 {1}하고 {2}하고 {3}이라는 3개의 원소가 속해 있지."

"그렇구나. {1}은 집합이지만 더 큰 집합의 원소가 되는 거구나!"

"맞았어. 그걸 이해했다면 이 식이 성립한다는 건 알겠지?"

$$\{1\} \in \Big\{ \{1\}, \{2\}, \{3\} \Big\}$$

"재미있네! 지금 집합이 흥미로워졌어. 숫자가 올라간 접시가 겹쳐져 있다는 느낌이 드는데?"

$$
\begin{array}{cc}
1 & \quad\quad 1 \\
2 & \quad\quad 2
\end{array}
$$

3	3
$\{1\}$	1이 놓인 접시
$\{2\}$	2가 놓인 접시
$\{3\}$	3이 놓인 접시
$\Big\{\{1\}, \{2\}, \{3\}\Big\}$	1이 놓인 접시와,
	2가 놓인 접시와,
	3이 놓인 접시를 포갠 큰 접시

"과연." 유리는 머리가 잘 돌아가는군.

"오빠, 그럼 이 식은 참인 거지?"

$$1 \notin \Big\{\{1\}, \{2\}, \{3\}\Big\}$$

"응, 그러네. 1은 큰 접시에 올라오지 않았으니까."

"그리고 이것도 맞지?"

$$\{1, 2, 3\} \in \Big\{\{1, 2, 3\}\Big\}$$

"그렇지. 1, 2, 3이 놓인 접시 하나가 큰 접시에 또 얹히는 거지. 유리가 잘 이해했어."

"에헴."

"그럼 다음 퀴즈야. 1과 $\{1\}$ 두 개의 원소만 속한 집합은?"

"음, 그건 간단해."

$$\Big\{1, \{1\}\Big\}$$

"오, 잘하는데?"

"헤헴." 유리는 손가락을 튕겼다. "그럼, 다음 식도 성립하는 거지?"

$$1 \in \{1, \{1\}\} \text{과} \{1\} \in \{1, \{1\}\}$$

"당연하지."

"그런데, 다음 형태로 쓸 수 있는 건 이 두 개뿐인 거지? 뭐, 당연한 거겠지만."

$$\text{어떤 원소} \in \{1, \{1\}\}$$

"'당연한 것'도 잘 살피는 게 중요해. 당연해 보이는 예라도 스스로 확인해 봐야 해. 스스로 말로 설명해 봐. 공부는 그게 중요해. 그렇게 할 수 있다면 넌 정말 대단한 거라고!"

"그걸 칭찬해 주는 오빠도 정말 대단한데!"

공통부분

"자, 집합과 집합에서 새로운 집합을 만드는 것에 대해 얘기해 보자." 나는 말했다.

"새로운 집합을 만든다고?"

"우선은 두 개 집합의 **공통부분**을 만드는 기호 ∩야. 두 개의 집합 $\{1, 2, 3, 4, 5\}$와 $\{3, 4, 5, 6, 7\}$을 ∩로 연결한 다음 식은 새로운 집합을 나타내. 양쪽 집합에 속한 원소 전체로 이루어진 집합이지."

$$\{1, 2, 3, 4, 5\} \cap \{3, 4, 5, 6, 7\}$$

"양쪽 집합에 속해 있다고? 미안, 지금 뭐라고 한 거야?"

"두 개의 집합에 속한 원소 전체로 이루어진 집합. 그러니까 이 말이야."

$$\{1, 2, \underline{3}, \underline{4}, \underline{5}\} \cap \{\underline{3}, \underline{4}, \underline{5}, 6, 7\} = \{\underline{3}, \underline{4}, \underline{5}\}$$

"아, 두 개의 집합에 공통인 수를 말하는 거구나."

"맞아. 그래서 교집합이라는 이름이 붙지. 섞였다는 뜻도 있고. 공통의 원소에 밑줄을 그었어."

"응."

"이렇게 벤다이어그램으로 그리면 더 확실하게 알 수 있어."

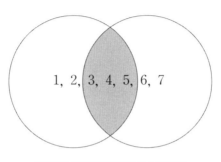

교집합을 벤 다이어그램으로 나타냈다

교집합

A와 B 양쪽에 속한 원소로 이루어진 집합

$$A \cap B$$

"응!"

"그럼, 다음 집합은 어떤 건지 알겠어?"

$$\{2, 4, 6, 8, 10, 12, \cdots\} \cap \{3, 6, 9, 12, 15, \cdots\} = ?$$

"응? 6과 12…… 줄임표로 이루어진 집합이니까, {6, 12, …} 맞지?"

$$\{2, 4, 6, 8, 10, 12, \cdots\} \cap \{3, 6, 9, 12, 15, \cdots\} = \{6, 12, \cdots\}$$

"맞았어. {2, 4, 6, 8, 10, 12, …}는 2의 배수 전체로 이루어진 집합이고, {3, 6, 9, 12, 15, …}는 3의 배수 전체로 이루어진 집합이야. 이렇게 계속 나간다면, 유리가 아까 말했던 {6, 12, …}는 어떤 집합일까?"

"6의 배수인가? 6의 배수 전체로 이루어진 집합."

$$\{2, 4, 6, 8, 10, 12, \cdots\} \qquad \text{2의 배수로 이루어진 집합}$$

$$\{3, 6, 9, 12, 15, \cdots\} \qquad \text{3의 배수로 이루어진 집합}$$

$$\{6, \ 12, \ \cdots\} \qquad \text{6의 배수로 이루어진 집합}$$

"맞아. 6이라는 수는 2와 3의 최소공배수지?"

"응, 당연하지. 교집합인데."

"윽, 감동의 순간은 찰나로군. 그럼 다음은 어떻게 되지?"

$$\{2, 4, 6, 8, 10, 12, \cdots\} \cap \{1, 3, 5, 7, 9, 11, 13, \cdots\} = ?$$

"어라? 짝수와 홀수의 교집합이라면, 원소가 없잖아?"

"원소가 없는 집합에는 다른 이름이 있다고 전에 말했었는데……."

"아하, 공집합! 그럼 이거지?"

$$\{2, 4, 6, 8, 10, 12, \cdots\} \cap \{1, 3, 5, 7, 9, 11, 13, \cdots\} = \{ \ \}$$

"네, 참 잘했어요."

합집합

"이번엔 합집합에 대해 배워 보자. 기호는 $\cup$ 야. 이걸 보면 바로 알 수 있을 거야."

$$\{1, 2, 3, 4, 5\} \cup \{3, 4, 5, 6, 7\} = \{1, 2, 3, 4, 5, 6, 7\}$$

"알았어. 양쪽 원소를 전부 맞춰 봐야 하는구나."

"맞아. 벤다이어그램으로 그리면 이렇게 돼."

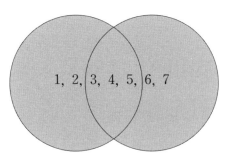

합집합을 벤 다이어그램으로 나타냈다

"두 개의 집합 중 적어도 한쪽에 속한 원소들 전체로 이루어진 집합을 합집합이라고 해."

합집합

A와 B 적어도 한쪽에 속한 원소 전체로 이루어진 집합

$$A \cup B$$

"그런데 3, 4, 5가 겹쳐 있으니까 이렇게 써야 하지 않아?"

$$\{1, 2, 3, 4, 5\} \cup \{3, 4, 5, 6, 7\} = \{1, 2, 3, 3, 4, 4, 5, 5, 6, 7\}$$

"보통은 그렇게 안 쓰지. $\{1, 2, 3, 3, 4, 4, 5, 5, 6, 7\}$ 하고 $\{1, 2, 3, 4, 5, 6, 7\}$ 은 집합으로는 같으니까."

"응? 무슨 말인지 모르겠어."

"집합이란 '어떤 원소가 속해 있는가?'를 정의하는 거거든. 그 원소가 몇 개 속해 있는지는 중요하지 않아. ∈는 '속하는가, 속하지 않는가'를 알아보

는 거야. 몇 개 속해 있는지를 $\in$ 로는 알아내지 못해. 설령 $\{1, 2, 3, 3, 4, 4, 5, 5, 6, 7\}$과 $\{1, 2, 3, 4, 5, 6, 7\}$ 두 가지 표기가 있어도 그 두 개를 구별할 수는 없어."

"응."

"그리고 원소를 쓰는 순서를 바꾼다 해도 집합에서는 서로 같다고 봐. 예를 들면 $\{1, 2, 3, 4, 5, 6, 7\}$하고 $\{3, 1, 2, 4, 5, 6, 7\}$은 서로 같은 집합이야."

"그렇구나."

"$\cup$ 로 다시 돌아가 보자. 이건 뭘까?"

$$\{2, 4, 6, 8, 10, 12, \cdots\} \cup \{1, 3, 5, 7, 9, 11, 13, \cdots\} = ?$$

"이건 홀수하고 짝수를 합친 거잖아."

"유리, 이건 또 다른 특별한 이름이 있어"

"자연수!"

"맞았어. 자연수 전체의 집합이 되는 거야."

$$\{2, 4, 6, 8, 10, 12, \cdots\} \cup \{1, 3, 5, 7, 9, 11, 13, \cdots\} = \text{자연수 전체의 집합}$$

포함 관계

엄마가 허브 차를 가져다주셨다.

"허브 차 별로 안 좋아하는데." 내가 작은 소리로 중얼거렸다.

"뭐라고 했니?" 엄마가 나를 보았다.

"아뇨."

"정말 근사한 음료수 아니니?" 엄마가 말했다.

'하지만 입맛은 어쩔 수가 없는데' 하고 나는 생각했다.

"아, 좋은 냄새." 유리가 말했다.

"유리, 착하네." 엄마가 주방으로 돌아가면서 말했다.

"지금까지……." 나는 다시 수학 이야기를 이어 나갔다. "교집합을 만드는

∩ 연산, 합집합을 만드는 ∪ 연산을 공부했어. 둘 다 두 집합에서 새로운 집합을 만들어 냈지."

"응."

"이제 다른 기호를 소개할게. 비슷한 기호로 ⊂가 있지. 이건 두 집합의 **포함 관계**를 나타내."

"포함 관계?"

"어떤 집합이 다른 집합에 '포함된다'는 걸 나타내."

"전혀 모르겠는걸. 무슨 주문 같아."

"어, 그래?"

"오빠는 내 선생님이니까 쉽게 설명해 줘!"

"예를 보면 금방 이해가 갈 거야. 자, 여기 두 개의 집합이 있어."

$$\{1, 2\} \text{ 와 } \{1, 2, 3\}$$

"응."

"집합 $\{1, 2\}$의 원소는 집합 $\{1, 2, 3\}$에도 속해 있지?"

"응. 1하고 2."

"이때 집합 $\{1, 2\}$는 집합 $\{1, 2, 3\}$에 **포함된다**고 말할 수 있어. 이건 기호 ⊂를 써서 이렇게 표현해."

$$\{1, 2\} \subset \{1, 2, 3\}$$

"알았어."

"$\{1, 2\}$는 집합 $\{1, 2, 3\}$에 '포함된다'고 해도 되고, $\{1, 2\}$는 집합 $\{1, 2, 3\}$의 **부분집합**이라고 말하기도 해."

"부분집합…… 어라? '포함된다'는 말 써도 돼?"

"그래, '포함된다'는 말은 여기서 쓰는 거야. '원소와 집합의 관계'와 '집합과 집합의 관계'를 혼동하지 말아야 해. 몇 가지 예를 들어 볼까?"

$$1 \in \{1, 2, 3\} \qquad 1은 \{1, 2, 3\}에 속한다$$

$$2 \in \{1, 2, 3\} \qquad 2는 \{1, 2, 3\}에 속한다$$

$$3 \in \{1, 2, 3\} \qquad 3은 \{1, 2, 3\}에 속한다$$

$$\{\ \} \subset \{1, 2, 3\} \qquad \{\ \}는 \{1, 2, 3\}에 포함된다$$

$$\{1\} \subset \{1, 2, 3\} \qquad \{1\}은 \{1, 2, 3\}에 포함된다$$

$$\{1, 2\} \subset \{1, 2, 3\} \qquad \{1, 2\}는 \{1, 2, 3\}에 포함된다$$

$$\{1, 2, 3\} \subset \{1, 2, 3\} \qquad \{1, 2, 3\}은 \{1, 2, 3\}에 포함된다$$

"어, 공집합 $\{\ \}$도 $\{1, 2, 3\}$에 포함되는구나."

"응."

"어, $\{1, 2, 3\}$도 스스로에게 포함돼?"

"그래. 스스로를 포함할 때는 $\{1, 2, 3\} \subseteq \{1, 2, 3\}$이라고 쓰기도 해. 보통 은 $\subset$를 쓰는데, 스스로는 포함하지 않는다는 걸 명확히 하려고 $\subsetneq$라고 쓰기 도 해. 뭐 다 정의하면 되긴 하지만."

"그럼 $\{2\}$도 괜찮은 거지?"

"괜찮냐니 무슨 말이야?"

"$\{2\}$도 $\{1, 2, 3\}$의 일부라고 할 수 있는가……."

"이왕이면 새로 배운 용어로 써 보면 어떨까?"

× $\{2\}$는 $\{1, 2, 3\}$의 일부이다.

○ $\{2\}$는 $\{1, 2, 3\}$에 포함된다.

○ $\{2\}$는 $\{1, 2, 3\}$의 부분집합이다.

"알았어요, 선생님. $\{2\}$도 $\{1, 2, 3\}$의 부분집합이죠?"

"응, 좋아요, 학생."

"오빠, 어차피 부르는 거 유리라는 이름으로 확실하게 불러 줘."

집합이 중요한 이유

잠깐 쉬는 시간.

유리는 책장 위 유리병에서 레몬 사탕을 꺼냈다.

"오빠, ∈, ∩, ∪, ⊂, … 이런 거 시력 검사표에 있는 거 같지 않아? 여러 기호가 튀어나오고 퍼즐 같아서 꽤 재미있었어. 그런데 집합이 중요한 거야?"

"글쎄. 집합은 수학적인 개념을 정리하는 데 도움이 되지. 시력 검사 같은 이 기호들이 수학책에는 자주 나온단다."

"수학책에 자주 나온다고 해도, 오늘 들었던 집합에서 교집합이나 합집합 같은 건 너무 당연한 상식이잖아? 그런 게 왜 중요해? 어째서 수학자들은 집합을 연구하는 거야?"

유리가 진지한 눈으로 나를 보았다. 순간 머리에서 반짝 빛이 튀었다.

"설명을 잘 못하겠네. 미르카에게 물어보고 알려 줄게."

"미르카! 그래, 그래! 미르카 선배 만나고 싶다아……."

"고등학교에 오면 만날 수 있어."

"응? 내가 입학할 때쯤 미르카 선배는 졸업이잖아!"

"응?" 그게 아니라 고등학교에 놀러 오면 만날 수 있다는 뜻이었는데……. 졸업? 아, 1년 지나면 나도 미르카도 졸업인가?

"미르카 선배를 집에 한번 초대하자. 맛있는 초콜릿이 있으니까 오라고 할까?"

"먹을 걸로 낚을 셈이야?"

"어쨌든 꼭 물어봐, 오빠."

'수학자는 왜 집합을 연구하는 걸까?'

2. 논리

"무한을 다루기 위해서……." 미르카가 말을 꺼냈다.

"무한?" 내가 되물었다.

여기는 도서실. 나는 늘 앉는 자리를 차지하고 있었다. 미르카는 창문을 등지고 내 쪽을 향해 서 있었다. 단정한 자세의 그녀는 눈부셨다.

"무한을 다루기 위해서지. 집합을 연구하는 이유 중 하나는 그거야." 그녀가 말했다.

"하지만 집합의 원소는 유한개일 때도 있잖아?"

"물론이지. 하지만 집합은 **무한집합**에서 진정한 능력을 발휘하지. 집합과 논리를 구사하지 않으면 무한은 다루기 어려워."

"집합과 논리?"

나는 생각에 잠겼다. 집합도 논리도 중요하다는 것은 안다. 하지만 전혀 다른 분야가 아닌가? 집합은 원소의 모임이고, 논리는 수학에서 참을 증명하는 길잡이 같은 것인데.

내 얼빠진 표정을 본 미르카는 창문 앞을 왔다 갔다 하면서 손가락을 빙글빙글 돌리며 이야기를 계속했다. 몸을 돌릴 때마다 긴 머리가 찰랑거렸다. 방과 후 도서실에는 우리 말고는 아무도 없었다. 한가로운 시간이었다.

미르카는 강의 모드로 들어갔다.

"집합에서는 '속하는가, 속하지 않는가?', 논리에서는 '참인가, 거짓인가?', 이렇게 양자택일이 밑바탕에 깔려 있어. 집합의 외연적 정의에서 벗어나 내포적 정의를 다룬다면, 집합과 논리의 관계는 명백해져. 집합의 외연적 정의에서는……."

◆◆◆

집합의 **외연적 정의**는 원소를 다시 나열해서 집합을 정의하지. 이건 네가 유리에게 가르쳤던 방법이지?

$$\{2, 4, 6, 8, 10, 12, \cdots\} \rightarrow \text{외연적 정의의 예}$$

외연적 정의는 원소를 구체적으로 나열하니까 알기 쉬워. 하지만 무한 집합을 다루는 데는 한계가 있어. 왜냐하면 무수한 원소를 모두 나열하는 것이 불가능하니까. "…"로 생략하지 않으면 문제가 생기지.

이에 반해 **내포적 정의**는 원소가 충족하는 조건을 명제로 쓰고 집합을 정의해. 즉 논리를 가지고 집합을 정의하는 거야.

예를 들면 '2의 배수 전체의 집합'을 내포적 정의로 쓰려면 'n은 2의 배수'라는 명제를 쓰는 거지. 수직 바 '|'의 왼쪽에 원소의 형태를 쓰고, 오른쪽에 명제를 쓰는 거야. 다음과 같이.

$$\{n \mid n \text{은 2의 배수}\} \rightarrow \text{내포적 정의의 예}$$

내포적 정의는 원소가 충족해야 할 명제를 쓰기 때문에 오해의 소지가 적지. 명제를 써서 원소가 충족해야 할 조건을 명기해 두면 원소가 무수히 많은 집합을 표현할 수 있어. 무한집합을 취급할 때는 외연적 정의보다 내포적 정의를 쓰는 것이 수월해.

같은 집합을 나타내는 경우에도 내포적 정의의 명제는 한 가지라고는 할 수 없어. 예를 들어 다음 집합은 모두 같아.

$$\{n \mid n \text{은 2의 배수}\}$$
$$\{x \mid x \text{는 2의 배수}\}$$
$$\{n \mid n \text{은 짝수}\}$$
$$\{2n \mid n \text{은 자연수}\}$$

내포적 정의는 유용하지만 주의가 필요해.

내포적 정의를 무제한으로 쓰면 모순이 생기지.

◆◆◆

"모순이 생겨." 미르카는 그렇게 말하고 멈추었다.

"모순?"

모순이란 어떤 명제와 그것을 부정하는 것 두 가지가 다 성립하는 경우인데…….

"내포적 정의가 모순을 낳는 유명한 사례는…….."

그녀는 내 옆에 살포시 앉더니 귓가에 입을 대고 속삭였다.

"러셀의 패러독스."

러셀의 패러독스

러셀의 패러독스는 '어떠한 명제라도 집합을 정의할 수 있다'라고 했을 때 모순이 생기는 예를 말해. 거기서는 $x \notin x$라는 명제를 쓰지.

문제 3-1 러셀의 패러독스

$\{x \mid x \notin x\}$가 집합이라고 할 때, 모순이 생긴다는 것을 증명하라.

$\{x \mid x \notin x\}$가 집합이라고 할 때, 이 집합을 R이라고 한다.

$$R = \{x \mid x \notin x\}$$

여기서 R이 자기 자신, 즉 집합 $\{x \mid x \notin x\}$의 원소인지 아닌지를 조사하는 거야. $\{x \mid x \notin x\}$가 집합이라고 했으니까 R은 그것에 속해 있는지, 속하지 않았는지 둘 중 하나야. 따라서 다음 명제는 참 혹은 거짓 중 하나지.

$$R \in \{x \mid x \notin x\}$$

(1) 명제 $R \in \{x \mid x \notin x\}$가 **참**이라고 가정했을 때 R은 집합 $\{x \mid x \notin x\}$의 원소가 된다. 이때 R은 명제 $x \notin x$를 충족해. 따라서 다음 명제는 참이지.

$$R \notin R$$

여기서 우변의 R을 { }라고 쓴 다음 명제도 참이야.

$$R \notin \{x \mid x \notin x\}$$

하지만 이것은 다음과 같이 가정한 명제와는 모순돼.

$$R \in \{x \mid x \notin x\}$$

(2) **명제 $R \in \{x \mid x \notin x\}$가 거짓이라고 가정하면,** R은 집합 $\{x \mid x \notin x\}$의 원소가 아닌 거지. 이때 R은 명제 $x \notin x$를 충족하지 않아. 따라서 명제 $R \notin R$은 거짓이고, 다음 명제는 참이 되지.

$$R \in R$$

여기서 $R \in R$의 우변 R을 { }로 쓴 이 명제 또한 참이 되고.

$$R \in \{x \mid x \notin x\}$$

하지만 이건 다음 명제가 거짓이라는 가정과 모순되지.

$$R \in \{x \mid x \notin x\}$$

결국 (1)과 (2)에서 명제 $R \in \{x \mid x \notin x\}$의 참, 거짓에 상관없이 모순이 발생한다는 말이야.

이상 증명 끝.

러셀의 패러독스

집합 $\{x \mid x \not\in x\}$가 자기 자신을 원소로 하는지, 아닌지를 조사한다. 원소가 된다고 가정해도, 원소가 되지 않는다고 가정해도 모순이 생긴다.

이깟 잔재주로는 러셀의 패러독스를 피할 수 없어. 러셀의 패러독스는 집합의 제일 중요한 $\in$만으로 모순을 낳고 있기 때문이야.

모순을 막기 위해 집합의 내포적 정의에서 쓰는 명제에는 제약이 필요해.

간단한 제약의 예로는, 전체 집합 U를 정해 놓고, U의 범위에서 집합을 생각한다면 내포적 정의는 안전해. 즉,

$$\{x \mid \mathrm{P}(x)\}$$

이렇게 무제한으로 명제 $\mathrm{P}(x)$를 쓰는 것이 아니라,

$$\{x \mid x \in \mathrm{U} \wedge \mathrm{P}(x)\}$$

이렇듯 집합 U의 원소 x에 한하여 명제 $\mathrm{P}(x)$를 적용하는 거야.

집합 연산과 논리 연산

내포적 정의는 명제에서 집합을 결정해. 그러므로 집합과 논리가 밀접하게 관련되는 것이 이상한 일은 아니지. 집합 연산과 논리 연산의 대응 관계는 명백해.

집합 ⟷ 논리

집합 A $= \{x \mid \mathrm{P}\}$ ⟷ 명제 P

집합 B $= \{x \mid \mathrm{Q}\}$ ⟷ 명제 Q

교집합 A$\cap$B ⟷ 논리곱 P$\wedge$Q (P 그리고 Q)

합집합 A$\cup$B ⟷ 논리합 P$\vee$Q (P 또는 Q)

전체 집합 U ⟷ 참

공집합 ⟷ 거짓

여집합 $\overline{A}$ ⟷ 부정 ¬P (P가 아니다)

여집합 $\overline{A}$란, 전체 집합 U에 속해 있는 원소 중 A에 속해 있지 않은 원소 전체로 이루어진 집합을 말해.

드모르간의 법칙도 아름다워.

집합 ⟷ 논리

$$\overline{A \cap B} = \overline{A} \cup \overline{B} \quad \longleftrightarrow \quad \neg\,(P \wedge Q) = \neg P \vee \neg Q$$
$$\overline{A \cup B} = \overline{A} \cap \overline{B} \quad \longleftrightarrow \quad \neg\,(P \vee Q) = \neg P \wedge \neg Q$$

드모르간의 법칙이 어째서 아름답냐고? 여기에 쓰인 네 개의 식 모두 단 하나의 패턴으로 표현할 수 있기 때문이야. 아직도 모르겠어?

드모르간의 법칙의 패턴은 이거야.

$$h(f(x,y)) = g(h(x), h(y))$$

여기에 나오는 $f(x, y), g(x, y), h(x)$ 세 종류의 함수를 다음과 같이 구체화시키면 드모르간의 법칙을 다 구할 수 있어.

$f(x, y)$	$g(x, y)$	$h(x)$	$h(f(x, y)) = g(h(x), h(y))$
$x \cap y$	$x \cup y$	$\overline{x}$	$\overline{A \cap B} = \overline{A} \cup \overline{B}$
$x \cup y$	$x \cap y$	$\overline{x}$	$\overline{A \cup B} = \overline{A} \cap \overline{B}$
$x \wedge y$	$x \vee y$	$\neg x$	$\neg\,(P \wedge Q) = \neg P \vee \neg Q$
$x \vee y$	$x \wedge y$	$\neg x$	$\neg\,(P \vee Q) = \neg P \wedge \neg Q$

내포적 정의는 논리를 가지고 집합을 정의해. 아무리 추상적인 개념이라도 논리를 가지고 표현할 수 있다면 집합 형태를 만들어 수학의 연구 대상으로 삼을 수 있어. 모순이 생기지 않도록 주의해야 하지만 수학의 연구 폭이 그만큼 넓어지는 거야.

대수학, 기하학, 해석학도 연구 대상을 집합과 논리로 풀어낼 수 있지.

더 나아가서는 수학 그 자체를 수학의 연구 대상으로 만들 수 있어.

집합과 논리를 사용해 **수학을 수학하는** 것까지 가능해지는 거야.

◆ ◆ ◆

"수학을 수학하는' 것까지 가능해지는 거야" 하고 미르카가 선언했다.

나는 매끄러운 설명에 취해 그만 멍해지고 말았다.

"수학을 수학한다는 것은?"

덜컹.

도서실 입구에서 큰 소리가 났다.

발랄 소녀 테트라였다.

3. 무한

전단사의 새장

"아야야야." 테트라가 무릎을 쓰다듬으며 다가왔다.

"무슨 일이 있었던 거야?" 내가 물었다.

"죄, 죄송해요, 시끄럽게 해서. 도서 운반 카트에 부딪쳤어요. 미즈타니 선생님이 거기다 두고 잊어버리셨나 봐요. 위험한데."

"테트라, 카트는 늘 그 자리에 있었어."

"전 뭔가 물건이 널려 있으면 주의가 산만해져서요."

"전체를 한눈에 보려고 해서 그랬겠지." 내가 말했다.

"아마도요. 그런데 오늘은 어떤 문제예요?" 테트라가 말했다.

나는 집합과 논리, 무한 이야기를 요약해서 설명했다.

"무한이란 어렵네요. 셀 수도 없고." 테트라가 말했다.

"셀 수 없다고?" 미르카가 말했다.

"무한개는 한계가 없으니까 셀 수 없잖아요?"

"'개수'는 몰라도 '개수가 같다'는 건 알 수 있기도 하지. 예를 들면……." 미르카는 양손을 펼쳤다.

"이렇게 양쪽 손가락을 맞대어 봐. 엄지손가락은 엄지손가락에, 검지는 검지에 맞춰."

미르카가 양 손가락을 맞대자 가슴 앞에 작은 '새장'이 만들어졌다.

"오른손 손가락의 개수를 모르고 왼손 손가락의 개수를 몰라도, 이렇게 양 손가락을 대응시킬 수 있다면 양 손가락의 개수는 같다고 할 수 있지."

"네?" 테트라가 반문했다.

"예를 들어, 어떤 유한집합에서 다른 유한집합에 대해 아래와 같은 대응이 있다고 치자. 이때 두 가지 유한집합의 원소 개수는 서로 같아. 이런 사상(寫像, mapping)을 **전단사**(全單射, bijection)라고 불러."

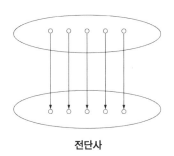

전단사

"**사상**이 뭐예요?" 테트라가 물었다.

"일종의 일대일 대응 규칙이야." 내가 말했다. "미르카가 오른손 손가락에 왼손 손가락을 대응시킨 것처럼 어떤 집합의 원소에 다른 집합의 원소를 대응시키는 규칙이지."

"그건 애매한 표현이야." 미르카가 말했다. "예를 들면, 집합 A, B가 있다고 하자. 집합 A의 어떤 원소에 대해 집합 B의 어떤 원소 하나만 대응이 가능하다고 하면, 그 규칙을 '집합 A부터 집합 B에 이르는 사상'이라고 말해. 함수 개념을 일반화한 거라고 보면 돼."

미르카는 조금 뜸을 들이더니 계속 설명했다.

"다양한 사상과 전사, 단사, 전단사를 간단하게 정리하고 넘어가자."

◆ ◆ ◆

전사(全射)는 '남는 것'이 없는 사상을 말해. '겹침'은 가능하지만.

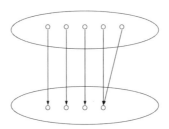

'남는 것'이 없는 사상: 전사의 예

'남는 것'이 있다면 전사가 아니야.

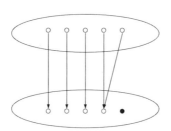

'남는 것'이 있는 사상: 전사가 아니다

단사(單射)는 '겹침'이 없는 사상을 말해. '남는 것'은 있어도 상관없어.

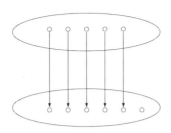

'겹침'이 없는 사상 : 단사의 예

'겹침'이 있다면 단사가 아니야.

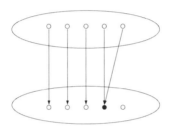

'겹침'이 있는 사상 : 단사가 아니다

전단사는 전사와 단사가 동시에 존재하는 사상을 말해.
따라서 전단사는 '남는 것'도 '겹침'도 없는 사상이지.

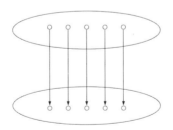

'남는 것'도 '겹침'도 없는 사상 : 전단사의 예

전단사는 역($逆$)사상을 만들 수 있어.

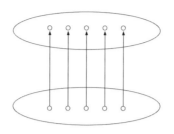

전단사는 역사상을 만들 수 있다

　전단사가 존재한다면 양 집합의 원소 개수가 서로 같다는 생각은 자연스럽지.

◆◆◆

　"확실히 자연스럽다고 생각돼요." 테트라가 말하면서 미르카와 똑같이 생긴 작은 새장을 그렸다. '전단사의 새장'이다.

　미르카의 설명이 점점 빨라졌다.

　"사상으로 원소 개수를 유추하는 방법을 유한집합에서 무한집합으로 확장시켜 보자. 무한집합의 원소 개수도 사상으로 알아볼 수 있어. 단, 무한집합에서는 직관에 반하는 불가사의한 일이 일어날 수 있지. 너무나 불가사의한 나머지 갈릴레오도 포기했어."

　"갈릴레오?" 내가 물었다.

갈릴레오의 망설임

　갈릴레오에 대해 알아보자.

　갈릴레오는 자연수에서 제곱수의 전단사를 만들 수 있다는 걸 알았다.

$$1 \quad 2 \quad 3 \quad 4 \quad 5 \quad 6 \qquad n \qquad \text{자연수 전체}$$
$$\updownarrow \quad \updownarrow \quad \updownarrow \quad \updownarrow \quad \updownarrow \quad \updownarrow \quad \cdots \quad \updownarrow \quad \cdots$$
$$1 \quad 4 \quad 9 \quad 16 \quad 25 \quad 36 \quad n^2 \qquad \text{제곱수 전체}$$

　'전단사가 존재한다면 같은 개수일 때' 자연수와 제곱수의 개수는 서로 같다고 할 수 있을까? 갈릴레오는 그건 이상하다고 생각했다. 왜냐하면 제곱수는 자연수의 일부분에 지나지 않기 때문이다.

$$①, 2, 3, ④, 5, 6, 7, 8, ⑨, 10, 11, 12, \cdots$$

전체와 부분의 개수가 같다는 건 확실히 이상하다. 그렇기 때문에 무한에서는 전단사만으로 개수가 서로 같다고는 할 수 없다고 갈릴레오는 생각했다. 17세기 갈릴레오가 되돌아간 지점은 이곳이다.

갈릴레오 '무한에서는 전단사만으로 개수가 서로 같다고 할 수 없다.'

그러나 19세기에 **칸토어**와 **데데킨트**는 그것이 완전히 똑같다는 수학적 사실을 발견하고 갈릴레오처럼 생각하지 않았다. 데데킨트는 전체와 부분 사이에 전단사가 존재하는 것이 무한의 정의라고 생각했다. 이것은 놀라운 역발상이었다.

데데킨트 '무한에서는 전체와 부분 사이에 전단사가 존재한다.'

칸토어는 무한집합의 원소 '개수'('농도'라고도 한다)에 대해 깊이 연구했다.
오류를 발견했을 때는 실패라고 생각해 다시 되돌아가는 것이 보통이다. 하지만 데데킨트는 실패가 아니라 발견이라고 생각했다. '전체와 부분 사이에 전단사가 존재하는 집합'이 무한집합이라고 정의하면, 유한 혹은 무한에 관계없이 전단사로 개수가 같다는 말이 된다.
오류나 모순에 빠지는 것은 지금까지는 없었던 개념에 부딪쳤기 때문이다. 실패라 여기고 돌아가는 것도 가능하다. 하지만 새로운 발견일지도 모른다고 생각하고 더 앞으로 나아갈 수도 있다.
개념을 확장하다 보면 항상 이런 경우와 맞닥뜨리게 된다.

- 1을 더하여 0이 되는 자연수는 존재하지 않는다.

  그것을 음수 −1의 정의라 하자.

- 제곱하여 2가 되는 유리수는 존재하지 않는다.

  그것을 무리수 $\sqrt{2}$의 정의라 하자.

- 제곱하여 −1이 되는 실수는 존재하지 않는다.

  그것을 허수 단위 i의 정의라 하자.

- 전체와 부분 사이에 전단사가 존재한다.

  그것을 무한집합의 정의라 하자.

개념 확장의 어려움, 그것은 '도약하기 전의 망설임'으로 드러난다.

◆ ◆ ◆

"그건 '도약하기 전의 망설임'이야." 미르카가 말했다.

"그렇지." 나는 납득했다.

"누구라도 주저주저할 거야. 수의 이름에서 그것이 드러나 있어."

"이름이라고요?" 테트라가 물었다.

"영어 테스트를 해 볼게." 미르카는 그렇게 말하며 테트라를 가리켰다.

"음수가 뭐지?" 미르카가 물었다.

"negative number." 테트라가 대답했다.

"무리수는?"

"irrational number."

"허수는?"

"imaginary number."

"부정적이고(negative), 불합리하며(irrational), 상상 속에 존재(imaginary)
한다⋯⋯." 미르카는 자리에서 일어났다. "이 이름들에는 새로운 개념을 향
한 망설임이 깃들어 있어."

그녀는 창밖으로 고개를 돌렸다.

"새로운 길로 나아갈 때는 누구라도 망설이게 되어 있으니까."

4. 표현

귀갓길

미르카는 예예와 피아노 연습이 있다며 음악실로 향했다. 나와 테트라는 학교를 나와 늘 지나는 구불구불한 골목길을 지나 역으로 향했다. 미르카의 해석을 떠올리며 나는 혼잣말처럼 말했다.

"집합과 논리…… 집합의 내포적 정의에서는 논리가 집합을 만들지. '어떤 명제를 충족하는 무엇'을 '그 집합의 원소'로 보는 거야. 명제로 표현하는 것 자체가 집합이라는 대상을 만들어 내는 거지. 말하자면 '미인의 조건'이 '미인의 집합'을 만드는 거군."

"이런 말일까요?" 테트라도 천천히 말을 꺼냈다. "그 '표현한다'는 말은 '써서 나타낸다'라는 뜻이죠? 무한개인 것을 구체적으로 써서 표현할 수는 없지만 그 무한개인 것이 가지는 공통적인 성질은 써서 표현할 수 있다는……."

나는 테트라와 나란히 걸으며 가만히 듣기만 했다.

"영어의 'describe'는 어원이 de와 scribe로 나뉘고 scribe는 '쓰다'라는 의미니까." 거기까지 말하고 테트라는 자기만의 세계에 빠진 듯했다. 나는 안중에 없었다. "실제로 뭔가를 '쓴다'는 게 과연 표현이란 뜻의 본질일까요? 같은 '표현하다'는 뜻인데도 'express'와는 다르잖아요. express는 '밖으로(ex)', '누르다(press)', 마음속에 있는 걸 표출하는 것인데, 그걸 받아 적는 것이 describe인가요? represent(대변하다)는 아닐까요? denote(나타내다)는요?"

테트라는 갑자기 멈추고는 가방에서 사전을 꺼냈다.

"그거 영영 사전이야?" 내가 물었다.

그녀는 고개를 번쩍 들며 말했다.

"네? 죄송해요. 지금 혼자 생각에 빠져서."

"응, 마음의 소리가 전부 express되고 있었어."

서점

테트라가 참고서 고르는 걸 도와 달라고 해서 서점에 들렀다.

"선배, 수학 참고서는 어떤 게 좋아요? 사실 사 놓은 책이 많지만."

수학 참고서가 빼곡히 꽂혀 있는 책장을 올려다보며 테트라가 말했다.

"참고서마다 제목이 제멋대로인 게 신경 쓰이지?"

"그럴 때도 있었죠. 책을 많이 사야만 할 것 같은 느낌이 들었어요. 불안이랄까? 성적이 좋은 사람이 읽는 참고서를 사면 나도 똑같이 성적이 오를 것만 같아서요. 게임 공략집처럼."

"지금도 그렇게 생각해?" 나는 쿡쿡 웃으면서 말했다.

"웃지 말아 주세요오……. 그게 말이지, 지금은 좀 달라요. 참고서를 산다, 사지 않는다의 문제가 아니라, 머리를 쓰느냐, 쓰지 않느냐의 문제인 것 같거든요. 사 놓은 참고서는 읽어야만 하고, 읽는 것만으로 끝내지 말고, 잘 쓰고 잘 생각하지 않으면 안 되니까요. 하지만 때때로 좋은 참고서가 있으면 좀 더 매끄럽게 나아갈 수 있지 않을까 하는 생각이 자꾸 들어요."

테트라는 책장에서 참고서 한 권을 꺼내 펼쳐 들었다. 팔락팔락, 종이를 넘기는 가벼운 소리가 났다. 몇 쪽 넘겨 보더니 다시 제자리에 갖다 놓았다.

"나는 나한테 좋은 참고서를 골라."

"그게 무슨 말이에요?"

"응. 이해가 잘 안 가거나 막히는 부분은 사람마다 다르잖아? 특히 수학은 요점 하나를 이해하는 것만으로도 시야가 트이기도 하니까. 그래서 내가 이해할 수 없는 부분을 충분히 생각한 다음 거기에 딱 맞는 참고서를 고르곤 해."

"네? 지금 정말 중요한 걸 말씀하신 듯한 느낌이! 조금만 더 구체적으로 알아들을 수 있게 말해 주세요!"

테트라가 내게 바짝 다가왔다.

"그러니까 예를 들어, 수학적 귀납법을 네가 모른다고 쳐. 나는 어떤 부분이 이해가 안 가는가? 그걸 나 자신에게 묻는 거야. 아마도 전부 모르겠다고 말하고 싶겠지만 거기서 더 나아가야 해. 자신이 어디를 모르는지 집요하게 파고드는 거지, 자기 스스로. '모르는 부분의 최전선'을 찾는 거야. 여기다! 최전선을 발견하면 책방으로 가서 참고서를 펼쳐 봐. 그리고 최전선이 설명된 페이지를 찾아 차분하게 읽어 보고. 이 책이 내 의문을 풀어 줄까? 시간을 들여 찬찬히 생각하는 거지. 참고서 한 권을 검토하고 나면 다른 참고서로 옮겨서 똑같이 해 봐. 그렇게 몇 번이고 읽으면 나와 궁합이 잘 맞는 좋은 참고서를 발견할 가능성이 높아. 즉, 모두에게 좋은 참고서가 아니라 내게 좋은 참고서를 발견하는 거지."

"하지만 시간이 걸리잖아요."

"그건 어쩔 수 없지. 왜냐하면 수식을 마주할 때는……."

"……누구라도 작은 수학자가 되는 거죠?" 하고 테트라는 내가 한 말을 되새겨 주었다. 우리는 서로 마주 보며 미소를 지었다.

"'내가 어디를 모르는 걸까?'라는 물음은 배움의 기본이야."

"전 선배 설명이 제일 알아듣기 쉬운데…… 제 책장에 선배를 갖다 놓을 수 있다면 좋을 텐데."

테트라는 혀를 살짝 내밀고 나를 보았다.

5. 침묵

미인의 집합

"집합을 고민하는 이유가 무한을 다루기 위해서라고?" 유리가 말했다.

그다음 주말, 나는 집에서 미르카의 말을 유리에게 전달했다.

"무한이 그렇게 대단한 거야? 뭔가 딱 와 닿지는 않는데?"

"나도 아직 몰라. 조금씩 공부해 나가야지."

"치."

"너무 조급해하지 마. 넌 잘하고 있어. 궁금한 점도 세세하게 말로 설명할 수 있잖아. 알겠어? 수학은 도망가지 않아. 그러니까 차근차근 공략해 나가면 돼. 너는 문제없어."

"그럴까냥."

"그렇다니까. 난 상상도 못 할 정도로 넌 수학을 깊이 이해할 수 있게 될 거야."

"있잖아, 오빠." 유리는 천천히 안경을 벗었다.

"응?"

"나 말야……." 유리가 안경을 접어서 주머니에 넣고 나를 바라본다.

"응."

"……미인의 집합에 속한다고 생각해?"

"어? 사람에 따라서 진위가 바뀔 수 있는 건 명제라고는 할 수 없……."

"오빠를 '미인 판정기'로 정하면 명제가 되는 거지."

"저기……."

"전체 집합을 오빠 주변의 여자애들로 제한시켜도 좋아."

"아……."

"오빠, 내가 '미인의 집합'에 속하는 원소라고 생각해?"

"……."

"'예'도 아니고 '아니오'도 아니잖아. 침묵이 답이야?"

수학이 새롭고 추상적인 개념을 도입하더라도
그 개념이 명확하게 정의되어 있다면
허공을 떠도는 것처럼 보이던 개념도 곧 집합과 원소로서
지상으로 날아 내려오게 되고
여러 수학에 섞여 활발하게 약동할 것이다.
_시가 코지

한없이 가까워지는 목표 지점

그럼 무도회에 가도록 하렴, 신데렐라.
하지만 잊지 말거라.
자정을 넘기면, 1초라도 넘긴다면,
마차는 호박으로, 마부는 생쥐로,
너는 그저 재투성이 아가씨로 돌아와 버린단다.
―『신데렐라』

1. 집

유리

"아, 진짜 분해!"

"유리, 왜 그래?"

지금은 2월의 어느 토요일. 내 방.

조금 전 현관에서 '안녕하세요' 하는 유리의 밝은 목소리가 들리더니 "어서 오렴, 밖에 춥지?"라고 엄마가 말했다.

방에 들어온 순간 유리는 아까 목소리와는 다르게 어두운 표정으로 돌변했다. 드문 일이었다.

"어제, 짜증나는 남자애한테 졌어. 아, 진짜 짜증나!"

포니테일로 묶은 머리채를 찰랑거리며 고개를 젓는 유리.

"학교에서 남자애들이랑 싸우는 거야?"

"아니야. 수학 시간에 졌다고. 그 자식이 이런 문제를 냈단 말이야."

문제 4-1 다음 식은 참인가?

$$0.999\cdots = 1$$

"아하, 그래."

"그래서 내가 '이런 식이 참일 리가 없잖아'라고 대답했단 말이지."

"왜?"

"0.999…잖아? 1보다 조금 작은 수 아니야?"

"그럴까? 그 남자애는 뭐라고 대답했는데?"

"의기양양하게 '이 식은 참이야'라고 답하더라니까. 진짜 분해!"

"왜 그런지 이유도 말해 줬어?"

"그 자식이 '1과 1은 서로 같아'라면서 '증명'을 하지 뭐야."

남자애의 증명

1과 1은 같아.

$$1 = 1$$

양변을 3으로 나누더라고. 좌변은 소수, 우변은 분수로 썼지.

$$0.333\cdots = \frac{1}{3}$$

양변에 3을 곱하고.

$$3 \times 0.333\cdots = 3 \times \frac{1}{3}$$

양변을 계산하니까…….

$$0.999\cdots = 1$$

이걸로 0.999…=1이 증명되었어.

◆◆◆

"그 자리에서 반박하지 못한 게 너무 분해!"

"중학생치고는 꽤나 괜찮은 풀이를 했는걸." 나는 말했다.

"엥, 이게 말이 된다고?"

"응. 엄밀히 말하면 조금 미심쩍은 부분이 있긴 하지만."

"음, 실은 나 집에 돌아가서 '증명'을 생각해 봤어. 그런데 0.999…＝1은 역시 내 생각엔 거짓이야. 왜냐하면 ＝는 그 값과 엄밀하게 딱 들어맞을 때 쓰는 기호잖아? 그런 엄밀성이 수학의 멋진 면 아니야? 그러니까 ＝이 아니라 0.999…＜1처럼 부등호를 써야 하지 않느냐는 '의혹'이 드는 거지."

"그럼 네가 생각한 '증명'하고 '의혹'을 순서대로 들려줘. 함께 생각해 보자."

그때까지 입을 삐죽거리고 있던 유리의 표정이 확 밝아졌다.

"응!"

유리의 증명

"우선 너의 '증명'을 먼저 알려 줘." 나는 노트를 펼쳤다.

$$0.999… ＝ 1의 \ 증명$$

"내가 틀려도 웃으면 안 돼."

"당연하지."

"나는 우선 0.9를 알아보고, 그다음 0.99, 그 다음엔 0.999를 알아보려고 했어."

"호오."

"1과 0.9는 가깝지만 0.1만큼 떨어져 있잖아."

"떨어져 있다는 말은?"

"아, 그러니까 0.1만큼 다르다고."

"그건 차가 0.1이라는 뜻이야?" 나는 노트에 수식을 썼다.

$$1 － 0.9 ＝ 0.1$$

"응 바로 그거야, 차. 그렇구나, 수식으로 쓰면 되는 것을. 이런 식으로 생각했었어. 처음엔 0.9."

◆ ◆ ◆

처음엔 0.9.

$$1-0.9=0.1$$

다음은 0.99.

$$1-0.99=0.01$$

그리고 이렇게 반복했지.

$$1-0.9=0.1$$
$$1-0.99=0.01$$
$$1-0.999=0.001$$
$$1-0.9999=0.0001$$
$$1-0.99999=0.00001$$

이걸 무한히 반복하면 1과의 차는 0.000…이 될 거라고 생각했어.

$$1-0.999\cdots=0.000\cdots$$

그럼 말야, 우변의 0.000…은 0과 같아지잖아?

$$1-0.999\cdots=0$$

차가 0이니까 결국 0.999…하고 1은 서로 같아!

$$1 - 0.999 = 1$$

이걸로 Q.E.D.

◆◆◆

"오, 잘하는데! 중학생치고는 아주 훌륭해."

"헤헤 기쁘다옹." 유리는 고양이 말로 응답하고는 웃었다. 그러다 곧 진지한 표정으로 돌아왔다.

"근데 '중학생치고는'이라는 단서가 마음에 안 드는걸."

"확실히 설명하려면 '이걸 무한히 반복하면……'이라는 부분을 수학적으로 확실히 하지 않으면 안 되거든."

"그렇지. 실은 나도 '무한히 반복'의 의미를 잘 모르겠단 말이야. '0.000…은 0보다 조금은 작다'라는 결론만 나와."

"그게 너의 '의혹'이었구나?"

"맞아, 들어봐 오빠."

유리의 의혹

0.999…＝1이 성립하지 않는다는 의혹.

0.9는 1보다 작잖아?

$$0.9 < 1$$

똑같이 0.99도 1보다 작아.

$$0.99 < 1$$

이걸 반복하면 이렇게 되는 거잖아.

$$0.9 < 1$$
$$0.99 < 1$$
$$0.999 < 1$$
$$0.9999 < 1$$
$$0.99999 < 1$$
$$\vdots$$

이건 어디까지 계속해도 역시 1보다는 작다는 얘기잖아!

$$0.999\cdots < 1 \quad ?$$

하지만 이걸로 완결되는 건지 의혹이 들어.

◆ ◆ ◆

"역시 그렇게 생각했구나."

"응. 0.9, 0.99, 0.999 이런 식으로 나가니까, 아까 '증명'에서는 '한없이 1에 가까워진다'인데, 지금 '의혹'에서는 '어디까지 가더라도 1보다 작다'가 된다니까 이 두 개가 머릿속에서 계속 싸우고 있는 거야. 아, 진짜 모르겠어."

유리는 "후우" 한숨을 쉬고는 '그래서 정답은?' 하고 묻는 듯 나를 뚫어지게 바라보았다.

나의 설명

"네가 문제를 잘 정리하긴 했는데, 나는 나대로 정리해 볼게. 우선 다음과 같은 수의 열, 수열을 생각해 봐. 알기 쉽게 $a_1, a_2, a_3, \cdots, a_n, \cdots$ 이런 식으로 이름을 붙이자."

$$a_1 = 0.9$$
$$a_2 = 0.99$$
$$a_3 = 0.999$$

$$a_4 = 0.9999$$
$$a_5 = 0.99999$$
$$a_6 = 0.999999$$
$$\vdots$$
$$a_n = 0.\underbrace{9999\cdots9}_{n개}$$

"a_n 말이지." 유리가 고개를 끄덕였다.

"여기서 n은 나열된 9의 개수를 말해. 그러면……."

(1) n이 클수록 a_n은 1에 가까워진다.

(2) 하지만 n이 아무리 커져도 a_n은 1보다 작다.

"이런 성질을 가진다고 할 수 있는데, 이 두 가지가 서로 싸우는 거지."

"맞아, 내가 고민이 되는 건 두 가지가 다 맞는 말로 들린다는 거야. 대체 어느 것이 틀린 거지?"

"잘 들어 봐."

"응."

"(1)과 (2) 둘 다 참이란다."

"엥?"

"두 가지 주장이 다 맞아."

"하지만 (2)가 참이면, $0.999\cdots < 1$이 성립해 버리잖아?"

"아니, 성립하지 않아. $0.999\cdots < 1$은 거짓이야. $0.999\cdots = 1$이 참이지."

$$0.999\cdots < 1 \quad \text{(거짓)}$$
$$0.999\cdots = 1 \quad \text{(참)}$$

"지금 나, 엄청 혼란스러워."

"그래?"

유리는 조용히 생각에 잠겼다. 나는 말없이 기다렸다. 침묵, 생각의 시간. 이런 시간은 수학에서 꼭 필요하다. 누구에게도 방해받지 않고 집중해서 생각하는 시간. 주방에서 엄마가 요리하는 소리가 어렴풋이 들렸다.

"알았다, 이콜의 정의를 바꾸는 거야! 수학자들은 정의하는 걸 좋아하니까. 차가 작을 때는 이콜을 쓸 수 있도록 정의를 바꿔 버리자!"

유리의 말에 충격 받은 나는 할 말을 잃었다.

"그건 엄청난 해답인걸! 하지만 틀렸어. $0.999\cdots = 1$에서 이콜은 $1 = 1$의 이콜과 완전히 같은 의미야. 여기서 재정의는 하지 않아. $0.999\cdots$와 1은 완전히 엄밀하게 서로 같아."

"그럼 전혀 모르겠다옹." 유리는 분한 표정으로 말했다.

바로 그때.

"어머나! 이를 어째!"

엄마가 외치는 소리가 들렸다.

나와 유리는 서둘러 주방으로 향했다.

"무슨 일이야?"

앞치마를 두른 엄마가 냉장고를 열고 당황한 듯 서 있었다.

"달걀이 없어! 어제 다 쓴 걸 깜빡했네!"

엄마는 얼굴을 돌려 나를 빤히 보았다. 그리고 은근한 표정으로 말했다.

"있잖니, 공부하는데 미안하지만……."

"엥? 달걀 없이는 안 돼?"

"달걀 없는 오믈렛은 오믈렛이 아니지요." 엄마는 가슴을 펴고 말했다.

"지금 공부하고 있었는데."

"달걀이 없으면 오므레스가 되어 버린단다." 두 손을 맞잡고 나를 올려다보는 엄마.

"알았어요, 알았어. 슈퍼마켓에 갔다 오면 돼?"

"나도 갈래!"

2. 슈퍼마켓

목표 지점

자전거 뒤에 유리를 태우고 슈퍼마켓에 도착했다. 날이 꽤나 추웠다.

음, 달걀이 어디 있지? 여섯 개 들이 팩이면 될까?

계산을 끝내고 슈퍼마켓을 나오자 유리가 내 팔을 잡고 끌어당겼다.

"오빠, 저기 근사한 게 있는데?"

유리가 가리키는 곳은 소프트아이스크림 코너였다.

"안 돼. 엄마가 기다리셔. 근데 안 추워?"

"그런 말 하지 말고." 유리는 내 앞을 막아서더니 비는 듯 두 손을 맞잡고 나를 올려다보았다. 어째서 내게 부탁하는 사람들은 죄다 이런 포즈를 하는 걸까? 뭐, 아무래도 좋지만.

나는 바닐라 소프트아이스크림 두 개를 사서 계산대로 향했다.

"자, 여기."

"헤헤 고마워, 오빠앙."

함박웃음을 짓는 유리.

"좋겠네. 기분은 좀 나아졌어?"

"응? 무슨 말이야?"

"잊어버렸다면 됐고."

소프트아이스크림을 먹으면서 대화를 시작했다.

"오빠는 나중에 뭐가 될 거야?"

"음, 그러는 너는?"

"음, 변호사?"

"그거 텔레비전 프로그램 때문이지?"

"그럴지도, 멋있으니까. 오빠는 말야. 나중에 부인이 오빠보다 많이 벌면 신경 쓰일 것 같아?"

"무슨 말이야 그게."

"신경 안 쓰지? 그런 거."

"아까 했던 얘기인데, 그림으로 그리면 이런 느낌이야."

나는 소프트아이스크림을 바꿔 들고 광고지 뒤에 그림을 그렸다.

"그건 나도 알아." 유리가 말했다.

"여기서 0.9, 0.99, 0.999라는 수열은 1에 한없이 가까워지지. 그리고 한없이 가까워지는 지점, 말하면 **목표 지점**이 0.999…인 거야."

"그러니까 0.9, 0.99, 0.999 이렇게 계속되는 수열이 1이 되지는 않지만 1에 한없이 가까워진다는 말은 왠지 이해가 가는 것 같기도 하고 안 가는 것 같기도 하단 말이지."

"어느 쪽인데?"

"오빠가 그린 그림처럼 1에 한없이 가까워진다는 느낌은 들어. 하지만 한없이 가까워져도 0.999…는 1이 되지 않잖아."

유리는 뚱한 표정으로 아이스크림을 한 번 크게 핥았다.

"그럼 지금부터 질문을 할 테니까 '예', '아니오'로만 대답해."

"0.9, 0.99, 0.999 이렇게 계속 나가면 1과 같아질까?"

"아니오. 0.9 다음에 9를 계속 붙여 나가도 1보다는 작을 것 같아."

"맞았어." 나는 말했다.

"왠지 답답해졌어. 0.9 다음에 아무리 9를 붙여도 1과 같아지지 않는데, 어째서 0.999…는 1과 같다는 거야?"

"잠깐만 기다려 봐. 이런 질문은 어때?"

"0.9, 0.99, 0.999 이렇게 계속 붙여 나가면 어떤 수에 한없이 가까워질까?"

"0.9 다음에 9를 계속 붙여 나가면 1에 가까워지겠지. 한없이 가까워지는 거야."

"네 말이 맞아." 나는 고개를 끄덕였다. "이다음이 중요한 포인트야. 0.9, 0.99, 0.999 이렇게 계속하다가 '어떤 수'에 가까워지면 그 '어떤 수'는 0.999…

이렇게 표기하기로 되어 있어."

"표기하는 규칙이 있다고? 잠깐 기다려 봐!" 유리가 소리 높여 외쳤다.

그녀의 머리카락이 마치 황금처럼 반짝였다.

"왜?"

"알았어, 나 드디어 이해했어. 내가 설명하게 해 줘."

"물론이지."

"저 0.999…는 '어떤 수'를 나타내고 있는 거지?"

"맞아."

'0.999…는 어떤 수를 나타낸다.'

"1에 가까워지지만 0.9, 0.99, 0.999 이렇게 계속 나가도 '어떤 수'는 나오지 않아. 이것도 맞지?"

"응, 좋아. 잘하고 있어."

'0.9, 0.99, 0.999 이렇게 계속해도 어떤 수가 나오지는 않는다.'

"그래서 그 0.999…가 나타내는 어떤 수가 바로 1과 같은 거야!"

'0.999…가 나타내는 어떤 수는 1과 같다.'

"응, 그게 맞아. 어떻게 바로 알았어?"

"오빠, 알았어. 뭘 몰랐는지도 확실하게 알았어. 0.999…가 어떤 수를 표시하고 있다는 걸 새삼스럽게 깨달았어."

그녀는 녹아내리기 시작한 아이스크림을 핥으며 말했다.

- 0.999…는 '어떤 수'를 나타내고 있다.
- 0.9, 0.99, 0.999 이렇게 계속하면 '어떤 수'에 한없이 가까워진다.
- 0.9, 0.99, 0.999 이렇게 계속해 나가도 '어떤 수' 자체는 나오지 않는다.
- 0.999…가 나타내는 '어떤 수'는 1과 같다.

"응, 범인을 알았어. '0.999…'라는 표기가 문제야. 엄청 헷갈리는걸!"

유리는 남아 있던 아이스크림을 콘까지 와삭와삭 먹어 치웠다.

"수열을 쓸 때 0.9, 0.99, 0.999, … 이렇게 줄임표(…)를 쓰잖아? 그러니까

0.9, 0.99, 0.999 이렇게 쓰다 보면, 0.999…도 언젠가는 나올 거라고 생각했
단 말이야. 하지만 그게 아닌 거지? 0.9, 0.99, 0.999 앞에 0.999…는 나오지
않아. 진짜 사람 헷갈리게! ♡처럼 확 다르게 쓰면 좋을걸.”

- 0.9, 0.99, 0.999, …는 ♡에 한없이 가까워진다.
- 그리고 ♡는 1과 같다.

“이런 식으로 쓰면 얼마나 좋아?”

“그러네.”

“지금 ♡라는 수를 ‘0.999…’라고 쓰기로 한 거잖아? 그렇게 약속된 거라
고 처음부터 말 좀 해 주지! 이건 단순히 수의 표기법에 대한 문제였잖아!”

“이제 완전히 이해한 모양이네.”

“이건 머리 꽤나 굴린 거라고. 학교에서 배웠다 해도 백퍼센트 오해한다
니까? 0.999…는 수열 안에 나오는 수가 아니라, 수열이 이르는 목표 지점을
말하는 거잖아. 거기에 도착하지 않아도 되는 거였어. 오빠가 무슨 말을 하고
싶었는지 잘 알겠어. 확실히 0.999…는 엄밀히 말해서 1과 같은 거지? 0.9,
0.99, 0.999가 가까워지는 목표 지점인 거야.”

“바로 그거야.”

“어? 그렇다는 건 이 두 가지가 전혀 다르다는 걸 말하는 거지?”

0.999…　　　　　(1과 같다)

0.999…9　　　　(1보다 작다)

“맞아. 0.999…처럼 마지막에 줄임표가 붙은 건 수열이 향하는 목표 지점
이야. 0.999…9처럼 중간에 줄임표가 붙더라도 마지막에 9가 붙으면 수열
중에 나오는 수라는 거지. 전혀 다른 뜻이야.”

“맞아, 그거 엄청 헷갈린다니까!”

“하지만 이제 넌 헷갈릴 일 없잖아?”

"칫."

나는 문득 발치의 흰 꾸러미에 눈길을 주었다.

이게 뭐더라.

꾸러미 안에는 계란 팩이 들어 있었다.

"큰일 났다! 엄마가 기다리실 텐데!"

[풀이 4-1] 다음 식은 참이다.

$$0.999\cdots = 1$$

3. 음악실

문자로 나타내기

"그 애가 유리의 남자 친구인가요?" 테트라가 물었다.

"아니. 그럴 리 없어." 나는 대답했다.

"좋아하는 애 옆에 있고 싶은 거겠죠, 아마." 테트라가 평소와는 다른 미소를 지으며 그렇게 말했다.

이곳은 음악실. 지금은 방과 후다. 미르카와 예예는 피아노 앞에 앉아 있다. 나와 테트라는 음악실 구석에서 소곤소곤 잡담을 하고 있었다.

예예는 곱슬머리를 가진 미소녀다. 반은 다르지만 나와 미르카와 같은 고등학교 2학년이다. 피아노 동호회 '포르티시모'의 리더이기도 하다. 수업이 아닌 시간을 거의 음악실에서 보내는 피아노 소녀. 그녀는 음악실 출입 허가를 받은 학생이었다.

예예와 미르카는 함께 피아노를 치면서 곡이 끝날 때마다 토론을 한다. 예예는 '기계적 바흐'와 '천상적 바흐'를 나누어 치자고 했고, 미르카는 '포멀 바흐'와 '메타 바흐'의 차이점을 찾자고 말하고 있었다. 무슨 말인지 전혀 모르겠다.

나는 유리와 나눴던 대화를 테트라에게 설명했다.

"유리는 머리가 좋은가 봐요. 난 아직 0.999…가 1보다 작다고 느껴지는데요."

평소의 테트라는 좀 더 발랄한데, 유리 이야기를 할 때는 차분해진다.

"선배는 유리에게 9가 n개 나열된 수를 다음과 같이 설명했죠?"

$$a_n = 0.\underbrace{999\cdots9}_{n개}$$

"응, n과 같은 문자를 써서 나타내면 설명하기 편하니까. a_n의 n은 첨자라고 해. 하나하나를 '0.999…9에서 9의 개수'라고 말하는 대신, 첨자를 써서 'a_n의 n의 개수'라고 부르는 게 간결하니까."

"네. 수학을 할 때 n처럼 새로운 문자를 쓰는 걸 자연스럽게 할 수 있으면 좋으련만. 하지만 그렇게는 머리가 돌아가질 않네요. 문자가 늘어나면 뭔가 복잡해질 것 같다는 느낌도 들고." 테트라는 그렇게 말하면서 자기 노트에 알파벳을 무작위로 써 넣기 시작했다.

피아노 연주는 예예 차례였다. 팔짱을 낀 미르카가 예예 뒤에 서 있었다. 그녀는 힐끗 내 쪽을 보고는 다시 예예 쪽으로 시선을 돌렸다.

극한

나는 테트라에게 설명을 계속했다.

"그럼 **극한**에 대해 제대로 얘기해 볼까?"

◆◆◆

n을 점점 크게 했을 때 a_n이 '어떤 수'에 한없이 가까워진다고 하자. 그때 그 '어떤 수'를 **극한값**이라 하고 이렇게 써.

$$\lim_{n \to \infty} a_n$$

예를 들어 a_n이 A라는 '어떤 수'에 한없이 가까워질 때 '극한값은 A와 같다'면 이런 수식을 쓸 수 있지.

$$\lim_{n \to \infty} a_n = A$$

lim를 쓰지 않고도 쓸 수 있어.

$$n \to \infty \text{일 때 } a_n \to A$$

그리고 수열이 '어떤 수에 한없이 가까워진다'는 것을 '수렴한다'고 해. 즉, 수렴한다는 것과 극한값이 존재한다는 말은 같은 뜻이지.

극한값을 구하는 것을 '극한을 구한다'라고 해.

수열의 극한

n이 커지면 a_n은 수 A에 한없이 가까워진다.

$\Leftrightarrow \lim_{n \to \infty} a_n = A$

$\Leftrightarrow n \to \infty$일 때 $a_n \to A$

$\Leftrightarrow$ 수식 $\langle a_n \rangle$은 수 A에 수렴한다.

테트라는 식을 가만히 바라보았다.

나는 그런 테트라를 바라보았다.

"선배, 이렇게 쓰니까 이해하기 쉽네요." 그녀가 식을 손가락으로 가리키며 말했다.

$$n \to \infty \text{일 때 } a_n \to A$$

"그렇지. 극한을 설명할 때 자주 쓰는 방법이야."

"이렇게 쓰는 것도 맞나요?"

$$\lim_{n \to \infty} a_n = A$$

"응, 맞아. 어디를 모르겠어?"

"화살표를 써서 '한없이 가까워진다'를 표현하면 안 되나요?"

$$\lim_{n \to \infty} a_n \longrightarrow A \quad ?$$

"하지만 →는 변화하는 양을 나타낼 때 써. $n \to \infty$는 변수 n을 크게 만든다는 의미이고, $a_n \to A$는 일반항 a_n이 수 A에 가까워진다는 의미야."

"네."

"하지만 a_n이 수렴할 경우, $\lim\limits_{n \to \infty} a_n$은 이미 하나의 정해진 '수'를 나타내고 있어. 변화하지 않지. 그러니까 화살표는 쓸 수 없는 거야."

$$\lim_{n \to \infty} a_n \longrightarrow A \qquad \text{거짓}$$
$$\lim_{n \to \infty} a_n = A \qquad \text{참}$$

"그렇군요." 테트라는 그렇게 말하고 손가락으로 자기 뺨을 쭉 잡아당겼다. "그런데 수열은 언제나 수렴하는 건 아니네요."

"그렇지. 예를 들어 이런 수열이 있다고 하자."

$$10, 100, 1000, 10000, \cdots$$

"이건 점점 커지고 있네요." 테트라는 팔을 길게 쭉 뻗으면서 말했다.

"그래. 이 수열은 한없이 커지고 있어. '어떤 수'에 한없이 가까워지지 않는다는 거지. 그렇기 때문이 이 수열은 수렴하지 않아. 수렴하지 않는다는 걸 **발산한다**고 해. 수열 10, 100, 1000, 10000, …는 발산해. 이 수열처럼 한없이 커져서 발산하는 경우, 특히 양의 **무한대로 발산**한다고 말해."

"선배, 잠깐만. '무한대에 한없이 가까워진다'고 생각하면 안 되는 건가요?"

테트라가 말했다.

"그건 안 돼. 무한대는 수가 아니니까 '어떤 수'에 한없이 가까워지고 있다고는 못 하지. 그러니까 '극한값이 무한대가 된다'고는 말하지 않는 거고, 또 '양의 무한대로 수렴한다'고도 말하지 않는 거야. 어디까지나 '양의 무한대로 발산한다'라는 표현이 맞는 거지."

"네, 그렇군요."

음악은 음(音)으로 결정된다

"C#이 아니라니까!" 예예가 목소리를 높였다.

"글쎄." 미르카가 말했다.

"탕탕탕 하고 계속 칠 수가 없잖아."

"오른손이 잘 안 움직이는 게 그 때문인가?"

예예와 미르카가 대화를 나누면서 우리 쪽으로 다가왔다. 예예는 뭔가 마음에 들지 않는 듯 껄끄러운 표정이다.

"쉬는 시간이야?" 내가 물었다.

"무슨 얘기 중이야?" 미르카가 되물었다.

"lim이 어렵네요." 테트라가 말했다.

"그래?"

"'한없이 가까워진다'는 뜻은 대충 이해가 되는데, lim처럼 수식이 튀어나오면, 직관적으로 이해를 못 하겠어요."

"lim은 극한에서 온 말이야." 미르카가 말했다.

"그건 아는데 수식을 보기만 해도……."

"잠깐 괜찮아?" 예예가 갑자기 몸을 앞으로 내밀더니 말을 꺼냈다. "수학에서 수식을 쓰는 건, 그게 제일 좋은 표현 방법이기 때문이지."

거기서 예예는 말을 멈추더니 손바닥을 내려다보면서 가만히 생각에 잠겼다. 손을 뒤집어서 손등을 본다. 무척 긴 손가락이다. 피아노를 치는 사람의 손가락.

"음악은 음으로 결정돼." 그녀는 손을 내려다보며 드물게 진지한 어투로 말을 꺼냈다. "아무튼 시작은 '음'이란 말야. 말로 세계를 표현할 수 있다면 그것도 좋지. 그렇지만 음이 아니면 표현할 수 없는 세계도 있어."

예예는 긴 손가락으로 스스로를 가리켰다.

"음악은 나의 것이야. 이 가슴을 열어서 내 안에서 꿈틀거리고 있는 뭔가를 꺼낼 수 있는 건 음악뿐이야. 적어도 난 그렇게 생각해. 나는 음악을 위해 숨 쉬고, 음악을 위해 먹어."

평소와 다른 예예의 말투에 우리는 멍하니 바라만 보았다.

"간혹 '음악을 이해할 수 없다'는 사람들이 있지. 말로 표현할 수 없는 것을 모두 '이해할 수 없다'고 뭉뚱그리는 사람들 말야. 음악을 있는 그대로 즐기려고 하지 않아. 말로 할 수 없어도 좋아. 말로 할 수 없어서 음으로 표현하는 거니까. 말로 표현하려고 하는 사람들은 음을 듣지 못해. 표현할 말을 찾느라 연주자가 만들어 낸 중요한 음을 듣지 못하는 거야. 음이 울리는 그 시간을, 음이 울려 퍼지는 공간을 전혀 느끼지 못하는 거야. 말로 할 생각 말고 귀를 열고 들으라고! 그런 거지."

"음을 듣지 않는다고?" 나는 말했다. "그건 수학을 배우려고 하는 사람이 수식을 읽으려고 하지 않는 것과 같을까?"

"아! 그러네요." 테트라가 말했다. "수식을 찬찬히 읽지 않으면 수학자가 만들어 낸 세계를 보고 있지 않다는 거니까요. 수식을 제대로 보지 않고 자연 언어에 휘둘린다면 수학을 제대로 배우고 있지 않다는 말이니까요."

"자연 언어?" 내가 물었다.

"natural language 말이에요."

"음악과 수학은 전혀 다른 학문인데, 어딘가 비슷하기도 하네." 나는 말했다. "연주자가 음을 연주하고 있다면 성의 있게 들어야 하고, 수학자가 쓴 식은 주의 깊게 읽자는 건가?"

"음악에서는 음이라는 언어를 쓰고, 수학에서는 식이라는 언어가 중요한 거네요." 테트라가 말했다.

"언어?" 예예가 말했다.

"제일 중요한 표현이라는 뜻이에요." 테트라가 말했다.

"식으로만 한정할 순 없지." 내가 말했다. "극한을 설명할 때는 그 값에 한 없이 가까워진다는 표현을 쓰지. 그 값이 된다는 표현은 쓰지 않아. 수학책에 쓰여 있는 걸 잘 읽는 건 매우 중요해."

"어쨌든 난." 예예는 말했다. "음악을 만들어. 음악을 낳지. 나중에 음악에 관련된 일을 할 수 있을지는 모르겠지만. 하지만 음악을 결코 그만두지는 않 을 거야."

그렇게 말한 예예는 양손을 '팡' 하고 부딪쳤다.

"오, 말해 버렸네. 부끄럽게스리." 그녀는 쑥스러운 듯 긴 머리를 하나로 모아 쓸어내렸다.

"하지만 예예는 괜찮아. 피아노 연주도, 작곡도 잘하잖아."

"너 둔한 것 치고는 꽤 괜찮은 녀석인데?"

"둔하다고?"

"뭐, 순수한 거랑 둔한 건 같으니까. 순수한 둔감이랄까? 있잖아, '삼각함 수와 삼각관계'는 종이 한 장 차이라고. 그거 알아? '천연하고 천재는 한 글자 차이'인 거. 잠깐 물 좀 마시고 올게."

예예는 우리를 알쏭달쏭하게 만들어 놓고는 음악실에서 나가 버렸다.

극한의 계산

"테트라한테 기본적인 극한에 대해 가르쳐 줬어?" 미르카가 내게 물었다.

"응?"

"예를 들면 이런 거." 그녀는 내 노트에 수식을 써 내려갔다.

문제 4-2 기본적인 극한

$$\lim_{n \to \infty} \frac{1}{10^n}$$

"어, 그러니까." 그녀는 곤란한 표정으로 나를 보았다.

"그럼, 이 식의 값을 구해 보자." 나는 샤프를 받아 들었다.

$$\blacklozenge\ \blacklozenge\ \blacklozenge$$

이 식의 값을 구해 보자.

$$\lim_{n \to \infty} \frac{1}{10^n}$$

$\dfrac{1}{10^n}$ 의 극한값을 구하는 문제야. 즉 ♣를 구하는 거야.

$$n \longrightarrow \infty \text{일 때 } \frac{1}{10^n} \longrightarrow \clubsuit$$

우선은 기본적으로 수열을 써. '예시는 이해의 시금석'이야.

$$\frac{1}{10^1}, \frac{1}{10^2}, \frac{1}{10^3}, \frac{1}{10^4}, \frac{1}{10^5}, \cdots, \frac{1}{10^n}, \cdots$$

즉, n이 점점 커질 때 $\dfrac{1}{10^n}$이 한없이 가까워지는 수가 있는가? 있다면 그 수가 무엇인가? 이 질문에 대답하면 되는 거야. 분모에 주목하면 그다지 어렵지 않아. 분모는 이런 수열로 이루어져 있으니까.

$$10^1, 10^2, 10^3, 10^4, 10^5, \cdots, 10^n, \cdots$$

이렇게 쓰면 더 이해하기 쉬워.

$$10, 100, 1000, 10000, 100000, \cdots, 10^n, \cdots$$

n이 커지면, 10^n은 한없이 커지지. 그러니까 이렇게 쓸 수 있어.

$$n \longrightarrow \infty \text{일 때 } 10^n \longrightarrow \infty$$

n이 커지면 분수 $\dfrac{1}{10^n}$의 분모는 한없이 커지게 돼. 분모가 한없이 커지니

까 분수 $\dfrac{1}{10^n}$ 은 한없이 0에 가까워지지. 따라서 이렇게 쓸 수 있어.

$$n \longrightarrow \infty \text{일 때 } \dfrac{1}{10^n} \longrightarrow 0$$

lim을 써서 나타내면 이렇게 되지.

$$\lim_{n \to \infty} \dfrac{1}{10^n} = 0$$

이걸로 극한값은 존재하고, 그 값이 0이라는 걸 알았어.

[풀이 4-2] 기본적인 극한

$n \longrightarrow \infty$ 일 때 $10^n \longrightarrow \infty$ 이므로, $\dfrac{1}{10^n} \longrightarrow 0$ 이 된다.

따라서 $\lim\limits_{n \to \infty} \dfrac{1}{10^n} = 0$ 이 된다.

"그렇군요." 테트라가 말했다. "방금 했던 말을 듣고 생각해 봤는데요. '$n \longrightarrow \infty$ 일 때 $10^n \longrightarrow \infty$'는 이렇게 써도 되는 거죠?"

$$\lim_{n \to \infty} 10^n = \infty$$

"응, 괜찮아. 이해 안 되는 거 있어?"

"왠지 10^n의 극한값이 ∞인 것처럼 보이는데, 아까 선배는 '극한값이 무한대가 된다'라고 말하지 않는다고 했잖아요."

"아, 설명이 조금 부족했구나. 확실히 ∞는 수가 아니지. 여기서는 등호를 이렇게 확장시켜서 정의하는 거야, 테트라."

$$\lim_{n \to \infty} 10^n = \infty \quad \Longleftrightarrow \quad n \longrightarrow \infty \text{일 때 } 10^n \longrightarrow \infty$$

"수열 '10^n'을 '양의 무한대로 발산한다'라고 표현해도 되죠?"

"그래도 돼." 내가 고개를 끄덕였다.

말없이 우리의 대화를 듣고 있던 미르카가 입을 열었다.

"다음 문제."

문제 4-3 기본적인 극한

$$\lim_{n \to \infty} \sum_{k=1}^{n} \frac{1}{10^k}$$

"어, 이건 아까 문제와 달라요?" 테트라가 물었다.

"'수식을 잘 읽지 않는다는 건 수학자가 창조한 세계를 보지 못하고 있는 것'이라고 역설한 사람이 누구였더라?" 미르카가 말했다.

"아, 그게 저였지요. 볼게요."

테트라는 노트를 다시 읽었다.

"알겠어요. 다르네요. $\sum$를 못 봤어요. 하지만 이건 계산을 못 하겠어요. $\lim$ 하고 $\sum$……."

"교대하자." 미르카는 내 어깨에 손을 얹고 피아노로 돌아갔다.

"구하고 싶은 건……." 나는 테트라에게 말했다. "이 식이지?"

$$\lim_{n \to \infty} \sum_{k=1}^{n} \frac{1}{10^k}$$

"이걸 계산하기 위해 우선 극한을 구하고자 하는 부분에 주목해 보는 거야."

$$\sum_{k=1}^{n} \frac{1}{10^k}$$

"그리고 이걸 n을 사용한 식으로 바꿀 수도 있어. $\sum$ 수식으로는 다루기 힘들어지니까. 먼저, 자기가 이해하고 있는 걸 확인하기 위해……."

"구체적인 예를 만드는 거죠!" 테트라가 샤프를 고쳐 쥐었다.

$$\sum_{k=1}^{1} \frac{1}{10^k} = \frac{1}{10^1} \qquad\qquad (n=1일 \text{ 때})$$

$$\sum_{k=1}^{2} \frac{1}{10^k} = \frac{1}{10^1} + \frac{1}{10^2} \qquad\qquad (n=2일 \text{ 때})$$

$$\sum_{k=1}^{3} \frac{1}{10^k} = \frac{1}{10^1} + \frac{1}{10^2} + \frac{1}{10^3} \qquad\qquad (n=3일 \text{ 때})$$

"그래. 일반항도 쓸 수 있지 않아?"

"그렇죠. 쓸 수 있네요."

$$\sum_{k=1}^{n} \frac{1}{10^k} = \frac{1}{10^1} + \frac{1}{10^2} + \frac{1}{10^3} + \cdots + \frac{1}{10^n} \qquad (일반항)$$

"이제 준비 완료야, 테트라. 여기서부터 정석으로 식을 변형할 거야. 양변에 $\frac{1}{10}$ 을 곱해서 항을 하나씩 뒤로 빼는 거야."

$$\sum_{k=1}^{n} \frac{1}{10^k} = \frac{1}{10^1} + \frac{1}{10^2} + \frac{1}{10^3} + \cdots + \frac{1}{10^n} \quad 일반항을 \text{ 나타내는 식}$$

$$\frac{1}{10} \cdot \sum_{k=1}^{n} \frac{1}{10^k} = \frac{1}{10} \cdot \left(\frac{1}{10^1} + \frac{1}{10^2} + \frac{1}{10^3} + \cdots + \frac{1}{10^n} \right)$$

양변에 $\frac{1}{10}$ 을 곱한다

$$\frac{1}{10} \cdot \sum_{k=1}^{n} \frac{1}{10^k} = \frac{1}{10} \cdot \frac{1}{10^1} + \frac{1}{10} \cdot \frac{1}{10^2} + \frac{1}{10} \cdot \frac{1}{10^3} + \cdots + \frac{1}{10} \cdot \frac{1}{10^n}$$

우변을 전개한다

$$\frac{1}{10} \cdot \sum_{k=1}^{n} \frac{1}{10^k} = \frac{1}{10^2} + \frac{1}{10^3} + \frac{1}{10^4} + \cdots + \frac{1}{10^{n+1}}$$

항이 뒤로 밀려난 식이 된다

"항이 밀려났다는 건 10의 지수가 1씩 늘어난다는 의미인 거죠?"

"맞아. 여기서 '일반항을 나타내는 식'에서 '항이 밀린 식'을 빼 나가는 거야. 그러면 도중에 있는 항이 모두 상쇄되면서 다 지워지게 되지."

$$\sum_{k=1}^{n} \frac{1}{10^k} = \frac{1}{10^1} + \frac{1}{10^2} + \frac{1}{10^3} + \cdots + \frac{1}{10^n} \qquad \text{일반항을 나타낸 식}$$

$$-)\quad \frac{1}{10} \cdot \sum_{k=1}^{n} \frac{1}{10^k} = \qquad \frac{1}{10^2} + \frac{1}{10^3} + \cdots + \frac{1}{10^n} + \frac{1}{10^{n+1}} \quad \text{항이 밀려난 식}$$

$$\left(1 - \frac{1}{10}\right) \cdot \sum_{k=1}^{n} \frac{1}{10^k} = \frac{1}{10^1} \qquad\qquad\qquad - \frac{1}{10^{n+1}} \quad \text{빼기의 결과}$$

"정말 그러네요. 처음과 마지막 항 빼고 전부 지워졌어요."

"이걸 계산해 보자."

$$\left(1 - \frac{1}{10}\right) \cdot \sum_{k=1}^{n} \frac{1}{10^k} = \frac{1}{10^1} - \frac{1}{10^{n+1}} \qquad \text{빼기의 결과}$$

$$\frac{10-1}{10} \cdot \sum_{k=1}^{n} \frac{1}{10^k} = \frac{1}{10^1} - \frac{1}{10^{n+1}} \qquad \text{좌변을 계산한다}$$

$$\frac{9}{10} \cdot \sum_{k=1}^{n} \frac{1}{10^k} = \frac{1}{10^1} - \frac{1}{10^{n+1}} \qquad \text{좌변을 또 계산한다}$$

$$\sum_{k=1}^{n} \frac{1}{10^k} = \left(\frac{1}{10^1} - \frac{1}{10^{n+1}}\right) \cdot \frac{10}{9} \qquad \text{양변에 } \frac{10}{9} \text{을 곱한다}$$

$$= \frac{1}{10^1} \cdot \frac{10}{9} - \frac{1}{10^{n+1}} \cdot \frac{10}{9} \qquad \text{전개한다}$$

$$= \frac{1}{9} - \frac{1}{9 \cdot 10^n} \qquad \text{계산한다}$$

"이젠 이 식의 우변이 $n \longrightarrow \infty$ 일 때 어떻게 되는지를 생각해 보면 돼."

$$\sum_{k=1}^{n} \frac{1}{10^k} = \frac{1}{9} - \frac{1}{9 \cdot 10^n}$$

"이 식에서 $n \longrightarrow \infty$ 일 때…… $\frac{1}{9 \cdot 10^n}$ 은 극한값이 0이 되는 거죠? 왜냐하면 분모인 $9 \cdot 10^n$이 한없이 커지기 때문이죠." 테트라가 말했다.

"그래, 그건 다음 식과 같다고 할 수 있지."

$$n \longrightarrow \infty \text{일 때} \sum_{k=1}^{n} \frac{1}{10^k} \longrightarrow \frac{1}{9}$$

"따라서 이렇게 나타낼 수 있어." 내가 말했다.

$$\lim_{n \to \infty} \sum_{k=1}^{n} \frac{1}{10^k} = \frac{1}{9}$$

풀이 4-3 기본적인 극한

$$\lim_{n \to \infty} \sum_{k=1}^{n} \frac{1}{10^k} = \frac{1}{9}$$

"됐어?"

어느새 미르카가 뒤로 다가와 있었다. 손에 SMS 악보를 들고 있다.

"그러면 이제 $0.999\cdots$를 계산해 보자."

문제 4-4 $0.999\cdots$를 계산하라. 단, $0.999\cdots$는 다음과 같이 정의하기로 한다.

$$0.999\cdots = \lim_{n \to \infty} 0.\underbrace{999\cdots 9}_{n개}$$

"미르카, 네가 이런 흐름의 문제를 낸 거구나." 내가 말했다.

"몰랐어?"

그렇게 말하고는 미르카가 노트에 식을 전개했다.

$$
\begin{aligned}
0.999\cdots &= \lim_{n \to \infty} 0.\underbrace{999\cdots 9}_{n개} \\
&= \lim_{n \to \infty} \left(0.9 + 0.09 + 0.009 + \cdots + 0.\underbrace{000\cdots 09}_{n-1개} \right) \\
&= \lim_{n \to \infty} \left(\frac{9}{10^1} + \frac{9}{10^2} + \frac{9}{10^3} + \cdots + \frac{9}{10^n} \right) \\
&= \lim_{n \to \infty} 9 \cdot \left(\frac{1}{10^1} + \frac{1}{10^2} + \frac{1}{10^3} + \cdots + \frac{1}{10^n} \right) \\
&= \lim_{n \to \infty} 9 \cdot \sum_{k=1}^{n} \frac{1}{10^k} \\
&= 9 \cdot \lim_{n \to \infty} \sum_{k=1}^{n} \frac{1}{10^k}
\end{aligned}
$$

$$=9 \cdot \frac{1}{9} \qquad \text{해답 4-3 참조}$$
$$=1$$

"따라서 0.999…는 1과 같아." 미르카가 말했다.

풀이 4-4 $0.999\dots = \lim_{n \to \infty} \underbrace{0.999\dots9}_{n\text{개}} = 1$

"0.999…를 계산할 수 있는 거네요."

"계산할 수 있게끔 정의를 했으니까." 내가 말했다.

"무한은 감각을 속여." 미르카가 말했다. "**오일러** 선생님처럼 할 수 있는 사람은 그렇게 많지 않아. 무한을 다룰 때 감각에 의존하면 실패하기 십상이지."

"그렇군요." 테트라가 말했다.

"감각에 의존하지 말고……." 미르카가 나를 보며 말했다.

"논리에 의존하는 거지." 내가 답했다.

"언어에 의존하지 말고……."

"수식에 의존하는 거고."

"그런 거지."

미르카가 미소 지었다.

"저, 그러니까…… 극한을 생각할 때 '한없이 가까워진다'는 말이 아니라 lim처럼 수식을 쓰라는 거죠?" 테트라가 말했다.

"하지만 더 깊이 들어가기 위해서는 lim 자체를 명확하게 정의할 필요가 있어." 미르카는 우리 주변을 천천히 걸으면서 말했다. "물론 '한없이 가까워진다'는 말을 쓰지 않고……."

"예? 어떻게 말인가요?"

"수식으로." 미르카는 짧게 대답했다.

"lim를 수식으로 정의한다고요? 음, 그런 게……."

"현대라면 가능해."

미르카는 손가락을 세웠다.

"인간이 거기까지 극한을 파악할 수 있게 된 건 최근이야. **코시**가 극한이라는 개념을 수학에 도입한 건 19세기에 들어서고, **바이어슈트라스**가 극한을 수식으로 정의한 건 19세기 후반이나 되어서야."

그때 예예가 돌아왔다.

"미르카, 다시 연습 시작하자!"

"lim를 수식으로 정의한다." 테트라가 중얼거렸다.

미르카는 '퐁' 하고 그녀의 머리를 가볍게 쳤다.

"입실론-델타야."

4. 귀갓길

진로

미르카와 예예가 연습을 더 한다고 해서 나는 테트라와 역으로 향했다. 그녀는 내 반걸음 뒤에서 걸어오고 있었다. 어디선가 매화꽃 향기가 흘러왔다.

"오늘은 뭔가 충분히 이야기한 느낌이에요."

"그러네."

나는 오늘 음악실에서 나누었던 대화를 떠올렸다. 예예는 음악에 대해 진지하게 생각하고 있었다. 음악에 관련된 일을 한다…… 그걸 진지하게 생각하고 있었구나. '음악은 나의 것'이라고도 했다.

"선배의 장래 목표는 뭔가요?"

"그러게…… 테트라는?"

"전…… 영어 능력을 살리는 일을 하고 싶다는 생각은 하지만 요즘 공부하고 있는 컴퓨터 관련 일도 재미있을 것 같아요. 예예 선배처럼 목표에 한없이 가까워지기 위해 공부하고 있다고 말할 수 있다면 좋을 텐데……."

"그렇지."

테트라라면 아마 '영어는 나의 것'이라고 말할 수 있겠다. 유리는 변호사가 되고 싶다고 말했었고. 얼마만큼 진지한지는 모르겠지만 의외로 잘 어울릴 것 같았다.

"그렇죠?" 테트라가 말했다.

"그렇지." 나는 건성으로 대답했다.

미르카는 나중에 뭘 하려나? 수학자가 될까? 뭐, 재능이 많으니까 뭘 해도 하겠지만…….

어라?

정신을 차려 보니 테트라는 저 뒤에서 혼자 멈춰 서 있었다.

"왜 그래?" 나는 서둘러 되돌아갔다.

"……." 그녀는 답이 없었다. 아래를 내려다보고 있어 표정도 보이지 않았다.

"왜 그래?" 나는 허리를 굽히고 테트라의 얼굴을 들여다보았다.

"전……." 아주 작은 목소리로 테트라가 말했다. "아무것도 할 줄 아는 게 없어요."

"그게 무슨 소리야?"

"아무것도 할 줄 아는 게 없어요." 아래를 내려다본 채로 테트라가 말했다. "미르카 선배는 수준 높은 수학 이야기를 할 수 있어요. 예예 선배는 멋진 음악을 만들어 내고요. 하지만 전 할 줄 아는 게 아무것도 없어요. 전 선배 덕분에 수학에 재미를 느꼈어요. 하지만 질문으로 선배의 귀중한 시간을 허비할 뿐이죠. 아무것도 갚을 수 있는 게 없네요."

"테트라…… 그건 잘못된 생각이야. 난 네 덕분에 끈기를 배웠어. 경우의 수를 나눌 때도, 그걸 일일이 셀 때도 이젠 테트라를 떠올려. 끈기 있게 노력하는 태도를, 나는 네게 배웠다고."

"……." 그녀는 아직도 고개를 들지 않았다.

"그러니까 여느 때처럼 뭐든 질문하러 와도 돼. 그게 오히려 내 공부가 될 때도 있으니까."

"선배." 테트라는 고개를 들었다. 붉게 상기된 뺨. "감사해요. 이제 모르는 게 있으면 주저하지 않고 물어볼게요. 하지만 혹시 폐가 된다면 언제라도 꼭 말해 줘야 해요!"

테트라가 나를 빤히 보며 말했다.

"입시 공부는 중요하니까요."

수열 $1, \frac{1}{2}, \frac{1}{3}, \cdots, \frac{1}{n}$이 가까워지는 '목표 지점'을
이 수열의 극한값이라 하고 $[\lim_{n \to \infty} \frac{1}{n}]$처럼 표기한다.

그리고 수열 $1, \frac{1}{2}, \frac{1}{3}, \cdots, \frac{1}{n}$은 0에 수렴한다고 하자.

그 목적지에 도달한다고는 말하지 않는 것에 주목하자.

단지 수열의 방향이 가리키는 쪽을 그 수열의 극한값이라고 부르는 것이다.

결코! 결코!(Never! Never!)

'무한의 조작을 거치면' 0이 된다는 것을 의미하는 것이 아니다.

_『무한의 패러독스』

지속이라는 것은 진위의 척도가 될 수 없다.
잠자리의 하루나 누에나방의 하룻밤이 일생 중
극히 짧은 기간만 지속된다고 해서
꼭 무의미한 것은 아니다.
_『바다의 선물』

1. 유리는 테트라가 아니다

'이라면'의 의미

"'이라면'이라는 의미를 모르겠어!"

토요일. 유리가 내 방으로 쳐들어와 그런 말을 했다.

"뭐야? 갑자기." 나는 책상에서 고개를 들었다.

"봐, 봐. 논리에서 말야 'A라면 B이다'라는 거 있잖아? 그거, 이해가 안 돼."

나는 한숨을 내쉬며 유리를 향해 돌아앉았다.

"자, 순서대로 얘기해 볼래."

"하지만 오빠 내 말만 듣고도 알았잖아?"

"그렇긴 하지만."

"역시나다웅." 유리는 씨익 웃었다.

나는 한 번 더 크게 한숨을 내쉬고 노트의 새 쪽을 펼쳤다. 그녀는 의자를 끌어당겨 옆에 앉고는 뿔테 안경을 썼다.

"두 개의 명제 A와 B가 있다고 치자. A와 B를 '이라면'으로 연결하고 'A라면 B'라는 새로운 명제를 만드는 거야. 식으로 쓰면 이렇게 돼."

$$A \Rightarrow B$$

"응응." 유리는 끄덕였다.

"명제라는 건 진위가 정해지는 수학적 주장이야. 두 개의 명제 A와 B가 있으면, 진위 패턴은 전부 네 가지야. 그 각각에서 명제 $A \Rightarrow B$의 진위가 정의되어 있지. 실제로 **진리표**를 그려 보자."

A	B	$A \Rightarrow B$
거짓	거짓	참
거짓	참	참
참	거짓	거짓
참	참	참

"맞아, 이거야. 이게 이해가 안 가."

"이 표를 읽는 방법은 알아?"

"오빠, 날 바보 취급하는 거 아냐? 예를 들어, 제일 윗줄은 'A도 거짓이고, B도 거짓이라면 $A \Rightarrow B$는 참'이란 의미잖아."

"그렇지, 그런데 어디가 이해가 안 간다는 거야?"

"첫 번째 줄하고 두 번째 줄이 이해가 안 가. 세 번째랑 네 번째는 알겠는데."

"그건……."

"'이라면'의 의미를 생각해 봐." 유리는 내 말을 끊고 말했다. "첫 번째하고 두 번째는 A가 거짓이잖아? 따라서 'A라면 B'는 참인데, 이거 뭔가 이상하지 않아?"

"그렇지, 이걸 어떻게 설명해야 하나……." 내가 말했다.

"'의미를 생각해 보면 이건 이상해'라고 말했단 말야, 그 녀석한테. 하지만 '이게 맞아'라는 말만 듣고 설명은 못 들었다고."

(그 녀석?)

"있지, 너 어떤 진리표가 '이라면'이라는 의미에 잘 어울릴까? 하고 생각해 본 적 있어?"

"아니, 없는데."

"세 번째와 네 번째 줄이 이해가 간다면 그건 그대로 두자. 그리고 첫 번째와 두 번째에 관해 모든 경우를 나열해 보는 거야. 어떤 것이 '이라면' 의미에 맞는지 생각해 봐."

"으응. 과연…… 오빠는 대단해!"

"그럼 진리표를 그려 보자."

A	B	(1)	(2)	(3)	(4)
거짓	거짓	거짓	거짓	참	참
거짓	참	거짓	참	거짓	참
참	거짓	거짓	거짓	거짓	거짓
참	참	참	참	참	참

"이게 다야?" 유리는 몸을 앞으로 내밀고 표를 보았다.

"더우니까 달라붙지 마. 그럼 '이라면'은 (1)~(4) 중 어느 쪽이 맞는다고 생각해?"

"어쨌든 말야, 전제가 잘못됐는데 참이 되는 게 이상하다고."

"그럼 A가 거짓이라면 'A라면 B'에 맞게 거짓이 되면 되는 거야? 그게 (1)이야."

"응!"

"하지만 표를 잘 봐. (1)은 A와 B 양쪽 다 참일 때 참이 돼. 그러니까 (1)은 'A 그리고 B'가 돼."

"그리고 (2)는 B 그 자체야. 'A라면 B'에서 A와 관계없이 성립하니 이상하지?"

"아, 진짜네……. 그럼 (3)은?"

"(3)은 A＝B야. 따라서 A와 B의 진위가 같을 때는 참이 되는 거지."

"'이라면'하고 '서로 같다'는 다르잖아, 으으!" 유리가 신음했다.

"그렇지? 그러니까 (4) 이외에 '이라면'에 어울리는 행은 없어. 뭐, 원래 무엇을 '이라면'으로 할지는 결정하는 데 따른 문제지만."

"으음, 아직 이해가 안 가는 곳도 있지만, 진리표에서 어떤 게 적합하고, 어떤 걸 생각해야 한다는 발상은 이해했어. 고마워, 오빠."

라이프니츠의 꿈

"넌 조건이나 논리를 좋아하지. 중학교 2학년인데 이렇게까지 이해하고 있는 친구는 드물 거야." 내가 말했다.

"그런 거지, 뭐."

유리는 자리에서 일어나 책장을 뒤지기 시작했다. 어라? 이전에는 손이 닿지 않았는데 손이 닿는 걸 보니 키가 꽤 큰 모양이다.

"**라이프니츠**는 논리를 계산으로 다뤘어." 내가 말했다.

"라이프니츠? 그게 누군데?" 돌아보는 유리.

"**뉴턴**과 같은 시대를 산 사람인데, 17세기 수학자야. 뉴턴은 알지?"

"물론이지. 사과가 떨어지는 걸 연구한 원예가 아냐?"

"아니야! 만유인력의 법칙을 발견한 물리학자야."

"그랬던가냥."

유리는 모른 척 얼버무렸고, 나는 장난치지 말라며 그녀를 보고 웃었다.

"라이프니츠는 '사고'를 '계산'으로 보았어. 논리적 사고를 기계적인 계산으로 정립해 내려고 했지."

"생각하는 기계를 만들려고 했단 말이야? 컴퓨터처럼."

"맞았어. '라이프니츠의 꿈'을 현대적으로 표현하면 그렇게 되나? 그가 이런 말을 했어."

　　사람은 누구라도 계산만으로

현재의 제일 곤란한 진리를 판단하게 될 것이다.

이후 인류는 이미 수중에 가지고 있는 것에 대해

논쟁할 필요도 없이 새로운 발견을 지향하게 될 것이다.

"오, 멋지다! 하지만 계산으로 판단해서 논쟁이 없어질 거라니, 그런 일이 있을 리 없지? 아직도 전 세계에서는 논쟁이 수없이 벌어지고 있는걸."

"뭐, 어쨌든 의미를 생각하지 않고도 기계적으로 문제를 풀 수 있게 하자는 것이 라이프니츠의 지론이야."

"어? 의미를 생각하지 않으면 문제를 풀 수 없잖아! 오빠도 문제의 의미를 잘 생각해 보라면서? 대체 무슨 말이야, 이게?"

"'의미를 생각하지 않고 푼다'는 건, 수식을 건드릴 때의 마음가짐과 비슷해. 의미를 생각하면 틀리기 쉬우니까. 봐, 중학교에 들어와서 산수에서 수학으로 변했을 때 선생님이 '식을 쓰거라' 하는 말을 듣지 않았어?"

"응, 들었지. 암산으로 대답할 수 있는 간단한 문제라도, 식으로 쓰라는 말을 매번 들었어. 식을 쓰지 않으면 시험 점수를 깎는다고 했어. 그래서 답을 쓰고 나서 식을 쓴 적도 있었다니까. 정말 바보 같지 뭐야."

"그건 말야, 문제를 읽고 식을 세운 후에 기계적으로 계산, 즉 의미를 생각하지 않고 할 수 있는 계산에 몸을 맡기는 연습이야. 우선 구체적인 예로 문제를 이해하는 것도 중요하지만 어떤 단계에서는 '의미의 세계'에서 '수식의 세계'로 사고를 옮길 필요가 있어. 식을 세운다는 것은 그런 의미인 거야. '수식의 세계'에 가기만 하면, 의미를 생각하지 않아도 식 변형을 할 수 있지. 방정식의 여러 해법을 쓸 수 있는 거야. 마지막으로 도출된 결과를 '수식의 세계'에서 '의미의 세계'로 다시 가지고 오면, 애초에 가지고 있던 문제가 이미 풀렸다는 걸 알게 되지."

"으, 잘 모르겠어."

"뭐? 어딜 모르겠어? 사과의 가격을 구하는 문제에서 '가격을 x원이라 한다' 같은 방정식을 세우잖아? 그건 '수식의 세계'로 여행을 떠나는 거야. 방정식을 풀어서 $x=1200$이라는 값을 구하는 거지. 그리고 'x의 가격을 쓰자'고 생각하며 '의미의 세계'로 돌아와 1200원이라고 답을 쓰는 거지. 말하자면 '수식의 세계'는 이 세상을 비추는 거울 같은 거야. 잘 비추면 수식의 변형으로 이 세상의 문제를 풀 수 있는 셈이지."

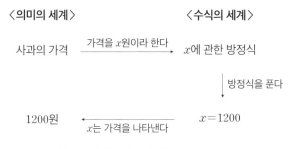

'수식의 세계'를 거쳐 문제를 푼다

"얘기가 너무 순조롭지 않아?" 유리는 "흠" 하고 팔짱을 꼈다.

"물론, 잘 비추기만 한다면 말이지."

"수식으로 잘 나타내기만 하면 수식으로 풀 수 있는 문제는 수식으로 풀 수 있다는 거 아니야? 그건 굳이 설명할 필요도 없잖아!"

이성의 한계?

유리는 "우냐아아아" 하고 신음하면서 양팔을 쭈욱 폈다. "와아. 맞다, 오빠. 괴델의 불완전성 정리 알아?"

"응, 들어본 적이 있어. 하지만 자세히는 몰라."

"요전에 이야기했던 걔랑 종종 대화를 나누는데, 아까 그 '이라면'에 대한 이야기도 걔하고 얘기했던 건데, 걔도 수학을 좋아해서…… 아마 동급생들 중에선 책을 제일 많이 읽었을걸."

"무슨 말인데?"

"그 애가 말하기를, 괴델의 불완전성 정리라는 어려운 수학 정리가 있는데, 수학은 불완전하다는 게 증명되었다나. 그러니까 수학이라고 하는, 인간의 두뇌가 낳은 최고의 엄밀한 학문도 불완전하기 때문에, 뭐랄까? 이성의 한계라는 것이 증명되었다고 했었나……. 방과 후에 아주 열을 내고 이야기 하더라고."

"방과 후에?"

"난 절반도 못 알아들었어. 그 애도 정리의 세세한 부분까지는 모른다고 했으니까 오빠한테 설명을 들으려고 했는데……."

"방과 후에 쭈욱?"

"응. 청소 시간 마치고 칠판에 이상한 그림을 그려 가면서 설명하더라고. 오빠처럼 설명을 잘하지는 않는데, 재미는 있었어."

"너무 늦으면 이모님이 걱정하실 텐데."

"무슨 말을 하는 거야, 오빠…… 바보!"

유리는 그렇게 말하고 책장을 다시 뒤지기 시작했다. 나는 말꼬리처럼 찰랑대는 그녀의 머리를 바라보며 이유 없이 불쾌해졌다.

2. 테트라가 유리는 아니다

입시 공부

"안녕하세요, 선배!"

"언제나 기운이 넘치네, 테트라."

아침 등굣길에 테트라가 내게 인사를 했다.

"선배, 좀…… 상담할 게 있는데요."

"무슨 일이야? 새삼스럽게."

나는 속도를 늦추며 테트라의 말에 귀를 기울였다.

"걸어가면서 말하긴 뭐하지만…… '입시 공부'에 대해 묻고 싶어서요. 이제 곧 2학년이 되니까 대학 시험이 신경 쓰여요."

"아하."

지금은 2월. 3학년은 한창 입시 준비 시간이다. 학교 전체가 바짝 긴장된 분위기다. 이 계절을 빠져나가 어떻게든 '봄'을 맞이하고 싶은 열망들이 곳곳에 가득했다. 우리 1, 2학년들에게도 그 긴장감은 고스란히 전해졌다.

"입시 공부를 어떻게 해야 하는지 전혀 감이 안 와요. 입시는 범위가 매우 넓은 실력 테스트겠죠? 학교에서 보는 정기 시험하고는 달리 공부 범위가 없어요. 그러니까 입시 공부할 때 늘 두근두근해요. 노트에 몇 번이고 똑같은 걸 쓰면서 시간을 많이 허비해 버려요. 친구들은 모두 이해도 암기도 빠른 편이라, 저는 요령이 없다고 생각하거든요."

나는 말없이 고개를 끄덕였다. 테트라는 크게 숨을 들이마시고 이야기를 계속했다.

"입학하고 바로 선배한테 제 수학 공부에 대해 상담한 게 정말 잘한 일이라고 생각해요. 수학 성적도 많이 올랐고요. 선배 덕분에 조금 요령이 생겼달까……."

"요령?"

"네 '엄밀하게 생각하기', '정의의 중요성', '언어의 중요성' 같은 거……."

"그래?"

"수학 성적이 많이 좋아졌어요. 영어는 원래부터 좋아했으니까 어떻게든 될 것 같고요. 하지만 문득 그런 생각이 들어요. 입시를 위해 뭔가 특별한 걸 해야만 할 것 같은 강박이 있어요. 친구들은 수학이랑 영어만 잘하면 무서울 게 없다고 하는데요."

큰길 건널목에서 신호등이 빨간색으로 바뀌었다. 신호를 기다리다 나는 문득 깨달았다.

"전부터 묻고 싶었던 건데, 테트라. 넌 뭐가 힘들다고 생각하는 거야?"

"네?" 그녀는 고개를 들고 큰 눈을 또르르 굴렸다.

"입시 이야기 전에 좀 더 구체적인 무언가 말이야."

테트라는 두세 번 눈을 깜박이더니 손톱을 깨물면서 생각에 잠겼다.

"생각해 보니…… 전 실전에 약한 타입이라……."

그녀는 그렇게 말하고 입을 다물었다.

"실전에 약하다는 게 무슨 뜻이야?" 나는 최대한 부드럽게 물었다.

"초조해지면요. 시간 배분도 서투르고, 도중까지 생각하던 문제를 버리고 다음으로 나가야 된다는 점이 좀…… 그래서 시험 볼 때 엄청 긴장하는 편이에요. 어려운 문제가 나오면 어쩌지, 하는 걱정이 앞서요. 그런 상황 자체가 힘들어요."

"그렇구나. 그럼 정해진 시간 내에 문제를 푸는 '타임 트라이얼' 연습을 하면 어떨까? 제한 시간 내에 시험 보는 걸 연습해 보는 거지."

"그런 건 별로 해 본 적이 없어서요."

"차분히 생각하는 것도 중요하긴 한데, 스피드도 중요하니까."

"그건 그렇지요."

신호가 바뀌자 나와 테트라는 다시 걷기 시작했다.

수업

구불구불한 주택가 골목길을 지나 학교로 향했다.

"우리 학교는 진학 중심이라서 입시 대비 과목이 커리큘럼에 들어 있으니까 수업을 제대로 듣기만 하면 기본적으로 입시 준비는 충분하리라고 봐. 하지만 수업에 출석하는 것만으로 공부를 잘하게 될 수는 없지. 수업의 요점을 잘 잡아내야 해."

"수업 내용을 잘 파악하라는 뜻인가요?"

양팔로 꽉 끌어안는 제스처를 하며 테트라가 말했다. 폭넓은 수업 내용을 표현하는 모양새다.

"수업에서 중요한 건 집중해서 이야기를 듣는 거야. 테트라는 이미 잘할 거라고 생각되긴 하는데……. 선생님 말씀을 잘 듣는 거지. 그리고 그대로 이해하는 거야. 필기도 중요하지만 우선은 잘 들어야 해. 수업을 듣다 보면 의문도 생기겠지. 하지만 그 생각에 빠져서 선생님 말을 건성으로 들어선 안돼. 신경 쓰이는 부분은 재빨리 메모해 두고 나중에 찬찬히 검토하는 거야. 수업 중에는 일단 듣는 것에 집중. 의문이 생긴다고 해서 그걸 수업 중에 계속 생각하고 있으면 중요한 포인트를 놓칠지도 몰라. 그래선 안 돼. 배움은 일단 잘 듣는 것에서부터 시작한다고 난 생각해."

"저도 그렇게 생각해요."

"그건 그렇고, 나도…… 입시 공부를 어떻게 시작해야 하는지는 잘 몰라. 우선은 수업을 듣고, 복습을 하고, 참고서를 풀고……. 이걸 반복만 하고 있어. 내 머리로 확실히 해 두자고 머릿속으로 생각은 하고 있지만……."

"선배는 항상 '스스로 머리로 생각하자'는 말을 하네요."

"응. 확실히 자기 머리로 생각하는 건 중요해. 수업이 끝나도 시간을 들여 생각하는 거지. 그리고 진짜로 이해하는 게 중요해. 물론 늘 모든 걸 이해한 다음에 앞으로 나아갈 수는 없지. 의문이 그대로 남을 때도 있어. 하지만 그때 결코 '이해한 척'은 하지 않아야 해. '여긴 아직 모르겠어'라고 스스로 의식하고 있어야 해. 정말로 납득이 갈 때까지 생각하는 거지. 진지하게 하면 할수록 공부가 즐거워져."

"……." 테트라는 말없이 고개를 끄덕였다.

"미안. 혼자만 떠들어 버렸네."

"아니요. 그런 얘기를 해 주는 사람이 제 주변에 없었거든요. 선생님과도…… 다르구요. 부모님과도…… 다르고. 내게 선배는 역시 중요한 존재……예요."

"그런 말 들으니 기쁜걸."

학교에 도착했다.

교문을 통과해 승강구에 이르러 학년별로 나뉜 입구에서 헤어졌다.

"그럼 이따 방과 후에 보자." 나는 말했다.

그녀는 우물쭈물하면서 움직이지 않았다.

"왜 그래?"

"선배!"

"응!"

갑자기 큰 소리로 나를 부르는 테트라를 따라서 내 목소리도 커졌다. 그녀는 큰 눈으로 똑바로 나를 바라본다.

"선배, 저기 있잖아요. 저…… 선배. 그러니까……."

"왜? 테트라."

"저기!"

예비 종이 울렸다.

"그러니까 저, 저어. 방과 후에, 봐요."

3. 미르카라면 미르카다

교실

방과 후 우리 반.

수업 후 학급회의가 끝났는데도 미르카는 책을 읽고 있었다.

"무슨 책이야?"

미르카는 말없이 책을 들어 표지를 보여 주었다.

『Gödel's Incompleteness Theorems』

"외서구나."

"괴델의 불완전성 정리." 미르카가 말했다.

"아, 그리고 보니 얼마 전에 유리가 그 정리에 대해 이야기한 적이 있어. '이성의 한계'를 증명한 정리라고 했던가?"

"유리가 그런 말을 했어?" 그녀가 고개를 들었다. 왠지 험악한 표정.

"응."

"이성의 한계……. 그렇게 이해하는 건 위험한데." 미르카가 말했다. "그래서 너는?"

"나?"

"유리에게 바르게 설명해 줬어?" 그녀는 나를 지그시 바라보았다.

"아니." 나는 그녀의 시선에 압도되어 유리와 나눈 대화를 설명해 나갔다.

"라이프니츠의 꿈 말이지……. 흐응."

미르카는 조용히 책을 덮고 눈을 감았다. 잠시 침묵. 그녀가 눈을 감고 있을 때는 나도 왠지 침묵하게 된다. 미르카의 내면에서 나오는 뭔가를 기다리고 있는지도 모른다. 혹은 무방비하게 눈을 감고 있는 그녀가 무척…….

"선배! 미르카 선배! 오랜만이에요!"

발랄 소녀가 교실로 들어왔다. 나는 미르카로부터 눈을 뗐다.

"미르카 선배, 생각 중이구나. 미안해요." 테트라는 당황해서 두 손으로 입을 가렸다. 상급생 교실에 들어오기 어려워하더니 요즘에는 아무렇지도 않게 들어오곤 한다.

"오랜만이라니, 오늘 아침에 만났잖아?" 나는 말했다.

테트라가 타박타박 들어왔는데도 미르카는 미동도 없이 눈을 감은 채 아직 생각에 잠겨 있었다.

테트라는 나를 손가락으로 가리키며 미르카가 엎어 놓은 책을 가리켰다. 뒤표지에 학교 도서실 것이 아닌 인장이 찍혀 있었다.

뭐지, 이 마크는? 장서(藏書) 마크인가?

"나라비쿠라 도서관(双倉圖書館)." 미르카가 눈을 뜨더니 말했다. "테트라도 왔구나. 딱 좋은걸. 명제 논리의 형식적 체계를 가지고 놀아 보자."

형식적 체계

"지금부터 명제 논리의 **형식적 체계**를 만들면서 놀자."

미르카는 흰 분필을 들고 칠판 앞에 섰다.

나와 테트라는 제일 앞줄에 앉았다.

"논리학 연구에는 의미론적 방법과 구문론적 방법, 두 가지가 있어."

그녀는 '**의미론**적 방법'이라고 말하며 'semantics(의미론, 기호와 그것이 지시하는 것의 관계를 연구)'라고 쓰고 '**구문론**적 방법'이라고 말하면서 'syntax(구문론, 기호의 조합이 어떠한 특정의 언어 명제 혹은 식으로 이루어졌는지를 연구)'라고 썼다.

"의미론적 방법은 진리표를 쓰는 방법을 말해. 명제에 참 또는 거짓의 값을 부여하고, 명제와의 관계를 연구하지. 하지만 앞으로 할 이야기는 구문론적 방법에 대한 거야. 진리표를 쓰지 않고, 논리식의 형태에 주목해서 연구해 나가는 거지. 그 요지는 의미를 생각하지 않고 형식만으로 생각한다는 거야."

> 논리학의 연구 방법
>
> 의미론적 방법(semantics): 진리표를 쓴다.
> 구문론적 방법(syntax): 진리표를 쓰지 않는다.

"구문론적 방법에서는 형식적 체계를 연구할 거야. 앞으로 만들 형식 체계를 '형식적 체계 H'라고 임시로 명명할 거야."

"저, 죄송한데요." 테트라가 손을 들었다. "형식적 체계라고 하셨는데, 너무 추상적이어서 어떻게 생각해야 할지…… 잘 모르겠어요."

"테트라, 아직 몰라도 돼. 곧 구체적으로 설명할 테니까." 미르카는 다정하게 말하고 판서를 계속했다.

"앞으로 개념을 하나하나 정의해 나갈 거야. 순서는 이렇게."

- 논리식
- 공리와 추론 규칙
- 증명과 정리

"공리, 증명, 정리……. 이것들은 수학과 아주 친밀한 개념이야. 이들 개념을 형식적 체계의 관점에서 정의할 거야. 그리고 다 된 형식적 체계 H를 수학의 미니어처 모델로 체험하는 거지."

"수학의 미니어처 모델요?" 테트라가 신기하다는 듯 말했다.

미르카는 손에 묻은 분필 가루를 털어 냈다.

"형식적 체계를 만드는 건 **수학을 수학하는** 첫걸음이지."

"수학을 수학한다고요?" 아까부터 테트라는 미르카의 말을 앵무새처럼 따라 했다. 뭐…… 그러는 나도 그녀의 강의가 어디를 향할지 전혀 짐작도 못하지만.

"거추장스러운 설명은 나중에 하고." 미르카는 말했다. "논리식이야."

논리식

"형식적 체계 H의 논리식을 다음과 같이 정의할 거야."

논리식(형식적 체계 H의 정의 1)

▷ 논리식 F1: x가 변수라면 x는 논리식이다.

▷ 논리식 F2: x가 논리식이라면 $\neg(x)$도 논리식이다.

▷ 논리식 F3: x와 y가 논리식이라면, $(x) \vee (y)$도 논리식이다.

▷ 논리식 F4: F1~F3에서 정해진 것만이 논리식이다.

"이 F1에 쓰인 변수는 A, B, C, … 처럼 알파벳 대문자를 쓸 거야. 단, 알파벳은 26개뿐이니까, Z까지 쓰면 $A_1, A_2, A_3, \cdots$ 이렇게 얼마든지 만들 수 있게 하자."

미르카는 그렇게 말하고 테트라를 가리켰다.

"그럼, 질문으로 이해했는지를 확인할게."

A는 논리식인가?

"네. 그렇다고 생각해요." 테트라가 대답했다.

"왜?"

"A가 논리식인 이유는, 그러니까 어떻게 말해야 하나……."

"이유를 말하면 돼. A는 변수이고, F1에 'x가 변수라면, x는 논리식이다'라고 정의되어 있으니까 A는 논리식이지." 미르카가 말했다.

"아, 정의를 이유로 들면 되는군요."

"그럼, 다음 문제." 미르카는 또다시 질문했다.

$\neg(A)$는 논리식인가?

"맞아요."
"왜?"
"그러니까 A는 논리식이고, F2에 'x가 논리식이면, $\neg(x)$도 논리식이다' 라고 써 있으니까요. x에 A를 대입하면 $\neg(A)$가 나와요."
"좋아. 그럼 다음."

$(A) \wedge (B)$는 논리식인가?

"네, 맞아요."
"틀렸어." 미르카는 말했다. "논리식의 정의에 $\wedge$라는 기호는 나와 있지 않아. F3에 나오는 것은 $\wedge$이 아니라 $\vee$야. $(A) \wedge (B)$는 형식적 체계 H의 논리식이 아니지."
"제가…… 잘 안 본 거네요." 테트라가 자기 머리를 '뿅' 하고 때리며 말했다.
"다음은 이 문제야."

$A \vee B$는 논리식인가?

"또 이번에는 $\vee$네요. 네, 이건 논리식이에요."
"유감스럽게도 틀렸어." 미르카가 말했다. "괄호의 유무에 주의해."

$A \vee B$	형식적 체계 H의 논리식이 아니다
$(A) \vee (B)$	형식적 체계 H의 논리식이다

테트라는 칠판에 쓰인 글씨를 다시 보았다.

"아, 확실히 F3에서는 'x와 y가 논리식이라면, $(x) \vee (y)$도 논리식이다'라고 써 있는데요. 괄호를 생략하면 안 되는 건가요?"

"생략하는 방법도 있어. 하지만 문자열 즉, 문자의 배열이 중요하다는 구문론적 방법을 강조하기 위해, 지금은 괄호라는 문자도 명시적으로 쓰기로 하자."

"네, 알겠어요."

테트라는 노트를 펼쳐 재빨리 메모했다.

"다음 문제."

$(\neg(A)) \vee (A)$는 논리식인가?

"어, 복잡해라…… 네, $(\neg(A)) \vee (A)$는 논리식이에요."

"어째서?"

"$\neg(A)$와 A는 논리식이니까요. F3에 'x와 y가 논리식이라면, $(x) \vee (y)$도 논리식이다'라고 명시되어 있으니까, $\neg(A)$를 x에 대입하고, A에 y를 대입하면 ($\neg(A)) \vee A$)도 논리식이라는 걸 알 수 있어요."

"좋아. 그럼 다음 문제."

$\neg(\neg(\neg(\neg(A))))$은 논리식인가?

"음, 그러니까…… 하나, 둘, 셋, 넷…… 네, 이건 논리식이에요." 테트라는 괄호의 수를 주의 깊게 세고 나서 말했다.

"그래, 이유는?"

"F2에 쓰인 'x가 논리식이라면, $\neg(x)$도 논리식이다'를 반복해서 사용하는 거라고 생각해요."

$$A \qquad \text{1. 이것은 논리식이다 (F1을 근거로)}$$

$$\neg(A) \qquad \text{2. 이것은 논리식이다 (1과 F2를 근거로)}$$

$$\neg(\neg(A)) \qquad \text{3. 이것은 논리식이다 (2와 F2를 근거로)}$$

$$\neg(\neg(\neg(A))) \qquad \text{4. 이것은 논리식이다 (3과 F2를 근거로)}$$

$$\neg(\neg(\neg(\neg(A)))) \qquad \text{5. 이것은 논리식이다 (4와 F2를 근거로)}$$

"이거, 페아노 산술의 따름수하고 비슷한데……." 내가 말했다.

"아! 확실히 그러네요. 비슷해요!" 테트라가 고개를 끄덕였다.

"논리식의 정의에서는 논리식 그 자체를 쓰고 있어." 미르카가 말했다.

"이건 다른 말로 **재귀적 정의**야."

'이라면'의 형태

"그럼 여기서 형식적 체계 H의 논리식을 읽기 쉽게 하기 위해 '→(이라면)' 라는 기호를 정의해 보도록 하자." 미르카가 말했다.

기호 → (형식적 체계 H의 정의 2)

▷ 기호의 의미: $(x) \rightarrow (y)$를 $(\neg(x)) \lor (y)$라 정의한다.

"이것은 $(x) \rightarrow (y)$로 명시된 것을 $(\neg(x)) \lor (y)$의 생략형으로 간주한 다는 의미야. 예를 들어 이렇게 쓰여 있었다고 치자."

$$(A) \rightarrow (B)$$

"이건 다음 논리식과 같다고 보는 거지."

$$(\neg(A)) \lor (B)$$

"네, 알겠어요." 테트라가 고개를 끄덕였다.

"그럼 다음 논리식을 →를 사용하지 않고 쓸 수 있을까?"

$$(A) \to (A)$$

"네." 테트라가 앞으로 나가 칠판에 썼다.

$$(\neg(A)) \lor (A)$$

"좋아."

"$(A) \to (A)$는 항상 참이네요." 테트라가 말했다.

"참이라면?" 미르카의 눈이 반짝 빛났다.

"네? 'A라면 A'는 항상 참……되는 거죠"라고 말하는 테트라.

"지금은 형식적 체계에 대한 이야기 중이야. '참'이나 '거짓'은 없어, 테트라."

"아! 미르카 선배, 이거…… '모른 척하기 게임'이군요!"

"모른 척하기 게임?" 미르카가 되물었다.

"그러니까 나중에 $(A) \to (A)$가 'A라면 A'를 의미하는 거라고 정의될지도 몰라요. 하지만 그때까지는 쓰지 않는 거죠. 알고 있어도 모른 척하면서 지나가야 하는 게임이에요."

"뭐, 그런 셈이지." 미르카가 가볍게 동의했다. "형식적 체계에 대한 이야기를 할 때는 몸을 차갑게 하고 기계의 마음으로 하는 거야. 의미에 휘둘려선 안 돼. 예를 들어 $(\neg(A)) \lor (B)$라는 논리식은 어디까지나 다음과 같이 문자가 열거되어 있는 것뿐이야."

"참도 거짓도 아니지. 그 형태에만 주목하는 거야."

"의미를 생각하지 않는 것에는 어떤 의미가 있는 건가요?"

"인간이 의미를 생각하고 논증하면 근거가 불명확해질 때가 있어. 그런데 의미를 생각지 않고 형태에만 주목한다면 근거가 명확해지지. 뭐니 뭐니 해도 명확하게 정의된 것만을 사용하니까." 미르카가 대답했다.

아, 그래서 미르카는 반드시 '왜?'라고 근거를 묻는 거구나.

테트라는 생각에 잠겼다. 어쩐지 오늘의 테트라는 성실한 느낌인걸. 평소처럼 덜렁대는 모습은 덜하고 사려 깊은 사람이 된 듯하다.

"그렇다고 해도……." 테트라는 말을 꺼냈다. "지금 했던 건 $(A) \to (A)$는 $(\neg(A)) \vee (A)$의 생략형이라는 것뿐이네요. 음, 논증이라는 게 너무 단순한 느낌이 드는데요."

"아직 '논리식'밖에 정의하지 않아서 그래, 테트라. 이제 '공리'로 가 보자."

미소녀 두 사람의 수학 강의에 나의 마음은 격하게 흔들렸다.

지금 우리는 수학의 미니어처 모델을 만들고 있는 것이다. 페아노 산술 때는 자연수 전체의 집합 $\mathbb{N}$과 자연수의 덧셈을 정의했다. 형식적 체계 H는 더 근원적이다. 참과 거짓조차 없는 것이다.

아까 미르카가 뭐라고 했었지?

나는 칠판에 쓰인 용어를 보았다. '공리', '추론 규칙', '증명', '정리'……라고? 정말로 수학을 지탱하는 중요 개념들(증명)까지도 미니어처 모델로 만들 수 있을까?

'수학을 수학한다.'

나는 미르카의 말을 다시 한번 되새겼다.

공리

"우리는 논리식을 정의했어. 다음으로 **공리**를 정의해 보자. 형식적 체계 H에 있어서 공리란, P1~P4 중 한 형태의 논리식이 되지."

"P1~P4는 공리의 패턴, **공리 도식**이라고도 해. 공리 도식의 x, y, z에 논리식을 대입하면, 무엇이든 공리가 돼. 그럼 이제 너에게 질문!"

미르카는 안경을 밀어 올리더니 나를 보았다.

$((A)\vee(A)) \longrightarrow (A)$**는 공리인가?**

"응, 공리가 되지." 내가 말했다. "P1에 $((x)\vee(x)) \longrightarrow (x)$라고 쓰여 있지. 그 x에 A라는 논리식을 대입하면, $((A)\vee(A)) \longrightarrow (A)$가 되지."

"충분해." 미르카는 고개를 끄덕였다. "그럼, 이건 어떨까?"

$(A) \longrightarrow (A)$**는 공리인가?**

"성립한다고 생각은 되지만⋯⋯." 나는 말했다. "아니, 이건 참과 거짓을 생각하니까, 아닌가? 이 형태만을 보면 공리가 아니라는 생각이 들어."

"왜?" 미르카가 물었다.

"공리의 정의를 보면 알아." 나는 대답했다. "공리의 정의는 P1~P4 이렇게 네 개가 있는데, 거기에 나오는 x, y, z에 어떤 논리식을 대입해도 $(A) \longrightarrow (A)$가 되지는 않아."

"흐응⋯⋯. 그런 정도구나."

"미르카 선배." 테트라가 울음 섞인 목소리로 불렀다. "어떤 걸 의도하고 계신지 전혀 모르겠어요."

"그러니?" 산뜻한 얼굴로 대답하는 미르카. "어디를 모르겠는데?"

"전부……. 아니, 공리에 대한 이야기를 하고 있다는 건 알겠고, 어떤 형태를 한 공리식을 공리라고 한다는 것도 알겠어요. 모르겠는 건…… 왜 공리라고 하는지에 대해서예요."

"그럼 이야기를 좀 빨리 진행해 볼까?"

증명

"수학을 형식적으로 연구하기 위해서 우리는 문자열로 논리식을 정의했어. 그리고 공리, 증명, 정리 등을 형식적으로 정의하려고 하고 있어. 힐베르트를 시작으로 한 수학자들이 형식적 체계를 위한 공리를 발견했지. 즉, 형식적 체계를 구축할 수 있는 논리식의 집합을 생각해 낸 거야."

"그럼 수학자가 a priori(선험적인 것)으로부터 나온 공리가 참이라고 가정했던 거네요."

"그건 아니야. 참과 거짓은 나오지 않아." 미르카는 말했다.

"참과 거짓이 나오지 않아도 공리가 성립한다는 건가요?"

"구문론적 방법에서는 '증명'과의 관계로 공리를 생각하지. 공리라는 건 증명을 만들 때 무조건적으로 사용하는 논리식을 말해. 증명이 없어도 정리로 간주할 수 있는 논리식이라고 생각해도 무방해."

테트라는 미르카의 말에 뭔가 느낀 게 있었는지 진지한 눈초리로 손톱을 깨물었다.

"저, 있잖아요. '참이다'와 '증명되었다'는 다른 개념……인가요?"

"좋은 지적이야, 테트라. 바로 그거야. 이야기가 잠깐 옆으로 새는데, 공리의 예를 보면, 인간에게는 감당하기 어려울 만큼 복잡성이 가중된다는 걸 알 수 있어. $((A) \vee (A)) \rightarrow (A)$는 괜찮다 해도, $((A) \rightarrow (B)) \rightarrow (((\neg(A)) \vee (A)) \rightarrow ((\neg(A)) \vee (B)))$가 공리라고 하면 곤란하지. 이 구조를 파악하기는 어려워. 그러나 여기서 공리가 된 패턴은 단순한 문자열이라는 것을 상기해 보자. 예를 들어 컴퓨터 같은 기계가 있다면, 주어진 논리식이 공리인지 어떤지를 조사하면 되는 문제야. '공리 판정기'를 만드는 것도 가능하고."

"다시, 죄송해요." 테트라가 손을 들었다. "저는 아무래도 아직 '공리'라는 말이 걸려요. 확실히······ 그러니까 P1~P4의 형태를 생각해 본다면, (A) → (A)를 만들 수가 없어요. 그건 알겠어요. 하지만 왜 P1~P4에서 이루어질 수 있는 논리식이 '공리'로 사용될 수 있는 건지를 모르겠어요."

"흐응······." 미르카가 입술에 손가락을 댄 채로 생각에 잠겼다. "우리는 지금 의미와 형식의 경계에 서 있어. 우리는 수학을 형식적으로 연구하고 싶어. 그것을 위해 수학이 주장하는 바를 형식적으로 표현하는 논리식을 정의하는 거야. 그러고 나서 공리, 증명, 정리라는 형식으로 정의하고 싶은 거지. 수학에 있어서의 공리는 증명의 출발점이야. 형식적 체계에 있어서의 공리, 굳이 말하면 '형식적 공리'라고 하면 되겠지? 그것은 '형식적 증명'의 출발점이 되는 논리식이야. 형식적 공리에서 출발해 형식적 증명에 따른 '형식적 정리'를 만들 수 있는 거지."

수학	←······→	형식적 체계
명제	←······→	논리식
공리	←······→	형식적 공리
증명	←······→	형식적 증명
정리	←······→	형식적 정리

"수학이란 결국, 형식적인 체계로 나타낼 수 있다는 건가요?"

"그건 좀 어려운 질문인데."

그리고 미르카는 노래하듯 말했다.

"장미의 색깔, 장미의 형태, 장미의 향기, 그것 모두를 갖고 있는 꽃을 장미라고 부르는 것은 자연스럽지. 과연 형식적 체계는 수학의 색깔과 형태와 향기를 가지고 있을까? 그건 앞으로 차차 생각해 보자."

추론 규칙

"우리는 논리식과 공리를 정의했어. 공리는 공리 도식이라는 패턴으로 주어지지. P1~P4의 x, y, z에 논리식을 대입하면, 무수한 공리를 만들어 낼 수 있어. 하지만……."

미르카는 칠판 앞을 왔다 갔다 하면서 '강의'를 계속했다.

"하지만 패턴은 한정되어 있지. 공리 도식만으로는 새로운 패턴의 논리식을 만들어 낼 수 없어. 거기서 추론 규칙이라는 것을 정의하는 거야. 추론 규칙은 우리의 논리적인 추론을 형식적으로 표현한 거야."

추론 규칙(형식적 체계 H의 정의 4)

▷ 추론 규칙 MP: x와 $(x) \longrightarrow (y)$에서 y를 추론할 수 있다.
단, x, y는 임의의 논리식을 나타낸다.

"이 추론 규칙에는 특히 **전건 긍정식**(前件肯定式, modus ponens, 일반적인 추론 전략으로 A → B와 A가 참인 것으로 정의하면 B가 참이라는 결론을 얻는 논리 규칙의 응용)이라는 이름이 붙어 있어. MP라고도 줄여 쓰지. 다음 식을 익히지 않으면 이해하기 힘들어."

x와 $(x) \longrightarrow (y)$에서 y를 추론할 수 있다.

"예를 들면 다음과 같아."

논리식 A와
논리식 $(A) \longrightarrow (B)$가 있으면,
추론 규칙 MP로 B를 추론할 수 있다.

"조금 더 복잡한 예를 들어 볼게."

논리식 $(A) \rightarrow (B)$와

논리식 $((A) \rightarrow (B)) \rightarrow ((\neg(C)) \vee (D))$가 있다면,

추론 규칙 MP로 $(\neg(C)) \vee (D)$를 추론할 수 있다.

"이들 식은 형태만을 보는 거야."

"……." 테트라가 잠자코 손을 들었다.

"네." 미르카는 선생님처럼 테트라를 지명했다.

"이 MP라는 건 'x가 참'이고 'x라면 y가 참'이라면 'y는 참'이 된다는 말인가요?"

"테트라는 어떻게 생각해?"

"틀렸……다고 생각해요. 지금 구문론적 방법을 써서 형식적 체계를 만드는데 참과 거짓의 개념이 없으니까요. 이 추론 규칙도 역시 형태를 봐야 하는 거죠? 의미를 생각하는 게 아니라……."

"맞았어."

"그래도…… '모른 척하기 게임'의 최고 난이도랄까, 그런 게 느껴져요. 의미를 생각하지 않고 이야기를 듣는 게 이렇게 어렵군요."

"익숙해지면 괜찮아. 스스로의 체온을 내린다고 생각하면 편해." 다정한 미소를 띠운 미르카는 손가락을 빙글빙글 돌리며 말했다. "물론, 인간은 의미를 생각하지 않을 수 없지. 이와 같은 형식적 체계를 엉터리로 만들 수도 없고. 의미 있는 체계를 만들어 내려는 의도가 배후에 늘 있는 건 분명해. 중요한 건 인간이 의미를 생각하지 않고, 또 사고를 계속하지 않고 형식적으로, 기계적으로 사고를 할 수 있다는 거지."

"라이프니츠의 꿈……." 나는 무심코 중얼거렸다.

"의미를 생각하지 않고 사고할 수 있을까?" 미르카는 계속했다. "의미를 생각하지 않는 기계도 할 수 있는 사고란 무엇일까? 기계적인 사고, 형식적인 수학……. 그 형식적인 수학은 어떻게 연구되면 좋을까?"

"형식적인 수학? 그건……." 내가 말을 걸었다.

"물론, 형식적인 수학 연구 그 자체에도 수학을 쓰지."

"그거, 혹시……."

"맞아. '수학을 수학하는' 것으로 연결되는 거지."

미르카는 그렇게 말하고 우리를 바라보았다.

증명과 정리

"자, 우리는 어디까지 온 걸까?" 미르카는 말했다.

- 논리식을 정의했다.
- 공리를 정의했다.
- 추론 규칙을 정의했다.

"여기까지 보면, 우리는 '증명'을 형식적으로 표현할 수 있어. 우리는 공리를 기초로 추론을 하고, 증명을 구성하지. 그건 수학의 중요한 활동이야. 여기서 하려고 하는 건, 그 증명을 형식적으로 나타내는 거지. 형식적 체계 H에 있어서의 증명이란, 다음과 같이 정의할 수 있어."

증명과 정리(형식적 체계 H의 정의 5)

논리식의 유효한 예

$$a_1, a_2, a_3, \cdots, a_k, \cdots, a_n$$

을 논리식 a_n의 **증명**이라고 부른다.

단, 모든 $a_k (1 \leq k \leq n)$으로, (1) 혹은 (2)가 성립한다.

(1) a_k는 공리다.

(2) a_s와 a_t에서 a_k를 추론할 수 있는, k보다 작은 자연수 s, t가 존재한다.

또한 증명이 존재하는 논리식 a_n을 **정리**라고 한다.

"여기서는 형식적 체계 H에서의 '증명'과 '정리'를 정의하고 있지. 증명이란, 요컨대 논리식의 열을 말하는 거야. 하지만 논리식의 열이 증명되려면 그

정렬에 규칙이 있어. 그 열에 열거된 논리식은 (1) 스스로가 공리이거나, 또는 (2) 스스로보다 앞서 자신을 추론할 만한 논리식이 존재해야만 해. 무슨 말인지 알겠어?"

"규칙의 의미……. 전혀 모르겠어요." 테트라가 말했다.

미르카는 조금 천천히 속도를 조절하며 말하기 시작했다.

"지금, 몇 개의 논리식을 차례대로 정렬해서 증명이라는 것을 만든다고 하자. (1)은, 공리는 언제나 열거해도 좋다는 규칙이야. (2)는 이미 열거된 어떤 논리식에서 추론할 수 있는 논리식은 그다음으로 놓아도 좋다는 규칙. 이 두 가지 규칙에 따라 열거한 논리식의 열을 증명이라고 부를 거야. 물론, 여기서 말하는 '공리'는 형식적 체계 H에 있어서의 공리를 말하는 것이고 '추론'은 형식적 체계 H에 있어서의 추론 규칙을 쓴 추론을 말하는 거야. 이해가 돼?"

"'공리' 또는 '공리에서 추론할 수 있는 논리식'만을 열거해 나간다는 건가요?" 테트라가 알쏭달쏭하다는 표정으로 물었다.

"약간 달라." 미르카는 말했다. "'공리에서 추론해 낸 논리식'뿐 아니라 '공리에서 추론해 낸 논리식에서 추론할 수 있는 논리식'을 열거해도 좋아. 즉 '공리' 또는 '공리에서 추론해 낸 논리식' 또는 '공리에서 추론해 낸 논리식에서 추론할 수 있는 논리식' 또는…… 이게 열거해도 좋은 논리식이야. '공리'에서 유한 번의 추론의 연쇄로 도달할 수 있는 논리식을 열거해 나가는 거지."

"맞아요. 제가 말하고 싶었던 게 그거예요." 이렇게 말하는 테트라.

"두 가지 규칙을 따라서 논리식의 열을 만들 거야." 미르카가 계속했다. "그 논리식의 열이 '증명'이야. 그렇게 하면 '증명'의 최후에 오는 논리식 a_n은 확실히 '정리'라는 이름에 걸맞지. '공리'에서 '추론'을 반복해서 도달한 논리식이니까. 그리고 우리는 논리식, 공리, 추론 규칙, 증명, 정리를 정의했어. 여기까지 실수는 등장하지 않아. 직선도 나오지 않지. 이차함수도, 방정식도, 행렬도 안 나와. 우리는 수학의 제일 기초적인 부분을 형식적으로 구축한 거야."

교실 스피커에서 드보르자크의 '귀로'가 흘러나왔다.

"벌써 시간이 이렇게 됐나? 학교는 시간 제약이 너무 심해." 미르카는 창밖을 보았다.

이미 바깥은 완전히 어두워졌다.

"자, 숙제야." 미르카는 나를 보며 미소 지었다.

"(A) → (A)는 정리일까?"

4. 내가 아니다, 혹은 나다

집

여기는 집. 지금은 밤. 나는 혼자 책상 앞에 앉아 있다.

이제 곧 시험이다. 학년말 시험. 복습을 해야겠다고 생각은 했지만 그럴 마음이 들지 않았다. 나는 이미 교과서를 읽고 진도를 앞질러 문제를 풀어 왔기에 학교 수업은 복습 같은 것이었다. 고등학교 수학은 이미 한 번 쭉 훑었다. 수업 중 테스트는 항상 만점이었다. 교과서든 문제집이든 크게 어렵지 않았다.

학교 문제보다도 책에 나온 문제나 무라키 선생님의 문제, 그리고 미르카의 강의에 나온 문제가 내겐 훨씬 재미있다.

노트를 펼친다. '나만의 수학'을 위한 노트에는 미르카와 테트라의 메모가 잔뜩 쓰여 있다.

나는 새로운 페이지에 '형식적 체계 H'의 요점을 정리했다.

형식적 체계 H의 정리

▷ 논리식 F1: x가 변수라면 x는 논리식이다.

▷ 논리식 F2: x가 논리식이라면 $\neg(x)$도 논리식이다.

▷ 논리식 F3: x와 y가 논리식이면, $(x) \lor (y)$도 논리식이다.

▷ 논리식 F4: F1~F3에서 정해진 것만이 논리식이다.

▷ 기호의 의미: $(x) \longrightarrow (y)$를 $(\neg(x)) \lor (y)$로 정의한다.

▷ 공리 P1: $((x) \lor (x)) \longrightarrow (x)$

▷ 공리 P2: $(x) \longrightarrow ((x) \lor (y))$

▷ 공리 P3: $((x) \lor (y)) \longrightarrow ((y) \lor (x))$

▷ 공리 P4: $((x) \longrightarrow (y)) \longrightarrow (((z) \lor (x)) \longrightarrow ((z) \lor (y)))$

▷ 추론 규칙 MP: x와 $(x) \longrightarrow (y)$에서 y를 추론할 수 있다.

형태의 형태

나는 미르카가 내 준 숙제에 대해 생각했다.

문제 5-1 형식적 체계에 있어서의 정리

$(A) \longrightarrow (A)$는 형식적 체계 H에 있어서의 정리인가?

나는 $(A) \longrightarrow (A)$가 형식적 체계 H에 있어서의 정리라고 생각한다. 그것을 보여 주기 위해서는 형식적 체계 H로 $(A) \longrightarrow (A)$를 증명해야만 한다.

여기서는 증명이라고 해도 평소대로 해서는 안 된다. 귀류법도, 수학적 귀납법도 쓸 수 없다. 지금부터 하는 증명은 어디까지나 형식적 체계 H로 정의된 증명의 형태로 이루어져야만 하기 때문이다. 거기에는 다음 두 가지만 쓸 수 있다.

• 형식적 체계 H의 '공리'를 출발점으로 하여,

- 형식적 체계 H의 '추론 규칙'으로 추론한다.

공리와 추론 규칙, 두 가지를 써서 논리식의 예를 만들고, 목적지 $(A) \rightarrow (A)$까지 도달해야만 하는 것이다.

이것을 뭐라고 불러야 좋을까? 퍼즐 같기도 하지만 단순한 퍼즐하고는 다르다. 매우 한정되어 있지만 수학 문제를 풀 때와 비슷하다. 확실히 수학의 미니어처 모델 같다.

자, 어디부터 시작해 볼까?

'예시는 이해의 시금석'이라는 격언대로, 우선은 공리의 예를 몇 가지 만들어 볼까? 증명하고 싶은 논리식은 $(A) \rightarrow (A)$니까, 나올 변수는 A일 것이다. 공리 P1~P4에 나오는 x, y, z에 A를 넣어 보자.

공리 P1에서 : $((A) \vee (A)) \rightarrow (A)$

공리 P2에서 : $(A) \rightarrow ((A) \vee (A))$

공리 P3에서 : $((A) \vee (A)) \rightarrow ((A) \vee (A))$

공리 P4에서 : $((A) \rightarrow (A)) \rightarrow (((A) \vee (A)) \rightarrow ((A) \vee (A)))$

나는 이 공리를 가만히 바라보았다. 응? 의외로 간단하지 않나?

P2에서 $(A) \rightarrow ((A) \vee (A))$는 공리다. 즉 'A라면 $(A) \vee (A)$'라는 것이다. 한편, P1에서 $((A) \vee (A)) \rightarrow (A)$도 공리다. 따라서 '$(A) \vee (A)$라면 A'라는 것이다.

'A라면 $(A) \vee (A)$'와 '$(A) \vee (A)$라면 A' 두 가지를 합치면 'A라면 A'가 성립되지 않나?

아차! 아니다. 지금은 구문론적으로 생각해야만 하는 거였어. '$\rightarrow$'라는 기호를 '이라면'이라고 임의로 해석하고 추론해선 안 된다. 형식적 체계 H에서 추론으로 쓸 수 있는 것은 추론 규칙 MP뿐이다.

추론 규칙 MP란, 다음과 같다.

x와 $(x) \rightarrow (y)$에서 y를 추론할 수 있다.

추론 규칙 MP를 어떻게 쓸 것인가? 그것이 포인트다. 왜냐하면 새로운 정리를 만들어 내는 방법은 이것밖에 없으니까.

나는 집중해서 생각했다. 마음속에 변수와 기호가 펼쳐지며 논리식이 생겨난다. 무수한 논리식 중에 공리가 섞여 있다. 공리와 공리에 추론 규칙을 쓰면 정리를 얻을 수 있다. 공리와 정리에 추론 규칙을 쓰면 또 정리를 얻는다. 정리와 정리에 추론 규칙을 쓰면 계속해서 정리를……

……그렇구나!

$(A) \rightarrow (A)$는 공리가 아니다. 그리고 새로운 논리식을 만들어 내려면 추론 규칙밖에 방법이 없다. 그렇다는 것은 최종적으로 추론 규칙·전건 긍정식에 나오는 y가 $(A) \rightarrow (A)$가 되도록 만들어야 한다는 것이다. 그렇지 않으면 $(A) \rightarrow (A)$라는 결과는 얻을 수 없다. 즉, y에 $(A) \rightarrow (A)$를 끼워 맞춰……

x와 $(x) \rightarrow ((A) \rightarrow (A))$에서 $(A) \rightarrow (A)$를 추론한다.

이 추론이 마지막에 이루어진다는 것이다. 그렇다면 x에 어떤 논리식을 끼워 맞춰야 할까?

의미의 의미

나는 노트에 쓴 문자를 응시했다.

'x와 $(x) \rightarrow ((A) \rightarrow (A))$에서 $(A) \rightarrow (A)$를 추론한다.'

이 추론을 실현시키기 위해서는 논리식 x를 구할 필요가 있다. 예를 들어, 여기에 공리를 넣어 볼까? 아까 만든 공리 $((A) \vee (A)) \rightarrow (A)$를 x에 넣어 보자.

$((A) \vee (A)) \rightarrow (A)$와 $(((A) \vee (A)) \rightarrow (A)) \rightarrow ((A) \rightarrow (A))$에서

$(A) \to (A)$를 추론해 낸다.

음, 이런 형태가 되면, 전건 긍정식으로 $(A) \to (A)$를 구할 수 있다. 아, 안 되는구나. 이번에는 $(((A) \lor (A)) \to (A)) \to ((A) \to (A))$를 만들어 내야 할 필요가 있다. 이 복잡한 논리식은 공리일까? 만약 공리라면 증명을 만들어 낼 수 있다.

나는 공리의 패턴 하나하나와 이것을 비교해 보았다. 음, P1~P4 중 제일 가까운 것은 P1인가? 공리 P1은 $((x) \lor (x)) \to (x)$이다. 이 x에 $(A) \to (A)$를 넣으면, $(((A) \to (A)) \lor ((A) \to (A))) \to ((A) \to (A))$가 나오기는 하지만……

내 노트는 차례로 A와 $\to$와 $\lor$로 채워져 갔다. 아무리 그래도…… 의미를 생각하지 않고 형태로만 생각하는 것은 왜 이렇게 복잡해지는지. 한가득 써 내려가다 보니 대체 뭘 하고 있는지도 모르겠고……

'이라면'이라면?

어? 그러고 보니 공리는 P1~P4, 이 네 개였다. 아까는 P1과 P2만 생각하고 있었는데, P4는 쓸 수 없을까?

공리 P4 : $((x) \to (y)) \to (((z) \lor (x)) \to ((z) \lor (y)))$

아니, P4는 안 돼. 애초에 전건 긍정식으로 구할 수 있는 건 $\to$의 우측이다. ♡와 $(♡) \to (♠)$에서 추론할 수 있는 것은 ♠이다. 하지만 P4에서 $\to$는 이런 형태다.

$$((x) \to (y)) \to (((z) \lor (x)) \to (\underline{(z) \lor (y)}))$$

즉, P4에서 최종적으로 구할 수 있는 것은 $\underline{(z) \lor (y)}$일 것이다. 하지만 그렇게 해서는 목적한 $(A) \to (A)$까지 이를 수 없다. P4를 쓸 수 있는 곳은 어디일까?

나는 미르카가 '강의'한 내용을 가만히 떠올려 보았다. 처음에 논리식을 정의했다. 그리고 공리와 추론 규칙, 증명과 정리.

구문론적 방법은 재미있었지만 조금 까다로웠다. 라이프니츠의 꿈. 기계적으로 사고한다. 기계? 확실히 컴퓨터라면 계산할 수 있을지도 모른다.

의미론적 방법은 진리표를 쓰는 방법이다. 그래, 유리에게 '이라면'을 설명할 때 진리표를 썼는데 그건 의미론적 방법이었다는 거군. 유리도 걸려했지만 '이라면'은 오해의 소지가 많다. 익숙해지면 'A라면 B'는 'A가 아니라, 또는 B'와 기계적으로 바꿀 수 있겠지만. '이라면'의 형태다.

'이라면'의 형태?

그 말이 내 마음을 강하게 때렸다.

'이라면'의 형태!

형식적 체계 H라도 '이라면'에 상당하는 기호 '$\rightarrow$'가 정의되어 있다. 미르카는 뭐라고 말했더라.

형식적 체계 H의 논리식을 알기 쉽게 하기 위해 $\rightarrow$ 기호를 정의하자.

기호의 의미: $(x) \rightarrow (y)$를 $(\neg(x)) \vee (y)$로 정의한다.

그렇구나!

전건 긍정식으로 $(A) \rightarrow (A)$를 추론하는 대신, $(\neg(A)) \vee (A)$를 추론해도 되는구나!

그렇다고 하면 공리 P4를 쓸 수 있을지도 모른다.

공리 P4: $((x) \rightarrow (y)) \rightarrow (((z) \vee (x)) \rightarrow ((z) \vee (y)))$

공리 P4에서 $\neg(A)$를 z에 대입하고, A를 y에 대입해 보자!

$$((x) \rightarrow (A)) \rightarrow (((\neg(A)) \vee (x)) \rightarrow ((\neg(A) \vee (A))))$$

그래, 이거야! 이제, x에 뭘 대입하느냐인데……

$$((x) \rightarrow (A)) \rightarrow (((\neg(A)) \vee (x)) \rightarrow ((\neg(A)) \vee (A)))$$

나는 밑줄 부분을 계속 보면서 생각했다.

이번에는 바로 알았다. x에 $(A) \vee (A)$를 대입하면 된다. 그렇게 하면 $(x) \rightarrow (A)$는 이렇게 된다.

$$((A) \vee (A)) \rightarrow (A)$$

이건 공리 P1의 형태. 그리고 $(\neg(A)) \vee (x)$는 $(\neg(A)) \vee ((A) \vee (A))$가 된다. 그리고 $(\neg(A)) \vee ((A) \vee (A))$는 $\rightarrow$를 사용해 쓸 수 있다.

$$(A) \rightarrow ((A) \vee (A))$$

이건 공리 P2의 형태다.

좋았어, 이걸로 모든 게 연결됐다!

나는 여기저기 흩어진 논리식을 다시 읽어 보고 증명을 정리했다.

L1. 공리 P1에서 x에 A를 대입한다.

$$((A) \vee (A)) \rightarrow (A)$$

L2. 공리 P4에서 x에 $(A) \vee (A)$, y에 A , z에 $\neg(A)$를 대입한다.

$$(((A) \vee (A)) \rightarrow (A)) \rightarrow (((\neg(A)) \vee ((A) \vee (A))) \rightarrow ((\neg(A)) \vee (A)))$$

L3. 공리 P2에서 x와 y에 A를 대입한다.

$$(A) \rightarrow ((A) \vee (A))$$

L4. 논리식 L1과 L2에, 추론 규칙 MP를 쓴다.

$$((\neg(A)) \vee ((A) \vee (A))) \rightarrow ((\neg(A)) \vee (A))$$

이는 다음과 같이 표기할 수 있다.

$$((A) \rightarrow ((A) \vee (A))) \rightarrow ((A) \rightarrow (A))$$

L5. 논리식 L3과 L4에, 추론 규칙 MP를 쓴다.

$$(A) \rightarrow (A)$$

이걸로 됐다.

형식적 체계 H에 있어서의 $(A) \rightarrow (A)$의 증명이 완성되었다.

$(A) \rightarrow (A)$는 형식적 체계 H에 있어서의 '정리'인 것이다!

[풀이 5-1] 형식적 체계에 있어서의 정리

$(A) \rightarrow (A)$는 형식적 체계 H에 있어서의 정리이다.

형식적 체계 H에 있어서의 증명은 다음과 같다.

L1. $((A) \vee (A)) \rightarrow (A)$

L2. $(((A) \vee (A)) \rightarrow (A)) \rightarrow (((\neg(A)) \vee ((A) \vee (A))) \rightarrow ((\neg(A)) \vee (A)))$

L3. $(A) \rightarrow ((A) \vee (A))$

L4. $((\neg(A)) \vee ((A) \vee (A))) \rightarrow ((\neg(A)) \vee (A))$

이는 다음과 같이 표기할 수 있다.

$$((A) \rightarrow ((A) \vee (A))) \rightarrow ((A) \rightarrow (A))$$

L5. $(A) \rightarrow (A)$

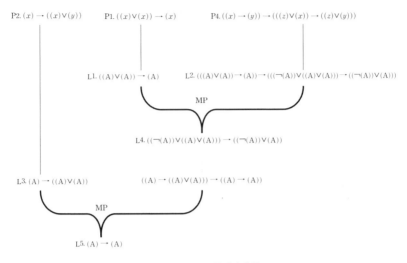

$$(A) \rightarrow (A) \text{ 증명의 흐름}$$

권유

아침 등교 준비를 하는데 전화벨이 울렸다.

"안녕." 생각지 못했던 미르카의 목소리.

"웬일이야?"

"너희 어머니 바꿔 줄래?"

"뭐?"

내가 아니라 엄마를?

"엄마, 전화요!"

"누구니?" 엄마는 앞치마에 손을 닦으며 오셨다.

"미르카요."

"엄마가 받아야 되니? 여보세요, 전화 바꿨습니다."

뒤에서 엿들을 수는 없으니 조금 떨어져 있었다. 엄마는 즐거운 듯 이야기를 나누셨다. 보이지 않는 상대의 어깨를 두드리는 제스처를 하고 수화기를 든 채로 인사까지 하신다.

"전화 고마워요." 엄마는 수화기를 내려놓았다.

"어! 끊어 버린 거야? 미르카가 뭐래?"

"데이트 요청. 휴일에 유원지에서 보자던데." 싱글벙글한 엄마.

"엄마가 초대받은 거야!?"

"무슨 소리니, 너 말야 너."

"뭐?"

진짜 뭐가 뭔지 모르겠다.

수영을 배우고 싶다면
물에 들어가야 하고
문제 해결사가 되고 싶다면
많은 문제를 풀어 보아야 한다.
_조지 폴리아

입실론-델타

도적들이 하는 말을 따라 하면 똑같은 일이 벌어지지 않을까?
알리바바가 말했다. "열려라, 참깨!"
그 순간 거대한 소리와 함께 문이 열렸다.
_『알리바바와 40인의 도둑』

1. 수열의 극한

도서실에서

"아차차!"

"어이쿠!"

방과 후 도서실로 들어가려던 찰나, 테트라가 뛰어나왔다.

"죄, 죄송해요 선배, 미르카 선배는요?"

"없어? 아까 먼저 간다며 교실에서 나갔는데?"

"앗, 그래요? '극한을 수식으로 정의하기'에 관한 설명을 들으려고 했는데……."

그녀는 큰 눈으로 나를 빤히 바라보았다.

"나도 해 줄 순 있는데……. 계단 교실로 갈래? 칠판도 쓸 수 있으니까."

"네!"

계단 교실

계단 교실은 실험할 때 사용하는 특별한 곳이다. 교단을 향해 계단을 내려오는 구조로 되어 있다. 가 보니 아무도 없었다. 분위기는 서늘했고, 화학 약

품 냄새가 좀 났다. 나와 테트라는 나란히 교단에 서서 칠판을 향했다.

"수열의 극한은……." 분필을 손에 든 내가 이야기하기 시작했다.

◆◆◆

수열의 극한은 이런 식으로 나타내.

$$\lim_{n \to \infty} a_n = A$$

이걸 말로 표현하자면,

$n \to \infty$에서 수열 $\langle a_n \rangle$은 **수렴**하고, **극한값**은 A이다.

고등학교에서는 그 의미를 이렇게 풀이한다.

'변수 n이 한없이 커질 때, 수열의 일반항 a_n의 값은 정수 A에 한없이 가까워진다.'

'한없이 가까워진다'라는 표현이 애매하지? 이 표현을 제대로 통과하지 않으면 극한을 이해하기 어려워.

수열 $\langle a_n \rangle$의 극한값이 A라는 것은 N과 n을 자연수로 하고, 다음 식이 성립하는 것으로 정의돼.

$$\forall \varepsilon > 0 \ \exists N \ \forall n \left[N < n \Rightarrow |A - a_n| < \varepsilon \right]$$

우리의 목표는 이 식을 이해하는 거야. 그러면 수열의 극한을 이해한 것과 진배없어. 여기까진 이해가 가, 테트라?

◆◆◆

"질문 있어요." 그녀는 오른손을 들었다. "미르카 선배가 '입실론-델타'라고 저번에 말했잖아요. 그건……."

"입실론-델타란 지금처럼 극한을 식으로 정의하는 방법을 말하는 거야. 입실론도 델타도 그리스어지."

α	알파
β	베타
γ	감마
δ	델타
ε	입실론

"이 그리스 문자들이 극한의 정의인가요?"

"그게 아니고, 극한을 정의하는 식에 ε과 δ라는 두 문자가 나오는데 중요한 역할을 한다는 거지. 극한을 정의하는 식에 입실론-델타라는 이름이 붙는다는 얘기야. 그래서 **입실론-델타 논법**이라고도 해."

"알겠어요. 그런데…… 여긴 ε밖에 없는데요."

$$\forall \textcircled{ε} > 0 \; \exists N \; \forall n \left[N < n \Rightarrow |A - a_n| < \textcircled{ε} \right]$$

"응. 수열의 극한을 다룰 때는 ε-N(입실론-엔)이 되지. ε-δ(입실론-델타)는 함수의 극한이야. 그건 이따 설명할게."

"그리스어로 반드시 써야 하는 건 아니죠?"

"응. 그리스어를 알파벳으로 바꿔도 수학적으로 문제는 없어."

수열의 극한 〈ε-N에 따른 표현〉

$$\lim_{n \to \infty} a_n = A$$

$$\Updownarrow$$

$$\forall \varepsilon > 0 \; \exists N \; \forall n \left[N < n \Rightarrow |A - a_n| < \varepsilon \right]$$

"그런데 '한없이 가까워진다'라는 표현이 뭐가 문제일까요? 수식보다도 직관적이고 알기 쉬운 말인데……."

"엄밀하게 따지면 의미가 애매모호하다는 거지."

"그래요?"

"예를 들어, a_n이 A에 '한없이 가까워진다'고 했을 때 이런 수열을 떠올릴 수도 있어."

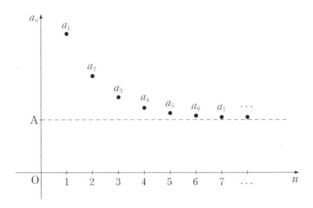

"확실히 한없이 가까워진다는 느낌이 들어요."

"그럼 a_n이 A와 같아져도 '한없이 가까워진다'고 할 수 있을까?"

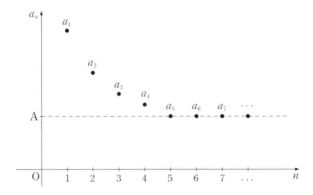

"가까워지는 것뿐 아니라, 완전히 같아져도 좋은가?" 테트라는 눈앞에서 천천히 양손을 맞잡았다. 눈동자가 모였다.

"맞아. '한없이 가까워진다'는 말이 '완전히 같아져도 좋은지'는 말해 주지 않지. 그것 말고도 a_n은 A에 가까워지거나 멀어져도 상관없는가? A를 넘어도 되는가? 이런 문제도 내포하고 있어."

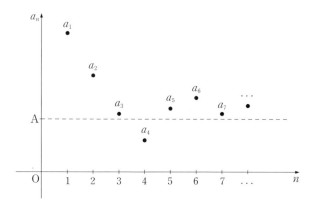

"그러네⋯⋯요." 그녀의 눈이 커졌다.

"'한없이 가까워진다'는 말을 아무리 되뇌어도 그 의문에는 답할 수 없잖아? 사람에 따라 해석이 갈릴지도 모르지만. 그건 '한없이 가까워진다'는 말의 의미가 애매모호하기 때문이야. 여기서 우리는 '한없이 가까워진다'는 의미를 식으로 확실하게 정의하고자 하는 거지. ε-N과 ε-δ의 목적이야."

"네, 잘 알겠어요."

우리는 서로 마주 보며 웃었다.

복잡한 식을 이해하는 방법

"그럼 이 식을 독해해 보자." 나는 칠판을 가리켰다.

$$\forall \varepsilon > 0 \ \exists N \ \forall n \left[N < n \Rightarrow |A - a_n| < \varepsilon \right]$$

"⋯⋯." 테트라는 말이 없었다. 하지만 마음속에서 일어나는 파동은 보였다.

"너 '이 식 너무 복잡한데' 하고 생각하고 있지?" 나는 말했다.

"네! 그래요. 지금 가슴이 두근두근해요."

양손을 가슴 위에 올리는 테트라. 그녀는 변수에 약하다.

"그럼 복잡한 식을 이해하는 방법부터 생각해 볼까? 복잡한 식을 읽어 낼 때는 전체를 이해해야 한다고 생각해선 안 돼. 복잡한 식도, 부분 부분은 간단하거든. 그러니까 나눠서 생각하면 돼. 나누는 건 이해하기의 첫걸음이지."

'나누기는 이해하기의 첫걸음.'

"그렇죠." 테트라는 고개를 크게 끄덕였다.

"이 식의 구조를 알아보자."

나는 칠판에 써 있는 식을 지우고, 조금 여백을 두어 다시 썼다.

$$\forall \varepsilon > 0 \qquad \exists N \qquad \forall n \left[N < n \Rightarrow |A - a_n| < \varepsilon \right]$$

"여기엔 ∀ 그리고 ∃라는 기호가 나오지. 이 유효 범위가 확실하도록 대괄호를 써 보자."

$$\forall \varepsilon > 0 \left[\ \exists N \left[\ \forall n \left[\ N < n \Rightarrow |A - a_n| < \varepsilon \ \right] \ \right] \right]$$

"그리고 순서대로 읽어 보면……."

임의의 양수 ε에 대하여…….

$$\underline{\forall \varepsilon > 0} \left[\hspace{10cm} \right]$$

어떤 자연수 N이 존재하여…….

$$\forall \varepsilon > 0 \left[\ \underline{\exists N} \left[\hspace{7cm} \right] \right]$$

모든 자연수 n에 대하여 …… 가 성립한다.

$$\forall \varepsilon > 0 \left[\quad \underline{\exists N} \quad \left[\quad \forall n \quad \left[\qquad\qquad\qquad \right] \right] \right]$$

"이런 구조로 되어 있어."
"대괄호가 삼중으로 붙어 있네요."
"응. 이 세 개의 괄호 중 제일 안쪽까지 써 보자."

$$\forall \varepsilon > 0 \left[\quad \exists N \quad \left[\quad \forall n \quad \left[\quad N < n \; \Rightarrow \; |A - a_n| < \varepsilon \quad \right] \right] \right]$$

"말로 하면 이렇게 되지."

임의의 양수 ε에 대하여
어떤 자연수 N이 존재하여
모든 자연수 n에 대하여
$N < n \Rightarrow |A - a_n| < \varepsilon$이 성립한다.

"더 읽기 쉽게 말을 보충해 볼까?"
나는 칠판의 식을 가리키며 읽어 나갔다.

임의의 양수 ε에 대하여
ε마다 자연수 N을 <u>적절히 고른다면</u>,
모든 자연수 n에 대하여
$N < n \Rightarrow |A - a_n| < \varepsilon$이라는 명제를 <u>성립시킬 수 있다</u>.

"저…… 아까보다는 두근거림이 조금 줄어들었어요."

"응. 지금은 내가 식을 썼지만, 테트라가 자기 손으로 쓰면 아마 두근거림이 더 줄어들 거야."

"선배, ∃N에서 '어떤 자연수 N'이라고 했는데, ∃N∈ℕ이라는 건가요?"

"그렇지. 전부 다 쓰면 오히려 복잡해지니까 ∈ℕ은 생략했어. ∀n도 그렇고. 그러니까 물론 이렇게 써도 의미는 그대로지."

$$\forall \varepsilon > 0 \left[\underline{\exists N \in \mathbb{N}} \left[\underline{\forall n \in \mathbb{N}} \left[N < n \Rightarrow |A - a_n| < \varepsilon \right] \right] \right]$$

"어쨌든 복잡한 수식을 읽을 때는 이렇게 조각조각 나눠서 조금씩 풀어나가는 게 중요해."

절댓값을 이해하다

"알겠어요. 그렇긴 해도 역시 변수가 많네요."

"그럼 변수가 몇 개 나오는지 세어 봐."

$$\forall \varepsilon > 0 \left[\exists N \left[\forall n \left[N < n \Rightarrow |A - a_n| < \varepsilon \right] \right] \right]$$

"ε, N, n, A, a_n 다섯 개요. 어라? 의외로 적은데요?"

"똑같은 기호가 반복되니까. 이중에서 A하고 a_n의 의미는 테트라도 잘 알 거야. 이 두 가지 변수는 뭘 의미할까?"

"A는 극한값……이죠? a_n이 한없이 가까워지는 수. 그리고 a_n은 지금 주목하고 있는 수열이고요."

"응, 그걸로 충분해. 좀 더 정확히 말하면, a_n은 수열 $\langle a_n \rangle$의 제n항이 되지. 예를 들면 a_1은 제1항이고, a_{123}은 제123항인 거야."

"네, 알겠어요."

A	수열 $\langle a_n \rangle$의 극한값
a_n	수열 $\langle a_n \rangle$의 제 n항

"그럼 $|A - a_n| < \varepsilon$ 식은 무엇을 의미할까?"

"$A - a_n$의 절댓값은 ε보다 작다'는 거죠?"

"테트라는 'A $- a_n$의 절댓값'이 무엇을 나타내는지 알아?"

"그렇게 다시 새삼스럽게 물어보면…… 모르겠는데요."

"$A - a_n$의 절댓값'은 수직선상에서의 점 A와 점 a_n 사이의 거리야."

"거리……."

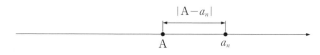

$|A - a_n|$은 두 점 간의 거리를 나타낸다

"절댓값이니까 점 a_n이 점 A의 좌우 어느 쪽이든 상관없어."

"아하, 얼마나 떨어져 있는지만 주목하는 거군요."

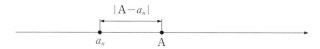

점 a_n이 점 A의 왼쪽에 위치하더라도 $|A - a_n|$은 두 점 간의 거리를 나타낸다

"그리고 그 거리가 ε보다도 작다는 것은……."

"알겠어요. 점 a_n은 점 A에서 너무 멀어지진 않네요."

"너무? 좀 더 정확하게……."

"음…… 아! 점 a_n은 점 A에서 ε 이상은 멀어지지 않네요!"

"그렇지. 맞았어. 점 a_n이 움직일 수 있는 것은 두꺼운 선의 범위 안이지."

점 a_n은 점 A에서 ε 이상은 멀어지지 않는다

"네, 그렇네요. a_n이 움직일 수 있는 오른쪽 끝은 A$+\varepsilon$이고, 왼쪽 끝은 A$-\varepsilon$이에요."

"응, 좋아. 하지만 선 위의 흰 동그라미는 범위 안에는 들어가지 않으니까. 따라서 좌우 끝에 닿아선 안 돼. 이와 같이 'A에서 ε 이상은 멀어지지 않는 범위'에는 다음과 같은 이름이 붙어 있어."

A의 ε 근방

"입실론 근방⋯⋯인가요?"

"'가까운 옆'이지."

"영어로는 뭐라고 해야 할까요?"

"응⋯⋯ 네이버후드(neighborhood)?"

"아, 그러네요!"

A의 ε 근방

"즉, 점 a_n은 A의 ε 근방에 있어."

"하지만 ε까지라면 A에서 멀어져도 괜찮은 건가요?"

"그래. ε까지라면 멀어져도 괜찮아."

"하지만 그렇게 되면 '한없이 가까워진다'는 것에 어긋나잖아요?"

"테트라가 꽤나 정확하게 짚어 내는걸. 그 의문은 잠시 후에 검토해 보도록 하자. 지금은 '점 a_n은 점 A에서 ε 이상은 멀어지지 않는다', 즉 '점 a_n은 점 A의 ε 근방에 있다'라는 걸 확실히 짚고 넘어가자고."

"알겠어요." 테트라는 대답한 후 잠시 생각에 잠겼다.

"선배, 처음에 'A$-a_n$의 절댓값은 ε보다 작다'고 말했죠? 그게 틀린 건 아니지만 저는 말하면서도 '이게 무슨 뜻이지?'라고 생각하고 있었어요. 하지만 선배가 칠판에 그림을 그려 줘서 '점 a_n이 움직일 수 있는 건 이 굵은 선의 범위'라는 걸 바로 알 수 있었어요. 식의 의미가 눈앞에 좌악 펼쳐지는 느낌이 들고, 게다가 ε 근방이라는 말의 의미도 바로 이해가 갔고요. 표현을 조금 바꾼 것뿐인데 이렇게 이해가 되네요."

"테트라 말대로야. 표현 방식은 중요해."

"저, 절댓값 때문에 생각난 게 있어요." 테트라는 "큭큭" 웃었다. "작년 봄에 선배가 절댓값의 정의를 가르쳐 줬잖아요. 그때도 이 계단 교실이었지요. 저 그때 완전히 삐끗해 버렸잖아요? 수학에서도 자주 삐끗하고요. 하지만 그때와 비교하면 요즘은 비교적 수월하게 걸을 수 있게 되었어요."

"맞아. 테트라가 꾸준히 잘 따라와 줘서 그래." 나는 동의했다.

"그것도…… 선배 덕분인데요."

'이라면'을 이해하다

"자, 그럼 이 식은 읽을 수 있겠지?"

$$\text{N} < n \Rightarrow |\text{A} - a_n| < \varepsilon$$

"아, 아니요. 아직 N이 뭔지 몰라요."

"그렇지. 하지만 지금 이해한 것만으로도 괜찮으니까 한번 읽어 봐."

"음…… 그러니까 N보다 n이……."

'N보다 n이 크면 A와 a_n의 거리는 ε보다 작다.'

"그렇지, 맞았어. ε 근방이라는 말은 쓸 수 있겠어?"

"그러니까, 네. 'N보다 n이 크다면 a_n은 A의 ε 근방에 있다'인 걸까요? 이건 결국, 'n이 클 때 a_n은 A 가까이에 있다'라고 말하고 싶은 거죠?"

"응, 하지만 조금 더 정량적으로 읽어 보면, 'n이 클 때는 얼마나 클 때를 말할까?'라는 질문에, 'n이, N보다 클 때야'라고 대답하면 되지. 그리고, 'a_n이 A의 근처에 있다면 어느 정도 가까이에 있을까?'라는 질문에는 'a_n은 A의 ε 근방에 있어'라고 대답할 수 있지. 따라서 다음 식은 'n의 크기'와 'A와 a_n의 거리' 관계를 서술하고 있는 거야."

$$N < n \Rightarrow |A - a_n| < \varepsilon$$

"복잡한 식을 읽기 쉽게 풀어내는 느낌, 알겠어? 테트라."
"멋지네요. 잠시 정리해 볼게요."

- 복잡한 식은 나눠서 생각한다.
- 그리스 문자가 튀어나와도 당황하지 않는다.
- 변수의 의미를 생각한다.
- 절댓값의 의미를 생각한다.
- 그림으로 그려 본다.
- 부등호의 의미를 생각해 본다.

"응, 이걸로 충분해. 조항 하나하나가 당연한 걸 말하고 있긴 하지만."
"전 항상 전체를 한 번에 읽어 내려고 해서 오히려 패닉에 빠지는 것 같아요. 나누어서 생각하는 게 중요하군요."
그녀는 식칼로 야채를 써는 제스처를 했다. 의미는 잘 모르겠지만.

'모든'과 '어떤'을 이해하다
"자, 드디어 전체에 도전해 볼 시간이야." 나는 말했다.
"네!" 양 주먹을 불끈 쥐는 테트라.

$$\forall \varepsilon > 0 \quad \Big[\quad \exists N \quad \Big[\quad \forall n \quad \big[\quad N < n \quad \Rightarrow \quad |A - a_n| < \varepsilon \big] \quad \Big] \quad \Big]$$

"이건 다음과 같이 읽을 수 있지."

임의의 양의 정수 ε에 대하여
ε마다 어떤 자연수 N을 적절히 고른다면
모든 자연수 n에 대하여
'N보다 n이 크다면 a_n은 A의 ε 근방에 있다'
라는 명제를 성립시킬 수 있다.

"이 의미를 이해하겠어? 천천히 생각해 봐. 너무 서두르지 말고."
나는 거기서 말을 끊고 테트라의 모습을 살폈다.
그녀는 입에 손을 대고 잠깐 생각했다.
"있잖아요. N 이외에는 알 것 같아요."

- ε이 0보다 크다면, 어떤 작은 수라도 상관없다.
- N보다 n이 크다면 a_n은 A의 ε 근방에 있다.

"이건 알겠어요. 그러니까 ε을 아주 작게 만들면, a_n은 아주 좁은 ε 근방에 있어야 하는……. 저는 이 식을 거기까지만 이해했어요."
"응, 제법 괜찮은데!"
"하지만 N은……. 이 N이 무엇을 나타내는 건가요?"
"응, 좋은 질문이야. 변수 N은, 'n을 어디까지 크게 하면 a_n이 A의 ε 근방에 들어갈까?'를 나타내는 수야. N 이하의 n에 대해서는 아무래도 좋아. n이 N보다 크다는 조건만 충족한다면 a_n은 모두 A의 ε 근방에 들어가지……."
"음, 그러니까……."
"이렇게 생각하면 어때? 누군가가 작은 ε을 써서 '자, 이렇게 작은 ε 근방

에 a_n이 전부 들어갈까?'라는 문제에 도전해. 그러면 '으음, 적어도 수열 처음의 N항을 버린다면 수열의 남은 모든 항은 ε 근방에 들어갈 거야'라며 그 도전에 응수하는 거지. ε과 N의 순서를 떠올려 보자."

$$\forall \varepsilon > 0 \left[\exists N \left[\forall n \left[N < n \Rightarrow |A - a_n| < \varepsilon \right] \right] \right]$$

"즉, ε을 먼저 정하고, ε마다 다른 N을 골라도 좋아. 작은 ε의 도전을 받으면 커다란 N으로 도전에 응하는 거야. 아주 작은 ε의 도전을 받으면 아주 큰 N으로 응하게 되겠지. 어떤 ε의 도전에 대하여 처음 N개를 버리는 것만으로 무수히 있는 나머지 모든 항을 ε 근방에 들어가. 그런 N이 존재한다는 것이 ε-N의 주장이면서, 수열의 수렴이 의미하는 것이야."

"그렇군요. 이제 슬슬 이해가 가요. 아주 좁은 ε 근방이라도, ε에 대응하는 처음 N개의 항을 버리는 것만으로 남은 전부가 ε 근방에 쏙 들어간다는 거죠."

"응. ε 그 자체는 유한한 크기지. 무한으로 작다는 건 없어. 하지만 '얼마나 작은 ε에 대하여……'라는 대목에서, 얼마든지 작은 ε으로 도전해도 상관없다는 점에서 무한을 꺼내지 않고도 '극한'이 나타나 있는 거야."

"그런데 선배, 애초에 어째서 N이라는 변수를 가지고 와야 할까요? 'n을 크게 하면, a_n을 A의 ε 근방에 넣을 수가 있어요'라고 말하고 싶은 것뿐인데 새로운 변수 N을 굳이……."

"봐. $\exists N$이라는 표시는 바로 그걸 위해 있는 거야."

"네……."

"즉 '○○가 가능하다'라는 식으로 표현하기 위해서, $\exists$를 써서 '○○을 충족하는 수가 존재한다'라고 바꾸어 말하고 있는 거야."

"어떤 것이 '가능'하다는 것을 수의 '존재'로 바꾸어 표현한다."

"응, 그런 거야. 그럼 슬슬 ε-N의 힘을 체험해 볼까?"

"네?"

"$n \to \infty$일 때 $a_n \to A$라고 하자. 이때 $a_k = A$를 충족하는 a_k가 있어도 되

는 걸까?"

"아아 '일치시키기 문제'네요. 음, 괜찮다고 생각해요. 왜냐하면 A의 ε 근방에 들어가는지 아닌지만 중요하니까, $a_k = A$가 되어도 괜찮죠."

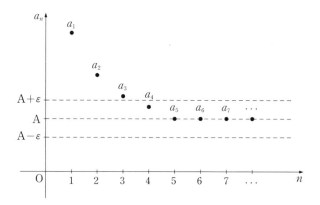

"응, 그렇지. 그럼 a_n이 A에 가까워지거나 멀어지거나 해도 좋아?"

"네, 이것도 A의 ε 근방에 들어 있는 한, 괜찮은 것 같아요. 하지만 A에서 일정 거리만큼 멀어지는 일이 계속 일어나서는 안 돼요. 멀어지는 값은 길게 보면 점점 작아질 거예요. 예를 들어 A에서 일정 거리만큼 멀어지는 일이 무한하게 일어나면, 몇 개의 항을 버려도 ε 근방에서 튀어나오는 항이 나와 버리니까요. 아, 머릿속에 그림은 그려지는데, 말로 설명하기 진짜 힘드네요. 이런 걸 정말 못한다니까요!"

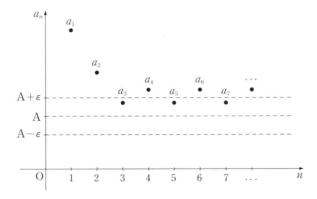

"선배, 미묘한 조건을 말로 표현하는 건 어렵네요. 확실히 N 같은 변수를 쓰는 편이 정확하게 전달할 수 있을지도 모르겠어요."

"그렇지. 그걸 느낀 테트라도 대단한걸."

"그런가요?" 그녀는 뺨을 붉혔다.

"이 정도로 씨름을 했으니 복잡해 보이는 식도 이제 점점 눈에 익었지? 그리고 익숙해지면 더 이상 두렵지 않아. 하나하나 변수의 의미도 마음에 새기게 돼. 이제 슬슬 삼중 괄호를 벗기고, 식을 원래 형태로 돌리자. 자, 이제 두렵지 않지?"

$$\forall \varepsilon > 0 \quad \exists N \quad \forall n \quad \Big[\ N < n \ \Rightarrow \ |A - a_n| < \varepsilon \ \Big]$$

"아뇨, 아직 두근두근하는데요. 하지만 이제 뭔가 잡히는 느낌이에요."

2. 함수의 극한

ε-δ

수열의 극한은 여기까지 하고 마무리하자. 이번에는 함수의 극한에 대한 거야. 여기까지는 ε-N이었지? 여기서부터는 ε-δ야. 수열의 극한처럼 생각해 보자. 우선 함수의 극한은 이런 식으로 나타내.

$$\lim_{x \to a} f(x) = A$$

이걸 말로 옮기면 다음과 같아.

'$x \to a$일 때 함수 $f(x)$는 **수렴**하고 **극한값**은 A가 된다.'

고등학교에서는 이렇게 표현해.

'변수 x가 a에 한없이 가까워질 때, 함수 $f(x)$의 값은 정수 A에 한없이 가까워진다.'

$x \to a$일 때 함수 $f(x)$의 극한값이 A라는 것은, x가 실수일 때 다음 식이 성립하는 것으로 정의할 수 있어.

함수의 극한(ε-δ에 의한 표현)

$$\lim_{x \to a} f(x) = A$$

$$\Updownarrow$$

$$\forall \varepsilon > 0 \; \exists \delta > 0 \; \forall x \left[0 < |a - x| < \delta \Rightarrow |A - f(x)| < \varepsilon \right]$$

"이번에는 테트라가 삼중 괄호를 한번 쳐 봐."

"네."

테트라는 아까 내가 했던 것처럼 삼중 괄호를 그려 넣었다.

$$\forall \varepsilon > 0 \; \left[\; \exists \delta > 0 \; \left[\; \forall x \; \left[\; 0 < |a - x| < \delta \; \Rightarrow \; |A - f(x) < \varepsilon \right] \; \right] \; \right]$$

"바깥쪽부터 읽어 보면……."

임의의 양수 ε에 대하여,

$$\forall\varepsilon>0\ \left[\qquad\qquad\qquad\qquad\qquad\qquad\qquad\right]$$

어떤 양수 δ가 존재하여,

$$\forall\varepsilon>0\ \left[\ \exists\delta>0\ \left[\qquad\qquad\qquad\qquad\qquad\right]\ \right]$$

모든 x에 대하여······가 성립한다.

$$\forall\varepsilon>0\ \left[\ \exists\delta>0\ \left[\ \forall x\ \left[\qquad\qquad\qquad\right]\ \right]\ \right]$$

"이런 거죠?"
"그걸로 충분해. 제일 안쪽까지 쓰면 이렇게 돼."

$$\forall\varepsilon>0\ \left[\ \exists\delta>0\ \left[\ \forall x\ \left[\ 0<|a-x|<\delta\ \Rightarrow\ |A-f(x)<\varepsilon\ \right]\ \right]\ \right]$$

"이거······ 읽을 수 있을 것 같아요!"

'임의의 양수 ε에 대하여
ε마다 어떤 양수 δ를 적절히 선택한다면
모든 x에 대하여
$0<|a-x|<\delta\Rightarrow|A-f(x)|<\varepsilon$
이라는 명제를 성립시킬 수 있다.'

"테트라, 그럼 이 식의 의미는 알겠어?"

$$0 < |a-x| < \delta$$

"음, 아! 또다시 절댓값이네요! '$a-x$의 절댓값은 0보다 크며, δ보다 작다' 이지만, 거리라는 관점에서 보면, 'a와 x와 서로 겹치지 않고, 두 점 간의 거리는 δ 이상은 되지 않는다'가 되는 건가요?"

"맞아. 그럼 근방이라는 말을 쓰면 어떻게 될까?"

"수열 때와 같이, 입실……. 얼랄라?"

"이번에는 ε 근방이 아니지."

"아, 이번에는 δ **근방**이에요! '$0 < |a-x| < \delta$'이라는 식은 'x는 a의 δ 근방에 있다(하지만 두 점은 서로 겹치지 않는다)'가 되요?"

"그래. '두 점은 서로 겹치지 않는다'는 건, $0 < |a-x|$를 말하지. 그걸로 됐어. 따라서 이 $0 < |a-x| < \delta \Rightarrow |A-f(x)| < \varepsilon$은 읽어 보면 이렇게 돼. '$x \neq a$인 x가 a의 δ 근방에 있다면, $f(x)$는 A의 δ 근방에 존재한다' 이거지."

"이번에는 두 개의 근방이 나오네요!"

"응. 함수의 극한의 경우, 얼마나 작은 ε의 도전을 받아도 'x를 a의 δ 근방에 놓으면, $f(x)$가 A의 ε 근방에 들어간다'처럼 그런 δ가 존재하는 거지. ε의 도전에 δ가 응하는 거야."

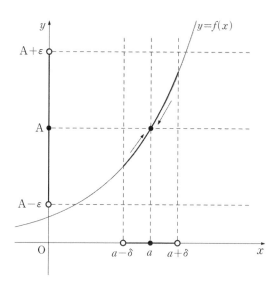

$\varepsilon\text{-}\delta$의 의미

"밖이 많이 어두워졌는걸. 슬슬 돌아갈까? 마지막으로 $\varepsilon\text{-}\delta$의 의미에 대해 다시 확인해 보자. 처음에 왜 $\varepsilon\text{-}\delta$를 궁리했는지 기억나?"

"뭐였더라……. 아, 맞아요. '한없이 가까워진다'는 말을 피하고, 극한의 의미를 엄밀하게 규정하기 위해서요."

"그래. 우리가 극한을 정의할 때 '한없이 가까워진다'는 말 대신 무슨 말을 썼지?"

"아. 맞아요 '아무리 작은 양수 ε에 대하여……'였었죠? 어떠한 ε을 골라도, 반드시 적절한 δ가 발견된다는 거요."

"그래. '극한이 존재한다'는 것은 $\varepsilon\text{-}\delta$의 관점에서 보면 '어떤 ε을 골라도 반드시 적절한 δ가 발견된다'라는 **보증**이 있다는 게 포인트야. '한없이 가까워진다'는 말에는 그런 보증이 표현되지 않지."

"보증, 말인가요?"

3. 실력 테스트

랭크 인

나와 테트라는 계단 교실을 나와서 교정을 빙 돌아 출구로 향했다. 둘이서 함께 걸었다.

"선배, 어?" 테트라가 손가락을 들어 가리켰다.

신발장으로 향하는 복도 중간, 교무실 앞이었다. 이곳이 학교 중심부다. 학생들이 모여서 위를 올려다보고 있었다.

"성적표일까요?"

"그러네."

우리 학교는 실력 테스트 성적 상위자 10퍼센트의 이름이 나붙는다. 커다란 종이에 성적순으로 이름이 나열되어 게시된다. 그게 '랭킹'이다. 자기 이름이 거기에 걸리는 것을 우리는 '랭크 인'이라고 불렀다.

이번에는 2학년 실력 테스트(국어, 수학, 영어)가 붙어 있었다. 입시 기간이라 3학년생은 없다.

나는 2학년 수학 순위를 가장 먼저 찾았다. 지금까지 랭크 인을 못 했던 적은 없다. 그런데…… 어라?

그곳에 내 이름이 없었다.

미르카? 물론, 있다.

쓰노미야? 있다.

우리 학교에서 수학을 자신하는 친구들 이름이 적혀 있었다. 이들 명단의 변동은 거의 없다. 수학 랭크 인의 단골들이 유지된다.

"선배 이름…… 없네요." 테트라가 말했다.

"응, 그러네." 나는 벽을 올려다보며 대답했다.

"컨디션이 별로 안 좋았나 봐요." 테트라의 걱정스러운 목소리.

"뭐…… 이럴 때도 있지."

'있을 수 없는 일이야.' 나는 마음속으로 소리쳤다.

"선배! 저 수학에서 처음으로 랭크 인 했어요! 저기 봐요 저기!"

순수하게 기뻐하는 테트라가 가리키는 곳에 1학년생 랭킹이 있었다.

"와…… 그러면 두 과목이나 랭크 인 한 거야?"

"네. 부끄럽지만요." 볼을 붉히면서 그녀는 기쁜 듯 말했다.

원래 테트라는 영어 과목에서 학년 톱 수준이었다. 수학도 잘하면 두 과목 랭크 인이 되는 것이다.

나는 그녀의 랭크 인을 순수하게 기뻐해 줄 수 없었다. 내가 들지 못했다는 사실이 마음에 걸려서였다. 선배랍시고 "모르는 게 있으면 물어보러 와도 좋아"라고 말했지……. 아, 진짜 모양 빠지는걸.

정숙의 소리, 침묵의 소리

돌아가는 길.

테트라와 나란히 걸어간다.

나는 실력 테스트에 대해 생각 중이다. 확실히 테스트 직후 이전과는 느낌이 달랐다는 건 알았다. 특히 적분 계산 문제. 공식을 쓰는 단순한 것이었지만, 숫자가 많았다. 다른 친구들이 그만큼 따라왔을 줄은 몰랐다. 스스로가 꼴사납다. 꼴사나워.

"오늘은 극한의 정의를 배웠네요."

테트라가 평소와 같은 어조로 수학 이야기를 했다.

"응."

"극한을 '한없이 가까워진다'는 말이 아니라 '$\varepsilon\text{-}\delta$를 쓴 식으로 정의하라'는 흐름은 이해가 가요. 근데 마음에 걸리는 게 있어요."

"뭔데?" 테트라와의 대화가 귀찮아지기 시작했다.

"그…… 극한이 식으로 정의되고, 그래서 뭐가 되는 걸까요? 그러니까 뭐에 쓸 수 있을까요?"

"아아." 테트라의 질문에 대답한들 그게 뭐가 될까? "미분이나 적분도 극한으로 정의할 수 있어. 그리고 음, **연속**이라고 알아? 연속도 극한을 써서, 그러니까 $\varepsilon\text{-}\delta$로 정의할 수 있어."

"연속을 정의한다고요? '연속'은 '연결되어 있다'는 의미죠?"

"그건 평소에 쓰는 말의 의미, 사전적 의미겠지."

"사전을 찾으면 안 되는 거예요?"

"수학적으로는 별 도움이 안 돼. 수학이 가진 독자적인, 엄밀한 의미는 알 수가 없으니까."

"그러네요. 어쩐지." 테트라는 혼잣말처럼 말하기 시작했다. "논리란, 방정식을 푸는 것과도, 계산을 하는 것과도 달라요. 예전에 정수 문제를 풀 때 삐걱거리는 소리가 나는 것처럼 느껴졌어요. 하지만 논리 문제는 다른 소리, 좀 더 조용한 소리가 나요. '정숙의 소리' 혹은 '침묵의 소리'라고 할 수 있을 만한…… 무음 같지만, 무음은 아니에요. 가느다란 소리를 들어야만 해요. 논리를 차근차근 따라가는 것은 귀를 기울이는 것과 비슷해요. 딱 예예 선배가 '소리를 들어!'라고 말했던 것처럼요. 한마디로 같은 수학이라도, 분야에 따라 꽤나 분위기가 달라요. 수학은 대체 뭘까요?"

"……." 나는 대체 뭘까?

"선배?"

"뭐." 스스로도 감지되는 날카로운 목소리.

"아니요. 아무것도 아니에요." 테트라는 고개를 숙였다.

우리는 침묵한 채 걸었다. 그대로 역에 도착했다.

"전…… 서점에 들렀다 갈게요." 테트라는 손가락을 휘휘 흔들었다. 피보나치 사인. 테트라가 생각해 낸 수학 애호가의 손가락 인사. 우리 사이의 신호다.

$$1 \quad 1 \quad 2 \quad 3$$

하지만 나는 수신호로 답하지 않고 "안녕" 한마디만 던지고 헤어졌다.

4. 연속의 정의

도서실

다음 날. 내 기분이 어떻든 상관없이 날은 밝았다.

뭔가 답답하고 께름한 기분으로 수업을 마치고 방과 후가 되었다. 실력 테스트에서 단 한 번 점수가 안 좋았다고 해서 이 정도로 기분이 가라앉았다니. 최악이다.

"도서실, 먼저 가 있을게." 미르카는 평소와 다르지 않았다.

'먼저 가 있을게'라니, 왠지 상징적인데…….

나는 왠지 멍한 기분으로 도서실로 향했다.

테트라와 미르카가 둘이서 이야기하고 있었다.

"구체적으로 '연속'을 식으로 정의해 보자." 미르카가 말했다.

"그런 걸 외우고 계세요?"

"의미를 생각하면 바로 떠올라. 이게 연속의 정의야."

연속의 정의(연속을 lim로 표현)

함수 $f(x)$가 아래 식을 충족할 때, $f(x)$는 $x=a$에서 연속이라고 할 수 있다.

$$\lim_{x \to a} f(x) = f(a)$$

"네? 이것뿐인가요?"

"이것뿐이야. 어, 왔네." 미르카가 내 쪽을 보았다.

테트라도 내 쪽을 보고 꾸벅하고 인사를 했다.

"그럼 테트라가 ε-δ를 완전히 알았는지 테스트해 볼까?"

문제 6-1 연속을 ε-δ로 표현

함수 $f(x)$가 $x=a$에서 연속이라는 것을 ε-δ를 써서 나타내라.

"네, 알겠어요. 아까 미르카 선배가 '함수 $f(x)$가 $x=a$에서 연속이다'라는 정의를 가르쳐 줬는데 그게 이거예요."

$$\lim_{x \to a} f(x) = f(a)$$

"이렇게 써도 되고요."

$$x \to a일 \ 때 \ f(x) \to f(a)$$

"즉, x가 한없이 a에 가까워질 때, $f(x)$는 $f(a)$에 한없이 가까워……."
테트라는 미르카의 얼굴을 보았다. 미르카는 가볍게 고개를 끄덕였다.
"그러니까 이 lim을 쓴 식을 ε-δ를 사용해서 쓰면 되죠? 복잡한 식이지만 부분 부분으로 쪼개서 생각하면 괜찮을 거예요."
거기서 잠깐 테트라는 노트에 몇 줄 연습 삼아 쓰기 시작했다.
"네. ε-δ의 극한값을 $f(a)$로 하면 되는 거죠?"

$$\forall \varepsilon > 0 \ \exists \delta > 0 \ \forall x \left[0 < |a-x| < \delta \Rightarrow |\underline{f(a)} - f(x)| < \varepsilon \right]$$

"즉, 다음과 같이 말할 수 있어요."

'임의의 양수 ε에 대하여
ε마다 어떤 양수 δ를 적절히 선택한다면
모든 x에 대하여
$0 < |a-x| < \delta \Rightarrow |f(a) - f(x)| < \varepsilon$
이라는 명제를 성립시킬 수 있다.'

"충분해."
"어떤 ε에 대하여, x가 a의 δ 근방에 있다면, $f(x)$가 $f(a)$의 ε 근방에 들

어가는 것처럼 δ를 고를 수 있다 이거죠!"

"테트라, 맞았어." 미르카가 감동한 듯한 어조로 말했다.

"어젯밤, 진짜 많이 연습했어요!" 테트라가 나를 보면서 말했다.

풀이 6-1 연속을 ε-δ로 표현

함수 $f(x)$가 다음 식을 충족할 때, $f(x)$는 $x=a$에서 연속한다.

$$\forall \varepsilon>0 \ \exists \delta>0 \ \forall x\Big[0<|a-x|<\delta \Rightarrow |f(a)-f(x)|<\varepsilon\Big]$$

"연속이 아닌 함수의 그래프는 선이 뚝 끊겨 있으니까 보기만 하면 알 수 있어요. 끊겨 있고 연결되어 있지 않으니까요. 예를 들어, $x=a$ 지점에서 한 점만 툭 튀어나와 있는 것처럼 보이는 함수예요."

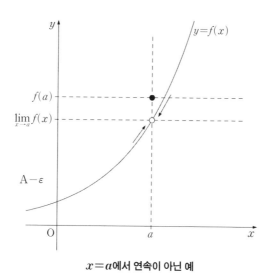

$x=a$에서 연속이 아닌 예

"자, 이번엔 딱 봐도 알기 힘든 이상한 함수를 생각해 볼까?"
미르카가 짓궂게 말했다.

모든 점에서의 불연속

모든 점에서 불연속

임의의 실수에 대하여 연속이 아닌 함수는 존재할까?

"이건 모든 점에서 불연속인 함수를 말해."

"모든 점에서 끊겨 있는 그래프라니 말도 안 돼요!"

"그래프에 의존하는 걸 관두면 돼."

"그럼…… 뭐에 의존하는데요?" 잔뜩 곤란한 표정의 테트라.

"논리." 즉답하는 미르카.

"논리요?"

"테트라, 연속의 정의, 벌써 잊어버린 거야?"

"아! ε-δ 말이군요?"

"맞아. '$x = a$에서 불연속'이라는 식은 ε-δ의 식에 ㄱ을 붙여서 부정해."

$$\neg \left(\forall \varepsilon > 0 \ \exists \delta > 0 \ \forall x \left[0 < |a - x| < \delta \Rightarrow |f(a) - f(x)| < \varepsilon \right] \right)$$

"서술 논리에서는 ∃와 ∀를 교환하면, 부정 기호 ㄱ을 식 안에 집어넣어. 이건, 다음 식이 성립하기 때문이야."

$$\left(\forall x \left[\cdots \right] \right) \Leftrightarrow \exists x \left[\neg (\cdots) \right]$$

$$\left(\exists x \left[\cdots \right] \right) \Leftrightarrow \forall x \left[\neg (\cdots) \right]$$

"이걸로 아까 그 식은 이 식과 같은 값을 가져."

$$\exists \varepsilon > 0 \ \forall \delta > 0 \ \exists x \left[\neg \left(0 < |a - x| < \delta \Rightarrow |f(a) - f(x)| < \varepsilon \right) \right]$$

"즉, 다음과 같이 정리할 수 있어."

어떤 양수 ε을 고른다면,
양수 δ를 아무리 작게 하여도
어떤 수 x에 대해
$0 < |a-x| < \delta \Rightarrow |f(a)-f(x)| < \varepsilon$
이 성립하지 않게 된다.

"이것이 '$f(x)$는 $x=a$에서 연속이 아니다'라는 것의 정의. 이것으로 모든 실수 a에서 성립하는 함수 $f(x)$를 구하면 돼."

"으, 으으……"

테트라가 머리를 감싸 안고 신음하기 시작했다.

"네 생각은 어때?" 미르카가 내게 물었다.

미르카의 한마디가 수학에 빠져들어 답답했던 마음을 날려 버렸다.

"예를 들면, 이런 함수는 유명하지." 나는 말했다.

$$f(x) = \begin{cases} 1 & (x\text{가 무리수인 경우}) \\ 0 & (x\text{가 유리수인 경우}) \end{cases}$$

"확실히 그렇지." 미르카가 고개를 끄덕였다.

"어어? 이런 것도 함수인가요?"

"왜냐하면 실수 x를 하나 정하면 $f(x)$의 값도 하나 정해지니까. 그러니까 함수지. 말하자면 이건 '무리수 판정기'랄까?" 나는 대답했다.

풀이 6-2 모든 점에서 불연속

임의의 실수에 대해 연속이지 않은 함수는 존재한다.

한 점에서 연속인 함수?

"넌 아까 그 문제를 알고 있었구나." 미르카가 말했다.

"응. 어딘가에서 읽었던 적이 있어."

"그럼 이 문제 생각해 볼래?"

문제 6-3 한 점에서 연속인 함수

$x = 0$ 한 점에서만 연속인 함수는 존재하는가?

"한 점만으로 연속인 함수라니? 존재할까?"

나는 고개를 갸웃했다.

"저어." 테트라가 우물쭈물 손을 들었다.

"뭐야, 테트라?" 미르카가 물었다.

"저…… 알겠어요, 답."

"어." 무심코 나는 소리를 내고 말았다. 뭐지, 이 스피드는?

"뭔데?" 미르카는 그녀를 가리켰다.

"잠깐만! 지금 난 생각 중이라고!" 나는 항의했다.

"네, 기다릴게요." 테트라가 말했다.

"테트라."

미르카가 귀를 기울이는 제스처를 취했다.

"네? 아, 네."

테트라는 미르카에게 타다닥 가까이 가서 귓속말을 했다.

"정답."

"됐다!" 기뻐하는 테트라.

순식간에 열이 올랐다. 테트라가 벌써 풀었다고? 이만 함수, 만들 수 있나? 아니, 설마, 한 점에서만 연속인 함수가 존재하지 않는 이유를 금방 알았을 수도 있다. 그저 나만 모르고 있을 뿐…….

"5분 줄게." 미르카가 말했다.

'한 점에서만 연속인 함수는 존재하는가?'

무한의 미궁에서 탈출하다

내가 궁리하는 동안, 미르카와 테트라는 작은 소리로 이야기했다.

"연습을 했다고?" 미르카가 물었다.

"노트에 몇 번이고 ε-N과 ε-δ의 식을 쓰고, 그 의미를 생각하는 연습이요. 저, 몇 번이고 쓰지 않으면 이해하기가 힘들어서……. 그리고 그래프에 그려서 ε 근방이나 δ 근방을 써 넣는 연습도 했어요."

"응."

"ε-δ에는 이제 좀 익숙해졌어요. 아직도 이해가 안 가는 부분도 있지만요……."

"테트라, 그건 실수 그 자체에서 비롯된 어려움인지도 몰라. '이해가 안 간다'는 느낌이 정상일 수도 있으니까, 무리해서 납득하려고 하지는 마." 미르카는 말했다.

"저어, 미르카 선배……. 저, 선배가 극한에서는 δ가 존재한다는 보증이 중요하다고 하셨는데, ε-δ를 읽어 봐도 '한없이 가까워진다'는 느낌은 들지 않잖아요? '한없이 가까워지기' 위해서는 '무한하게 반복할' 필요가 있을 것 같은데……."

"'무한하게 반복할' 필요가 있다고 생각하게 되면 우리는 미궁에 빠지게 되지. 아무리 되풀이해도 또 그 앞이 있다는 느낌에 현혹되기 때문이야. 무한의 반복이 중요한 게 아니라 '어떤 ε에 대하여 δ가 존재한다는 보증' 쪽에 중점을 두어야 해. 뭐, 익숙해지면 미궁도 즐기게 되겠지만…… ε-δ라면 '무한하게 반복'이라는 미궁에서 탈출할 수 있는 거지."

"네."

"이 지구상에서 수학을 연구하는 자는 한 명도 남김없이 바이어슈트라스에게 다음과 같은 '열쇠'를 받지. 그리고……."

$$\varepsilon\text{-}\delta$$

미르카는 양손을 느리게 펼쳐 보이고는 "그 ε-δ로 극한의 '문'을 열어 무한의 미궁에서 탈출하는 거야"라고 말했다.

한 점에서 연속인 함수!

"그런데 너, 시간 지났어."

"난 항복이야." 나는 말했다. "한 점에서만 연속인 함수는 존재하지 않는다고 생각하는데……."

미르카가 눈짓하자, 테트라가 말을 시작했다.

"저…… 저는 실제로 만들어 냈어요. 그러니까 존재해요."

"정말! 그런 함수를 만들어 봤다고?"

"네…… 그렇다기보다는 선배가 든 예를 조금 변경했을 뿐인데……."

$$g(x) = \begin{cases} x & (x가\ 무리수인\ 경우) \\ 0 & (x가\ 유리수인\ 경우) \end{cases}$$

"아." 나는 말을 잃었다.

"설명." 미르카가 말했다.

"네." 테트라가 대답했다.

"아까 선배가 '모든 점에서 연속이 아닌 함수 $f(x)$'를 만들었잖아요? '무리수 판정기'요. 물론 무리수 판정기의 그래프는 그릴 수 없지만, 만약 그린다면 이런 게 나올 거라고 생각해요. 이거, 두 개의 그래프처럼 보이지만 x가 유리수일 때 $y=0$이고, x가 무리수일 때는 $y=1$의 그래프가 돼요. 예를 들면 유리수 $x=1$에서는 $y=0$이고, 무리수 $x=\sqrt{2}$에서는 $y=1$이 되는 거죠."

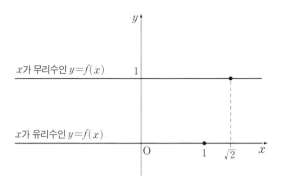

"이번에 미르카 선배가 내 준 문제는 '$x=0$에서만 연속인 함수'를 만드는 거였어요. 그래서…… 저는 선배가 만든 '무리수 판정기'를 쓸 수 없을까를 생각했어요. 연속의 정의 ε-δ 말이에요. 그걸 생각해서, $x=0$에서 연속인 함수 $g(x)$를 만든다고 하면, 얼마나 작은 ε의 도전을 받더라도 '0의 δ 근방에 x가 들어간다면, $g(0)$의 ε 근방에 $g(x)$가 들어간다'라는 δ의 존재를 보증하면 된다고 생각했어요. x가 유리수일 때는 $g(x)=0$이니까, ε 근방에 $g(x)$는 들어가게 되지요. 문제는 무리수예요. x가 무리수일 때는 $g(x)$를 $g(0)=0$의 바로 곁까지 가지고 가면 되나, 하고 생각해서, 아까 $y=f(x)$의 그래프를 기울여서 사선으로 가까워지도록 한 다음 $g(x)$를 만들었던 거예요."

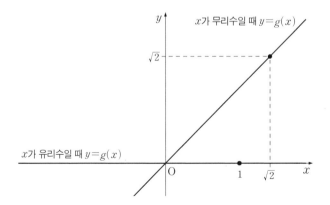

"이렇게 해 두면 아무리 작은 ε의 도전을 받는다 해도, δ를 발견할 수 있어요. 왜냐하면 ε보다도 작은 수를 δ로 하면 되니까요. 예를 들어 $\delta = \frac{\varepsilon}{2}$로 하면, δ 근방에 있는 x에 대해, $g(x)$의 값은 반드시 ε 근방에 들어가게 돼요."

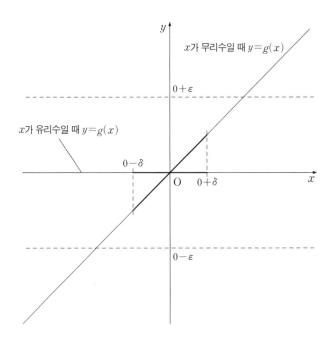

"유리수의 경우에는 0이니까 괜찮아요. 무리수의 경우에도 $|0 - g(x)| = |g(x)|$는 ε보다도 작아지게 되지요. 이렇게 생각하면 돼요."

$$|g(x)| = |x| \qquad x\text{가 무리수일 때, } g(x) = (x)\text{이므로}$$
$$< \delta \qquad x\text{는 } \delta \text{ 근방에 있으므로}$$
$$= \frac{\varepsilon}{2} \qquad \delta = \frac{\varepsilon}{2}\text{라고 정의했으므로}$$
$$< \varepsilon \qquad \varepsilon > 0\text{이므로 } \frac{\varepsilon}{2} < \varepsilon\text{이니까}$$

"결국 다음과 같이 $g(x)$는 0의 ε 근방에 들어가요."

$$|g(x)| < \varepsilon$$

"이것이 의도했던 거예요! 아무리 작은 ε에 대하여, x를 δ 근방에 넣으면, $g(x)$가 ε 근방에 들어가는 셈이니까요. ε-δ의 관점에서 $x=0$만으로 연속인 함수가 존재하게 돼요."

"잠깐 스톱." 미르카가 말했다.

"$x \neq 0$일 때의 불연속은?"

"아, 그건……. 미처 생각 못 했어요."

"음, 그건 곧 알게 되겠지만." 미르카가 말했다.

"저…… 생각해 봤는데, 확실히 이 함수 $g(x)$가 연속인지 아닌지는 '한없이 가까워진다'는 말만으로는 생각할 수 없어요. 이번 함수 $g(x)$를 제대로 된 그래프로 그려 낼 수도 없어요. 하지만 저는 마음속으로 그래프를 떠올려 δ를 만들어 내는 법을 생각해 냈죠. 그러니까 설령 그래프를 종이에는 그릴 수 없어도, 그래프를 마음으로 그리는 게 결코 헛된 일이 아니라고 생각했어요. 따라서 이번 함수 $g(x)$를 저는 다음 세 가지를 써서 생각했답니다."

- 무리수 판정기 $f(x)$와
- ε-δ와
- 마음속으로 그린 그래프

테트라는 빈틈없이 설명하고는 살짝 웃었다.

"아주 좋아."

미르카는 그녀의 머리를 쓰다듬었다.

풀이 6-3 한 점에서 연속인 함수

$x=0$의 한 점에서만 연속인 함수는 존재한다.

나는…… 뭔가를 말하려 했다.

하지만 말이 잘 나오지 않았다.

"미안, 나 먼저 들어갈게." 나는 그렇게만 말하고 도서실을 나왔다.

해야 할 말

나는 혼자였다. 교실로 돌아가 신발을 집어 들었다.

교문을 나와 학교 밖으로 나와 중정으로 향했다. 벤치에 앉아 머리를 감싸 안았다. 나는…… 대체 왜 그랬을까? 실력 테스트에서 랭크 인 하지 못했던 게 그렇게나 충격받을 일이었나? 테트라에게 수학으로 진 게 그렇게 충격이 었나? 이 정도에 충격을 받은 나 스스로가 충격적이었다.

이런 일로 내가 흔들리는 건가?

뒤에서 발소리가 들렸다. 이 발소리는?

"선배?"

테트라구나. '귀여운 스토커'는 여전히 건재하군.

"……." 나는 대답하지 않았다. 고개도 들지 않았다.

"몸이 안 좋으세요?"

"스스로에게 진저리가 났을 뿐이야." 나는 고개도 들지 않고 대답했다.

침묵.

"실례할게요."

내 숙여진 머리 위로 그녀의 손이 살포시 놓였다.

달콤한 향기가 머리 위에서 쏟아졌다.

뭐? 뭐지…… 뭐가 시작되는 거지?

"하느님."

내 왼쪽 귓가에 입을 가까이 대고 테트라가 속삭였다.

하느님,
선배를 굽어살펴 주세요.
괴로울 때도, 힘들 때도
하느님이 항상 선배 곁에 계시어

선배의 마음을 지탱해 주시기를…….

하느님,

전 선배에게서 수학의 기쁨을 배웠어요.

저뿐만 아니라 많은 사람이 선배를 통해

수학의 기쁨을 알게 되기를…….

배우는 기쁨을 알게 되기를…….

예수님의 이름으로 기도합니다, 아멘.

이건…… 기도?

이런 꼴사나운 나를 위해 테트라가 기도를 해 주는구나.

나는 하느님은 잘 모르지만 그녀의 기도에 의미가 있다는 건 안다. 내 마음속에 그녀의 기도에서 한 단어가 날아 들어왔다.

'기쁨.'

수학의 기쁨은 크다. 문제를 풀 때의 그 기쁨. 구조를 알아냈을 때의 그 기쁨. 복수의 세계를 건너는 다리를 발견했을 때의 기쁨. 몇백 년도 전의 수학자들이 남겨 준 메시지를 받았을 때의 기쁨……. 괴로움도 크지만 기쁨도 그만큼 크다. 아, 그렇다. 나는 '수학의 기쁨'을 알고 있다. '배우는 기쁨'을 알고 있다. 그리고 기쁨을 전달하는 기쁨도.

혹은, 나는 그러니까 '선생님'인지도 모른다.

'수학의 기쁨'과 '배우는 기쁨'을 전하는 선생님.

유리가 그랬다. "오빠는 나중에 학교 선생님이 돼도 괜찮을 것 같아."

테트라도 그랬다. "선배는 정말, 가르치는 걸 잘하네요."

미르카도 말했다. "교사 자격 미달."

그것이 내 안의 선생님을 꾸짖고 있었다.

테트라는 내 머리를 살짝 쓰다듬으며 말했다.

"항상 고마워요, 선배."

후배이자 여학생인 그녀 앞에서 눈물을 보이기는 부끄러웠지만…… 하지만 지금은 그런 말을 할 때가 아니었다. 나는 서둘러 눈가를 닦고 안경을 고

처 쓴 다음 고개를 들었다.

"미안해…… 고마워, 테트라."

그녀는 방긋 웃고는 멋진 발음으로 대답했다.

"It's my pleasure."

이 극한의 정의가 엄밀화되어 해석학 증명의 옳음을
진정한 의미에서 자율적으로 판단할 수 있게 된 것은
베를린 대학의 바이어슈트라스가 해석학 강의에서
현재의 ε-δ 논법이라 부르는 방법을 도입했을 때부터다.
_『불완전성의 정리』

대각선 논법

'x의 변수를 자신의 인용으로 치환하는 것을 대각화라 한다'
의 변수를 자신의 인용으로 치환하는 것을 대각화라고 한다.
'x를 대각화한 문장은 증명할 수 없다'
를 대각화한 문장은 증명할 수 없다.
_『'~라는 제목의 책은 없다'라는 제목의 책은 없다』

1. 수열의 수열

가산집합

"한참 찾았어요, 선배. 우편물이에요!"

"응?" 나는 스톱워치를 멈췄다.

"죄송해요! 시간을 재고 있는 줄 모르고."

"괜찮아." 정신이 현실계로 돌아오자 나는 "후우" 하고 숨을 내쉬었다. 수학 문제를 풀 때 나는 다른 세계로 빨려 들어간다. 수학과 함께라면 나는 어떤 시대, 어떤 행성, 어떤 나라로 가 있던지 모든 의미를 잃어버린다.

음, 지금은 방과 후고 여긴 도서실이지.

타임 트라이얼 방식으로 계산을 하는 중이었다. 말을 걸어온 것은 테트라였다.

계절은 겨울의 끝자락 초봄이었다. 2월 말. 다음 달에는 졸업식과 종업식, 그리고 봄 방학이 기다리고 있다. 4월이면 나와 미르카는 3학년이 된다. 테트라는 2학년. 정말 시간이 빠르다.

"응, 괜찮아. 잠깐 멈췄으니까. 우편물이라니?"

"검은 고양이 테트라 배달부가 무라키 선생님의 카드를 가지고 왔지요!"

"고마워. 어떤 문제야?"

문제 7-1 실수 전체의 집합 $\mathbb{R}$이 가산집합이 아니라는 것을 증명하라.

"아, 이 문제 알아. 수학을 다룬 책에 단골로 나오지."

"그렇게 유명한 문제였어요?"

"칸토어의 대각선 논법을 쓴…… 설명해 줄까?"

"네. 민폐가 안 된다면, 제발요."

테트라는 그렇게 말하고 내 왼편에 앉았다.

"설명 자체는 금방 끝나. 그 전에 이 문제의 의미는 이해했어?"

"가산집합이라는 용어 이외에는 안다고 생각되는데……."

"**가산집합**이란, '모든 원소에 자연수로 번호를 붙일 수 있는 집합'을 말해."

> 가산집합
>
> 가산집합이란 모든 원소에 자연수로 번호를 붙일 수 있는 집합이다.

"자연수로 번호를 붙인다…… ."

"예를 들어 유한집합은 모두 가산집합이야.* 원소가 유한개라면 모든 원소에 번호를 붙일 수 있으니까."

"네."

"무한집합의 예로 정수 전체의 집합 $\mathbb{Z}$를 생각해 보자.

$$\mathbb{Z} = \{\cdots, -3, -2, -1, 0, +1, +2, +3, \cdots\}$$

집합 $\mathbb{Z}$는 가산집합이야. 따라서 정수에는 자연수로 번호를 붙일 수 있어. 실

---

* 유한집합을 가산집합에 포함시키지 않는 관점도 있다.

제로 한번 해 볼까? 정수의 0에는 자연수의 1이라는 번호를 붙일 거야. +1에는 2, −1에는 3, +2에는 4······ 이렇게 순서대로 번호를 붙일 수 있어."

$$
\begin{array}{ccccccccccc}
1 & 2 & 3 & 4 & 5 & 6 & \cdots & 2k-1 & 2k & \cdots & \text{자연수 전체} \\
\downarrow & \downarrow & \downarrow & \downarrow & \downarrow & \downarrow & & \downarrow & \downarrow & & \\
0 & +1 & -1 & +2 & -2 & +3 & \cdots & 1-k & +k & \cdots & \text{정수 전체}
\end{array}
$$

"네."

"이렇게 그려 줘야 이해하기 쉬우려나?"

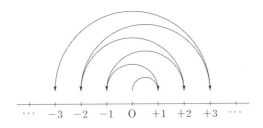

"양수와 음수를 교대로 번호를 붙인다는 거죠?"

"응. 어떤 방법이든 좋지만, 모든 정수에 '개별 번호'가 붙는다는 게 중요해. 모든 정수에 자연수로 번호를 붙일 수 있는 거니까, 정수 전체의 집합 $\mathbb{Z}$는 가산집합이라고 할 수 있지. 영어로는 countable set이라고 해."

"아, count, 즉 셀 수 있는 집합이라는 거군요."

"그렇지. 그 밖에 유리수 전체의 집합 $\mathbb{Q}$도 가산집합이야. 왜냐하면 다음과 같이 세어 나가면 0 이상의 모든 유리수를 셀 수 있어."

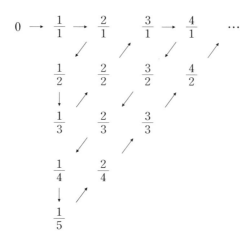

"이제 정수일 때처럼 양수와 음수를 교대로 번호를 붙이면 돼."

$$0 \rightarrow +\frac{1}{1} \rightarrow -\frac{1}{1} \rightarrow +\frac{2}{1} \rightarrow -\frac{2}{1} \rightarrow +\frac{1}{2} \rightarrow -\frac{1}{2}$$
$$\rightarrow +\frac{1}{3} \rightarrow -\frac{1}{3} \rightarrow +\frac{2}{2} \rightarrow -\frac{2}{2} \rightarrow \cdots$$

"덧붙여 말하자면 $\frac{1}{1}$이나 $\frac{2}{2}$처럼 약분하면 같아지는 수가 나오면 나중에 나온 수를 건너뛰어야 하는 수고가 존재하긴 해."

"유리수 전체도 셀 수 있는 집합인 거군요." 테트라는 고개를 끄덕이더니 고개를 갸웃했다. "하지만…… 자연수로 번호를 붙일 수 있다니 그게 무슨 의미인지 모르겠어요. 자연수는 1, 2, 3, … 이렇게 무수하게 있는데……."

"테트라는 '자연수는 무수하기 때문에 무한집합의 원소에 번호를 붙일 수 있는 건 당연하다'라고 말하고 싶은 거야? 하지만 카드 문제에 써 있듯이 실수 전체의 집합 $\mathbb{R}$은 가산집합이 아니야. 즉, 무수히 있는 자연수를 구사해도 모든 실수에 번호를 붙이는 건 불가능하다는 말이지."

"실수 전체의 집합 $\mathbb{R}$이 가산집합이 아니라고요? 선배, 하지만 번호가 붙어 있지 않은 실수가 있다면 그걸 골라서 번호를 붙이는 걸 반복하면 되지 않나요?" 테트라는 양손을 흔들며 말했다.

"아니, 그게 그렇게 쉽지 않아."

"왜요?"

"그 방법이 모든 실수에 번호를 붙일 수 있을 거라고는 보증할 수 없기 때문이야."

"하지만…… 제 방법으로는 안 된다고 해도 다른 방법을 누가 생각해 낼지도 모르잖아요? 유리수에 번호를 붙이는 건 되는데, 실수에 번호를 붙이는 건 절대 불가능하다니, 어떻게 그렇게 확실하게 말할 수 있는 걸까요?"

"증명은 그걸 위해 있는 거지, 그게 이번 문제야."

대각선 논법

문제 7-1 실수 전체의 집합 $\mathbb{R}$이 가산집합이 아니라는 것을 증명하라.

대각선 논법을 쓰기 위해 이 문제를 조금 변형해 보자.

'실수 전체에 번호를 붙인다.'

이것 대신 다음과 같이 하는 거야.

'$0 < x < 1$인 실수에 번호를 붙인다.'

이렇게 변형하는 이유는 $0 < x < 1$인 실수에 번호를 붙인다는 건 실수 전체에 번호를 붙일 수 있다는 뜻과 같기 때문이지.

아래 그래프를 봐.

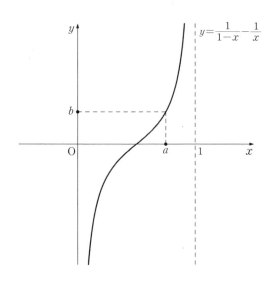

$$y = \frac{1}{1-x} - \frac{1}{x}$$

이 그래프에서 알 수 있듯이 x축 상의 $0 < x < 1$의 범위에서 실수 a를 선택하면 그에 대응하는 y축 상의 실수 b가 하나 정해지는데, 거꾸로 y축 상의 한 점 b를 선택하면 $0 < x < 1$인 실수 a가 하나 정해지게 돼. 이 대응은 $0 < x < 1$과 실수 전체 사이에서 틈새나 겹침이 없어.

그렇기 때문에 $0 < x < 1$의 모든 실수에 번호를 붙인다는 것은 실수 전체에 번호를 붙인다는 말과 같게 되는 거지.

문제 7-1a 문제 7-1의 다른 해석

$0 < x < 1$의 실수 전체 집합이 가산집합이 아니라는 것을 증명하라.

이제, 칸토어의 **대각선 논법**을 소개할게.

여기서 귀류법을 사용할 거야.

귀류법은 증명하고 싶은 명제의 부정을 가정하고 모순을 이끌어 내는 방법이야. 지금 증명하고 싶은 명제는 '$0 < x < 1$의 실수 전체 집합은 가산집합이 아니다'니까 이 부정을 가정해 보자.

귀류법의 가정: $0 < x < 1$의 실수 전체 집합은 가산집합이다.

이걸 출발점으로, 즉 '$0 < x < 1$의 실수 전체에 자연수로 번호를 붙일 수 있다'에서 모순을 이끌어 내는 것이 목표야.

$0 < x < 1$의 모든 실수에 번호가 붙어 있다면, 이 범위에 있는 실수는 모두 A_n이라고 표기할 수 있어. n은 실수에 붙은 번호이고.

조금 더 구체적으로 설명해 볼까? 예를 들어 A_n은 이렇게 되지.

$$\begin{cases} A_1 = 0.01010\cdots \\ A_2 = 0.33333\cdots \\ A_3 = 0.14142\cdots \\ A_4 = 0.10000\cdots \\ A_5 = 0.31415\cdots \\ \cdots \qquad \cdots \end{cases}$$

여기서 '0.으로 시작하는 수의 열'이라는 걸 일반화해 써 보는 거야.

$$A_n = 0.\, a_{n,1}\, a_{n,2}\, a_{n,3}\, a_{n,4}\, a_{n,5}\cdots$$

첨자가 두 개 있어서 읽기 힘들겠지만 잘 봐. $a_{n,1}$은 실수 A_n의 소수 첫째 자리 수를 나타내고, $a_{n,2}$는 소수 둘째 자리, $a_{n,3}$은 소수 셋째 자리⋯⋯ 이렇게 계속돼. 일반적으로 $a_{n,k}$는 실수 A_n의 소수 k자리를 나타내는 거지.

이때 $A_5 = 0.31415\cdots$ 라면 이렇게 표시할 수 있어.

$$a_{5,1} = 3,\, a_{5,2} = 1,\, a_{5,3} = 4,\, a_{5,4} = 1,\, a_{5,5} = 5,\cdots$$

이해를 돕기 위해 다시 한번 설명하면, 이렇게 되는 거야.

$$A_5 = 0 . 3 \quad 1 \quad 4 \quad 1 \quad 5 \cdots$$
$$\| \quad \| \quad \| \quad \| \quad \| \quad \cdots$$
$$a_{5,1} \quad a_{5,2} \quad a_{5,3} \quad a_{5,4} \quad a_{5,5} \cdots$$

$\mathbb{R}$에는 $0.1999\cdots = 0.2000\cdots$처럼 두 가지 표현 방법이 존재해. 일의성을 가진 표현 방법을 위해, 9가 무한으로 계속되는 표기법은 쓰지 않을 거야. 그리고 $0 < x < 1$의 범위 안이니까, $0.000\cdots$ 이것도 제외.

여기서 $a_{n,k}$는 다음과 같은 일람표를 따르는데, 각 행은 A_n을 나타내.

		1	2	3	4	5	$\cdots$
$A_1 =$	0.	$a_{1,1}$	$a_{1,2}$	$a_{1,3}$	$a_{1,4}$	$a_{1,5}$	$\cdots$
$A_2 =$	0.	$a_{2,1}$	$a_{2,2}$	$a_{2,3}$	$a_{2,4}$	$a_{2,5}$	$\cdots$
$A_3 =$	0.	$a_{3,1}$	$a_{3,2}$	$a_{3,3}$	$a_{3,4}$	$a_{3,5}$	$\cdots$
$A_4 =$	0.	$a_{4,1}$	$a_{4,2}$	$a_{4,3}$	$a_{4,4}$	$a_{4,5}$	$\cdots$
$A_5 =$	0.	$a_{5,1}$	$a_{5,2}$	$a_{5,3}$	$a_{5,4}$	$a_{5,5}$	$\cdots$
$\cdots$	$\cdots$	$\cdots$	$\cdots$	$\cdots$	$\cdots$	$\cdots$	

$0 < x < 1$의 실수는 모두 A_n으로 나타낼 수 있어. 따라서 이 일람표는 '$0 < x < 1$인 모든 실수가 쓰인 일람표'라고 할 수 있어.

자, 여기서 이 일람표의 대각선에 주목해 보자.

		1	2	3	4	5	$\cdots$
$A_1 =$	0.	$\underline{a_{1,1}}$	$a_{1,2}$	$a_{1,3}$	$a_{1,4}$	$a_{1,5}$	$\cdots$
$A_2 =$	0.	$a_{2,1}$	$\underline{a_{2,2}}$	$a_{2,3}$	$a_{2,4}$	$a_{2,5}$	$\cdots$
$A_3 =$	0.	$a_{3,1}$	$a_{3,2}$	$\underline{a_{3,3}}$	$a_{3,4}$	$a_{3,5}$	$\cdots$
$A_4 =$	0.	$a_{4,1}$	$a_{4,2}$	$a_{4,3}$	$\underline{a_{4,4}}$	$a_{4,5}$	$\cdots$
$A_5 =$	0.	$a_{5,1}$	$a_{5,2}$	$a_{5,3}$	$a_{5,4}$	$\underline{a_{5,5}}$	$\cdots$
$\cdots$		$\cdots$	$\cdots$	$\cdots$	$\cdots$	$\cdots$	$\cdots$

대각선상에 있는 수열을 보면 다음과 같아.

$$a_{1,1} \quad a_{2,2} \quad a_{3,3} \quad a_{4,4} \quad a_{5,5} \cdots$$

이 수열 $\langle a_{n,n} \rangle$에서 다음과 같은 수열 $\langle b_n \rangle$을 만드는 거야.

$$b_n = \begin{cases} 1 & a_{n,n} = 0, 2, 4, 6, 8 \text{ 중 하나인 경우} \\ 2 & a_{n,n} = 1, 3, 5, 7, 9 \text{ 중 하나인 경우} \end{cases}$$

즉, $a_{n,n}$이 짝수라면 b_n은 1이 되고, 거꾸로 $a_{n,n}$이 홀수라면 b_n은 2라고 정하는 거지. 그러면 모든 자연수 n에 대해,

$$b_n \neq a_{n,n}$$

이 성립하게 돼. 그리고 실수 B를 이렇게 정의할 거야.

$$B = 0.b_1\, b_2\, b_3\, b_4 \cdots$$

구체적인 예로 표현해 보자면,

우선 일람표에서 대각선상에 있는 수를 선택하고,

		1	2	3	4	5	$\cdots$
$A_1 =$	0.	<u>0</u>	1	0	1	0	$\cdots$
$A_2 =$	0.	3	<u>3</u>	3	3	3	$\cdots$
$A_3 =$	0.	1	4	<u>1</u>	4	2	$\cdots$
$A_4 =$	0.	1	0	0	<u>0</u>	0	$\cdots$
$A_5 =$	0.	3	1	4	1	<u>5</u>	$\cdots$
$\cdots$		$\cdots$	$\cdots$	$\cdots$	$\cdots$	$\cdots$	$\cdots$

수열 $\langle a_{n,n} \rangle$은 이렇게 되지.

$$0,\quad 3,\quad 1,\quad 0,\quad 5,\cdots$$

수열 $\langle b_n \rangle$은 이렇게 되고. $a_{n,n}$이 짝수라면 1, 홀수라면 2로 하는 거야.

$$1,\quad 2,\quad 2,\quad 1,\quad 2,\cdots$$

이제 실수 B를 구했어.

$$B = 0.12212\cdots$$

여기서 $0 < B < 1$은 항상 성립하게 돼. 그렇다는 것은 아까의 '$0 < x < 1$인 모든 실수가 쓰인 일람표'에 이 실수 B가 분명히 있다는 말이 되는 거지! 이 사실은 아주 중요한 포인트야. 실수 B가 일람표의 m행째에 존재한다고 하자. 그러면 다음 등식이 성립하게 돼.

$$A_m = B$$

일람표의 m행, m열을 자세히 보자.

			1	2	3	$\cdots$	m	$\cdots$
$A_1 =$	0.		$\underline{a_{1,1}}$	$a_{1,2}$	$a_{1,3}$	$\cdots$	$a_{1,m}$	$\cdots$
$A_2 =$	0.		$a_{2,1}$	$\underline{a_{2,2}}$	$a_{2,3}$	$\cdots$	$a_{2,m}$	$\cdots$
$A_3 =$	0.		$a_{3,1}$	$a_{3,2}$	$\underline{a_{3,3}}$	$\cdots$	$a_{3,m}$	$\cdots$
	$\cdots$		$\cdots$	$\cdots$	$\cdots$	$\cdots$	$\cdots$	$\cdots$
B $=$ A$_m =$	0.		$a_{m,1}$	$a_{m,2}$	$a_{m,3}$	$\cdots$	$\underline{a_{m,m}}$	$\cdots$
			$\|$	$\|$	$\|$	$\cdots$	$\|$	$\cdots$
			b_1	b_2	b_3	$\cdots$	b_m	$\cdots$
	$\cdots$		$\cdots$	$\cdots$	$\cdots$	$\cdots$	$\cdots$	$\cdots$

이 일람표의 m행째와 m열째 교차점에 주목해 보면,

$$a_{m,m} = b_m$$

이 성립하게 돼. A_m, 즉 B의 소수점 아래 m째 자리를 비교하고 있는 거야.

하지만 이때 B를 만드는 방법을 떠올려 보면 모든 자연수 n에 관하여 $a_{n,n} \neq b_n$이 성립하는 것으로 아까 되어 있었을 거야. 왜냐하면 b_n은 일부러 그렇게 되게끔 만들었으니까. 모든 자연수 n에 관하여 $a_{n,n} \neq b_n$이라는 것은 특정한 자연수 m에 관하여도……,

$$a_{m,m} \neq b_m$$

이 성립한다는 거지. 모순이야.

$$a_{m,m} = b_m \text{과 } a_{m,m} \neq b_m \text{은 모순된다.}$$

귀류법에 따라, $0 < x < 1$의 실수 전체의 집합은 가산집합이 아니야.

이것으로 증명 완료.

풀이 7-1a 귀류법을 사용한다.

1. 실수의 집합 $S = \{ x \mid 0 < x < 1 \}$이 가산집합이라고 가정한다.

2. 집합 S의 임의의 원소는 다음과 같이 표현할 수 있다.

$$A_n = 0 . a_{n,1} a_{n,2} a_{n,3} a_{n,1} \cdots a_{n,k} \cdots$$

3. 실수 B를 다음과 같이 정의한다.

$$B = 0 . b_1 b_2 b_3 b_4 \cdots b_n \cdots$$

단, b_n은 다음과 같이 정의한다.

$$b_n = \begin{cases} 1 & (a_{n,n} \text{이 짝수인 경우}) \\ 2 & (a_{n,n} \text{이 홀수인 경우}) \end{cases}$$

4. b_n의 정의에서 임의의 자연수 n에 대해 $a_{n,n} \neq b_n$이 된다.

5. 실수 B는 집합 S의 원소이므로, $A_m = B$를 충족하는 m이 존재한다.

6. 이때 실수 B의 소수점 아래 m째 자리에 주목하면, $a_{m,m} = b_m$이 성립하게 된다.

7. 위의 4에서 $a_{m,m} \neq b_m$이다.

8. 여기서 6과 7은 서로 모순된다.

9. 귀류법에 따라 집합 S는 가산집합이 아니다.

　　테트라가 가져다준 우편물 카드에도 답해 둘게.

　　$0 < x < 1$의 실수 전체의 집합과, 실수 전체의 집합 $\mathbb{R}$은 일대일로 대응하지.

　　$0 < x < 1$인 실수 전체의 집합이 가산집합이 아니므로, 실수 전체의 집합 $\mathbb{R}$도 가산집합이 아니야.

[풀이7-1] '$0 < x < 1$인 실수 전체의 집합'과 '실수 전체의 집합 $\mathbb{R}$'은 일대일로 대응한다. 따라서 '풀이 $7-1a$'로부터, 실수 전체의 집합 $\mathbb{R}$도 가산집합이 아니다.

　　이해가 됐어?

　　　　　　　　◆◆◆

　　명랑 소녀는 말없이 생각에 잠겨 있다가 마침내 오른손을 들었다.

　　"선배, 대각선 논법이란 일람표의 대각선에 주목하기 때문인 거죠?"

　　"그렇지. 무한의 크기를 가지고 있기 때문에 오른쪽 아래의 대각은 보이지 않지만……."

　　"뭘 하고 있는지는 알겠어요. 그런데 의문이 생겨요."

　　"어떤 의문?"

　　"실수 B가 일람표에 없다면, 추가해 버리면 되는 거 아닌가요?"

　　"아니, 원래 일람표에는 실수 B가 없다는 시점부터 모순이 생긴 거라 안돼. 설령 추가했다고 해도 추가해서 버전 업 한 일람표가 생기지. 그 일람표를 써서 같은 논의를 하면, 역시 그 버전 업 한 일람표에 나오지 않은 실수 C가 생겨 버려."

　　"아! 그러네요."

"응."

"선배······. 선배는 어떻게 제 질문에 그렇게 즉시 답할 수가 있어요?"

"뭐, 대각선 논법에 대한 건 잘 아니까."

"과연 그럴까?" 등 뒤에서 상큼한 목소리가 들렸다.

"엄마야!" 테트라가 소리를 질렀다.

뒤돌아보자 미르카가 서 있었다.

도전: 실수에 번호 붙이기

"미르카가 다가올 때는 인기척이 전혀 안 느껴진다니까." 내가 말했다.

"뭐 아무래도 좋아. 지금 너, 대각선 논법에 대해 '잘 안다'고 했지?"

허리에 손을 얹고 서 있는 미르카를 보니 순식간에 긴장되었다.

"말했지······." 나는 조금 초조해졌다.

"무라키 선생님은 천리안이라도 가졌나 봐." 미르카가 말했다.

"무슨 소리야?"

"선생님이 말씀하시길 '네가 테트라에게 대각선 논법을 가르쳐 주고 대각선 논법에 대해 잘 안다고 말하면 이 카드를 보여줄 것'이라고 하셨어."

미르카는 책상 위에 카드를 두고, 내 오른편에 앉았다.

문제 7-2 도전 : 실수에 번호 붙이기

다음과 같은 '실수에 번호 붙이기' 논의는 올바른가?

'0.으로 시작되는 수열'에 번호를 붙여 보자. 소수 첫째 자리에 오는 수는 10가지뿐이다. 그러니까 소수 첫째 자리까지의 수열에는 빠짐없이 번호를 붙일 수 있다. 소수 첫째 자리에 올 수 있는 10개의 수 각각에 대하여, 소수 둘째 자리에 오는 수도 10개뿐이다. 그렇기 때문에 소수 둘째 자리까지의 수열에도 빠짐없이 번호를 붙일 수 있다. 이것을 반복하면 자릿수가 얼마가 되어도 빠짐없이 번호를 붙일 수 있다는 것이 된다. 따라서 0.으로 시작하는 수열 전체의 집합은 가산집합이다.

"의미를······ 잘 모르겠어요." 테트라가 카드를 들여다보았다.

"어떤 집합의 모든 원소에 자연수로 번호를 붙일 수 있다면, 그 집합은 가산집합이다." 미르카가 느릿느릿 말했다. "무라키 선생님의 '실수에 번호 붙이기'에 따르면, $0 < x < 1$인 실수 전체의 집합은 가산집합이 되어 버려. 하지만 아까 그 집합은 가산집합이 아니라는 것을 증명했지."

"아, 그럼 위 문제의 논의는 올바르지 않네요!"

"어디가 올바르지 않은지가 문제야." 미르카가 말했다.

"그렇군……." 나는 말했다. "소수점 아래의 각 자릿수에 나올 가능성이 있는 수는 0부터 9까지 10개 중 하나야. 그렇다는 것은 무작위로 번호를 붙이는 것이 아니라, 자릿수가 적은 쪽부터 순서대로 붙여 가면, 번호를 다 붙일 수 있다? 아니, 그럴 리가 없는데……."

나는 생각했다. 자릿수를 늘려 가면…….

- $0.0, 0.1, 0.2, \cdots, 0.9,$ (10개)
- $0.00, 0.01, 0.02, \cdots, 0.99,$ (100개)
- $0.000, 0.001, 0.002, \cdots, 0.999,$ (1000개)
- $0.0000, 0.0001, 0.0002, \cdots, 0.9999,$ (10000개)

  등등등…….

"이렇게 열거했을 때 틈새가 있는 걸까…… 각 자릿수에 나오는 수가 10개밖에 안 되는 것은 틀림없어. 자릿수는 계속 늘어나도 상관없으니까…… 어라?"

"네가 푼 대각선 논법이 틀린 거 아니야? 각 자릿수에 나오는 수에는 한계가 있으니까 같은 계통끼리 번호를 붙이면 $0 < x < 1$은 가산집합이라고 할 수 있어."

미르카는 진지한 말투로 반문했다. 하지만 눈이 웃고 있다. 그녀는 농담을 하고 있는 것이다.

테트라가 손을 들었다.

"미르카 선배…… 질문이 있는데요."

"그건 메타 질문."

"아, 그런 셈이네요. 질문에 대한 질문이니까요." 테트라는 미소 지었다. "이 방법이면 0에도 번호가 붙어 버려요. $0 < x < 1$이라는 범위에서 벗어나게 돼요. 그리고 0.01과 0.010과 0.0100처럼 같은 실수인데 겹치는 것도 존재하게 되고요. 거기에 허점이 있는 것 아닐까요?"

"좋은 지적이지만 그건 문제가 되지 않아. 신경 쓰인다면 범위 밖의 실수나 이미 번호가 붙은 실수는 건너뛰면 돼. 유리수일 때에도 같은 수는 건너뛰었을 텐데?" 미르카가 대답했다.

"아, 그러……네요." 테트라가 말했다.

나는 혼란스러웠다.

이것은 즉시 답을 해야만 하는 문제다.

대각선 논법을 다루었던 수학책에 나온 기본 이론을, 나는 확실히 이해했다고 이제까지 생각했다. 하지만 '실수에 번호 붙이기'에 나온 오류를 발견하지 못하겠다.

테트라도 진지하게 생각하고 있다. 이거 질 수 없지.

하지만 자릿수는 계속 늘어나도 상관없을 텐데…….

응? 포인트는 바로 이건가?

자릿수가 아무리 늘어나도 번호를 붙일 수 있다고는 하지만 그 자릿수 자체는 유한하지 않나? 예를 들면 0.333…이라는 수가 있다고 하자. 무한 소수다. 소수점 아래 자릿수는 무한히 커지게 된다. 무라키 선생님이 한 방법으로는 자릿수가 유한하게 끝나는 소수에 대해서는 번호를 붙일 수 있다. 하지만 무한 소수 모두에 번호를 붙일 수가 없다!

"알았어. 이 방법으로는 유한 소수에만 번호를 붙일 수 있어."

"맞았어."

"아앗! 해답 말하지 말아 주세요!" 테트라가 외쳤다.

"실수 중에는 유리수이면서 무한 소수가 있어." 나는 말했다. "물론 $0 < x < 1$의 범위 안에도 있지. 예를 들면 $\frac{1}{3}$."

$$\frac{1}{3} = 0.333\cdots$$

"혹은 원주율 π를 10으로 나눈 수도 그래."

$$\frac{\pi}{10} = 0.314159265\cdots$$

"무라키 선생님의 '실수에 번호 붙이기'로는 아무리 긴 자릿수의 소수라도 확실히 번호를 붙일 수 있어. 단, 그건 자릿수가 유한할 때뿐이야. 자릿수가 무한하게 되면 이 방법으로는 불가능하지. 번호를 붙일 때 쓰는 자연수가 무한대가 되어 버리니까. 무한이라는 수는 자연수가 아니니까, 0.333…에는 자연수의 번호는 붙일 수 없어."

내 말에 미르카는 가볍게 고개를 끄덕였다.

풀이7-2 도전 : 실수에 번호 붙이기
이 논의는 올바르지 않다.

나는 선생님의 도전장에 승리의 화살을 꽂고 무심코 웃음을 흘렸다.

"선생님이 말씀하시기를……." 검은 머리의 수학 걸이 쿨하게 계속했다. "'이 논의의 허점을 바로 발견하고 그가 의기양양해하거든, 카드 뒷면을 보여줄 것'이라고 하셨어."

"카드 뒷면?"

나는 책상 위에 있는 카드를 뒤집었다.

또 하나의 문제가 쓰여 있었다.

도전: 유리수와 대각선 논법

문제 7-3 도전: 유리수와 대각선 논법
'실수 전체의 집합은 가산집합이 아니다'를 증명하는 대각선 논법에서 모든 '실수'를 '유리수'로 바꾼다. 그렇게 하면 '유리수 전체의 집합은 가산집합이 아니다'라는 증명이 생겨 버린다. 이 증명의 오류는 어디에 있는가?

"으……." 나는 생각에 잠겼다.

"질문이…… 뭔가요?" 테트라가 말했다.

"대각선 논법을 쓴 증명의……" 미르카가 말을 시작했다. "'실수'라는 말을 모두 '유리수'로 바꾸는 거야. 즉, A_n은 유리수를 나타내고, A_n을 열거한 일람표에는 $0 < x < 1$의 범위 안에 있는 모든 유리수가 쓰여 있다고 하는 거야. 그리고 대각선의 수를 골라내서, 일람표 안에 존재하지 않는 유리수 B를 구성하지. 그렇다는 건 '유리수 전체의 집합은 가산집합이 아니다'라는 증명이 완성되어 버리는 거야. 하지만 유리수 전체의 집합은 가산집합이잖아? '어디에 오류가 있는 걸까?'라는 게 문제야."

미르카는 장난꾸러기처럼 눈을 빛내며 즐거운 듯 해설했다.

아니, 여자애 얼굴을 들여다보고 있을 때가 아니다. 확실히, 이대로라면 유리수 전체의 집합이 가산집합이 아니라는 것이 증명되어 버린다. 이거 큰 일 났는걸.

"테트라는 대답할 수 있겠어?" 미르카가 말했다.

"아뇨…… 못 하겠어요." 고개를 젓는 테트라. "선배의 대각선 논법 어딘가에 '실수'로는 성립되지만 '유리수'로는 성립되지 않는 곳이 있다는 건 이해했지만……."

"날카로운 지적이네." 미르카가 고개를 끄덕였다.

"그렇구나. 실수와 유리수, 둘의 핵심적인 차이가 나오는 거군."

실수와 유리수의 차이가 뭘까? 실수의 일부가 유리수다. 유리수는 분수로 나타낼 수 있다. 하지만 지금은 소수로 표시한다. 소수로 나타내면…… 아하!

"알았어."

"그래?"

"응, 대각선 논법의 마지막에서 대각선상의 수 $a_{n,n}$을 고르잖아. 하지만 거기서 만든 B가 '유리수가 된다'는 보증은 없지. 유리수는 소수로 표현하면 수의 패턴이 순환 구조가 돼. 순환 소수지. 예를 들면 $\frac{1}{3}$이 $0.333\cdots$처럼 3이 반복되거나, $\frac{1}{7}$은 $0.142857142857142857\cdots$처럼 142857이라는 패턴을 반복하지. 수 B는 일람표에 나올 것이라고 말하고 싶지만, 유리수의 일람표에서 만들어진 수 B가 순환 소수가 된다는 보증은 없어. 따라서 유리수가 된다고 는 할 수 없지. 그렇기 때문에 무라키 선생님의 카드에 쓰인 실수 → 유리수 로 바꾼 것은 올바른 증명이 될 수 없는 거지."

"충분해." 미르카는 고개를 끄덕였다.

[풀이7-3] 도전 : 유리수와 대각선 논법
구성된 수 B가 유리수라고 확정할 수 없으므로 대각선 논법은 쓸 수 없다.

"그런가⋯⋯." 나는 혼잣말처럼 중얼거렸다. "대각선 논법 같은 유명한 논 법이라도, 확실히 이해를 하고 있는지 어떤지를 확인하는 것은 중요하구나. '이름을 들어 본 적이 있다'나 '책에서 읽은 적이 있다' 정도의 레벨과 '완벽히 이해하고 있다'의 레벨은 엄청난 차이가 있지."

"그러네요." 테트라가 말했다. "조금 다른 이야긴데, 아까 증명에서 귀류법 이 나왔잖아요?"

"응, 그렇지." 내가 대답했다.

"귀류법에서 쓰인 '모순' 말인데요." 테트라가 말을 계속했다. "모순이라고 하면 뭔가 혼란스럽고 뭐가 뭔지 모르겠다고 생각하기 쉬운데⋯⋯. 하지만 모순이 담담한 사고의 한 단계일지도 모른다는 생각이 들어서요. 그저 하나 의 수학 용어일 뿐이라는⋯⋯."

"부정도 그래." 미르카가 말했다.

"아! 그렇죠. 평소에 우리가 쓰는 negative는 그야말로 부정적이라는 느 낌이 드는데, 수학에서는 전혀 그렇지 않으니까요. 부정은 매우 흔해요."

"'부정'도 사전적인 의미에서 오해하기 쉬운 용어인지도 몰라." 내가 말했다.

"그래도 수학자들은 대단해요." 테트라가 말했다.

"페아노의 공리도, 데데킨트의 무한의 정의도, 바이어슈트라스의 $\varepsilon\text{-}\delta$논법 도, 칸토어의 대각선 논법도⋯⋯. 수학자들은 이상하게 아름답고 재미있는 곳에 도달하는 단서를 우리에게 남기고 있어요. 마치 유리 구두를 떨어뜨리 고 달려간 백설공주처럼요."

"정말 그러네……. 백설공주가 아니라 신데렐라지만." 나는 말했다.

"아차! 맞다." 테트라가 얼굴을 붉혔다.

2. 형식적 체계의 형식적 체계

무모순성과 완전성

카드 문제를 마무리하고 우리는 잠깐 쉬었다.

미르카는 팔짱을 끼고 뭔가를 생각하고 있었다. 그녀도 피아니스트의 손가락을 갖고 있었지만 예예의 손과는 또 다른 느낌이다. 가늘고 길며 예쁘게 생긴 손가락.

"**산술의 형식적 체계**에 관해 얘기해 보자." 그녀는 문득 말했다.

"아, 요전의 '모른 척하기 게임' 말이죠?" 테트라가 말했다.

"조금 달라." 미르카가 대답했다. "이전에는 '명제 논리의 형식적 체계'였지. 이번에는 '산술의 형식적 체계'야."

"형식적 체계가 그렇게 많은가요?"

"무수하지. 정의마다."

"우와……."

"그 질문을 하는 걸 보니까 테트라는 벌써 형식적 체계에 대해 잊어버렸구나."

"네, 죄송해요." 테트라는 말했다.

"응, 그럼 형식적 체계에 관해 잠깐 복습하고 넘어갈까?" 미르카가 말했다. "형식적 체계에서는 '논리식'이라는 걸 정의하지. 논리식은 단순한 기호의 유한한 예이며, 그 의미는 우선 생각하지 않을 거야. 그리고 '공리'라고 부르는 논리식을 몇 개 고르는 거야. 또 논리식에서 논리식을 만들기 위한 '추론 규칙'도 준비할 거고."

그녀는 내 노트와 샤프를 빼앗아 '논리식', '공리와 추론 규칙'이라고 썼다.

"공리에서 출발해 추론 규칙을 써서 생성시킨 논리식을 열거하면 논리식의 유한한 예를 구할 수 있지. 그와 같은 논리식의 유한열을 '증명'이라고 해. 증명의 마지막에 나온 논리식을 '정리'라고 하지."

미르카는 노트에 '증명과 정리'라고 썼다.

"테트라, 이제 생각났어?"

"네, 생각났어요. 형식적 체계의 증명이란, 소위 말하는 수학의 증명 그 자체가 아니라, 논리식의 유한열로 정의된 '형식적 증명'을 말하는 거였어요. 선배가 (A) → (A)라는 논리식의 형식적 증명으로 다섯 개의 논리식을 만들었죠. 잊고 있었어요. 죄송해요."

"어떤 기호의 예를 논리식으로 할 것인지, 어떤 논리식을 공리로 할 것인지, 어떤 추론 규칙을 준비할 것인지……." 미르카는 거기서 크게 양팔을 벌렸다. "그것에 따라 여러 형식적 체계를 만들 수 있어. 예전에 우리가 이야기한 명제 논리의 형식적 체계는 그중에서도 단순한 것에 속해. 놀기에는 재미있지만 표현력은 떨어지지."

"표현력?" 나는 말했다.

"예를 들어, 다음 식은 명제 논리의 형식적 체계로 쓸 수 있어."

$$(A) \to (A)$$

"하지만 이 식은 쓸 수 없지."

$$\forall m \, \forall n \left[(m < 17 \land n < 17) \to m \times n \neq 17 \right]$$

나와 테트라는 미르카가 쓴 식을 잠시 바라보았다.

"미르카 선배, 이 식의 의미가?" 테트라가 말했다.

"알았다." 나는 말했다. "이건 '17은 멋지다'라는 의미야. 봐, 어떤 두 개의 수 m과 n을 가지고 와도, 곱이 17과 같지 않다고 주장하고 있으니까."

"$m < 17$이나 $n < 17$ 부분은요?" 테트라가 말했다.

"이게 없으면 1×17이라는 곱이 해당되어 버리니까."

"아, 그러네요. 소수의 정의를 잊고 있었어요!"

"너희들은 의미를 생각하는 걸 좋아하는구나." 미르카가 담담하게 말했다.

"앗!" 맞다. 의미는 생각하지 않는 것이었다.

"하지만……." 테트라가 말했다. "미르카 선배는 '17은 멋진 수다'라는 의도로 이 논리식을 쓴 거잖아요? 확실히 형식적 체계에서는 의미를 생각하지 않는 거라고 하지만 올바른 해석을 해낸다면 이 식도 참이 아닐까요?"

"바로 그거야." 미르카가 말했다. "테트라가 말하는 '올바른 해석'이라는 건 주의가 필요하지. 해석에 대해 생각하는 건 수리 논리학의 모델론이라고 부르는 분야야. 확실히 해석을 정의하면 형식적 체계에 의미를 부여할 수 있어. 그러나 단 한 개의 올바른 해석이 존재한다고는 할 수 없지. 하나의 형식적 체계에 대해 해석은 몇 개를 생각할 수 있고, 해석마다 의미도 달라지지. 단, 자주 쓰이는 표준적인 해석이 존재할 때도 있기는 해."

"……"

"예를 들면, 너희들이 아까 m과 n을 암묵적으로 자연수로 정했었지. m이나 n을 자연수로 정해두고, ×를 자연수의 곱이라 하고, ≠를 서로 같지 않다는 기호라고 해석하고 있었어. 확실히 그렇게 해석하면 그 식은 '17은 멋진 수다'라는 명제를 표현하는 것이 되지. 하지만 m과 n이 실수라면 어떨까? 그 해석으로 그 논리식은 '17은 멋진 수다'로 해석되지 않아. 그렇기 때문에 형식적 체계에 의미를 부여할 때는 해석을 확실히 정해 둘 필요가 있는 거야."

"그렇군." 나와 테트라는 함께 고개를 끄덕였다.

"원래 실제로는 테트라가 말했던 것처럼 이 식은 '17은 멋진 수다'라고 의도하긴 했지만 말야." 미르카는 가볍게 윙크하며 말했다.

"다시 돌아가서, 명제 논리의 형식적 체계에서는 이 논리식을 쓸 수 없어."

$$\forall m \, \forall n \left[\, (m < 17 \wedge n < 17) \, \rightarrow \, m \times n \neq 17 \, \right]$$

"왜냐하면 명제 논리의 형식적 체계라기엔 부족한 것이 있기 때문이야."

- ∀와 같은 기호가 없다.
- ×와 같은 자연수를 계산할 기호가 없다.
- <나 ≠ 같은 자연수의 관계를 나타내는 기호가 없다.
- m과 n처럼 자연수를 나타내는 변수가 없다.
- 17과 같은 자연수를 나타내는 정수가 없다.

"자연수상에서 덧셈이나 곱셈을 하는 간단한 수학, 즉 **산술**을 형식적으로 표현하기 위해서는 이와 같은 부족한 부분을 보충할 필요가 있어."

"부족한 부분을 보충한다는 게 무슨 말인가요?"

"부족한 기호, 변수, 정수 같은 것을 도입해서 공리와 추론 규칙을 정의하는 거지."

"음⋯⋯." 테트라는 거의 울 듯한 표정으로 말했다. "하지만 그런 걸 자유롭게 할 수 있다면 수습이 안 되지 않을까요? 누구라도 마음대로 수학을 만들 수 있고, 엉망진창인 수학도 나올 수 있고⋯⋯."

"그렇지 않아." 미르카가 말했다. "누구라도 형식적 체계를 만들 수는 있지만, 수습이 안 되지는 않아. 누구라도 음악은 만들 수 있지만, 똑같은 음악은 많지 않다는 것과 비슷하지. 형식적 체계가 충족해야 할 중요한 성질이 있기 때문이야."

"형식적 체계의 성질이요?" 테트라가 눈을 반짝 빛냈다.

"예를 들면, **무모순성**(無矛盾性). 형식적 체계는 무모순이어야 하지."

"무모순성이라는 건 모순과 관계있는 건가요?"

"물론." 미르카는 말했다. "형식적 체계가 '모순된다'라는 건, 어떤 논리식 A에 대해, A와 ¬A 모두를 증명할 수 있다는 걸 말해. 즉, A와 ¬A 모두의 형식적 증명이 존재하는 논리식 A가 있다면 그 형식적 체계는 모순되어 있는 거지."

모순된 형식적 체계

형식적 체계의 어떤 논리식 A에 대해,
A와 ¬A 모두 그 형식적 체계로 증명할 수 있을 경우
그 형식적 체계를 **모순**이라고 한다.

"저기, 미르카." 내가 끼어들었다. "그건 공리에서 시작해서 추론 규칙에 따라 A와 ¬A 양쪽에 도달할 수 있다는 거야?"

"제대로 이해했네." 미르카는 말했다. "형식적 체계가 가지고 있는 많은 논리식 중에, A와 ¬A 양쪽이 증명되어 버리는 논리식 A가 하나라도 존재한다면 그 형식적 체계는 '모순'이라고 해. 그리고 그와 같은 논리식 A가 하나도 없다면 그 형식적 체계는 '무모순'이라고 하지."

무모순인 형식적 체계

형식적 체계의 어떤 논리식 A에 대하여,
A와 ¬A 모두 그 형식적 체계로 증명되지 않을 경우
그 형식적 체계를 **무모순**이라고 한다.

'그렇군' 하고 나는 생각했다. 형식적 체계에서는 모순이라는 개념도 진위를 사용하지 않고 정의하는 건가? 증명할 수 있느냐, 없느냐로 모순을 정의한다. 그렇군.

잠시 생각하고 있던 테트라가 갑자기 목소리를 높였다.

"무모순이라면, A와 ¬A 어느 한쪽은 반드시 증명할 수 있다는 거죠?"

"그건 틀렸어." 미르카는 일축했다.

"네에?"

"A와 ¬A 모두 증명되지 않는다'라는 성질이 무모순성이지. 테트라, 다음 두 개의 차이를 잘 생각해 보렴."

- A와 ㄱA 모두 증명되지 않는다.
- A와 ㄱA 중 한쪽은 반드시 증명할 수 있다.

"다, 다른 건가요?"

테트라는 양손을 머리에 얹고 생각했다.

"'양쪽 모두 증명할 수 없다'인 경우를 잊고 있네." 미르카가 말했다.

"네? A와 ㄱA 둘 다요?"

"그래, 무모순이라고 해서 A와 ㄱA 중 한쪽을 반드시 증명할 수 있다고는 할 수 없어. 무모순으로, 게다가 A와 ㄱA 둘 다 증명할 수 없을 때도 있지. 단, **자유 변수**를 포함한 논리식에서는 증명할 수 없는 경우가 몇 가지나 존재하지. 지금 관심 있는 건 일반적인 논리식이 아니라 자유 변수를 포함하지 않는 논리식(이걸 **문장**이라고 해)의 증명 가능성이야."

"자유 변수가 뭔가요?" 테트라가 물었다.

"자유 변수는 ∀이나 ∃으로 **속박**되지 않은 변수를 말해. 예를 들어 다음 논리식 1에서는 세 군데에 나오는 x가 자유 변수가 되지. 논리식 1은 자유 변수를 포함하기 때문에 문장이 아니야."

$$\forall m \, \forall n \Big[(m < x \wedge n < x) \rightarrow m \times n \neq x \Big] \qquad \text{(논리식 1 : 문장이 아니다)}$$

"한편, 다음 논리식 2는 자유 변수를 포함하지 않으므로 문장이라 할 수 있지."

$$\forall m \, \forall n \Big[(m < 17 \wedge n < 17) \rightarrow m \times n \neq 17 \Big] \qquad \text{(논리식 2 : 문장이다)}$$

"그런데 미르카." 내가 끼어들었다. "산술의 형식적 체계라면, 이 논리식 1은 'x는 멋지다'라는 술어를 표현하고 있고, 논리식 2는 '17은 멋지다'라는 명제를 표현하고 있는 건가?"

"그렇게 생각해도 좋아." 미르카는 고개를 끄덕였다. "아무튼 문장은 자유 변수를 포함하지 않은 논리식을 말해. 그럼 이야기로 다시 돌아가자. 형식적 체계의 문장 A에 대해, A와 ㄱA 양쪽 모두 증명할 수 없다고 하는 거야. 이때 A에 대한 것을 **결정 불가능**한 문장이라고 하자. 또 결정 불가능한 문장을 가진 형식적 체계를 **불완전**이라고 해. 불완전하지 않은 형식적 체계를 **완전**이라고 불러."

나는 미르카를 보고 소리를 높였다.

"불완전? 설마, 괴델의……."

"맞아. 불완전성 정리의 '불완전'은 이거야." 미르카는 말했다.

불완전한 형식적 체계

형식적 체계의 어떤 문장 A에 대해,
 A와 ㄱA 모두 이 형식적 체계로 증명할 수 없을 경우
이 형식적 체계를 **불완전**하다고 한다.

완전한 형식적 체계

형식적 체계의 어떤 문장 A에 대해,
A와 ㄱA 중 적어도 한쪽은 그 형식적 체계로 증명할 수 있을 경우
그 형식적 체계를 **완전**하다고 한다.

"A를 임의의 문장이라고 할게. 테트라가 말했던 'A와 ㄱA 중 한쪽은 반드시 증명할 수 있다'는 성질은 형식적 체계가 '무모순이며 완전하다'는 거야. 이 성질은 무척 멋지지. 무모순에 완전이라……. 수학자 힐베르트가 확립하고자 했던 형식적 체계의 성질은 바로 이거야. 물론……."

그리고 미르카는 한 박자 쉬고 말을 이었다.

"괴델의 불완전성 정리가 그걸 깨뜨려 버렸지만……."

무모순이고 완전한 형식적 체계   **무모순이지만 불완전한 형식적 체계**

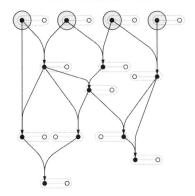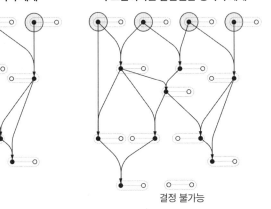

결정 불가능

⊙   공리

∨   추론 규칙

●   정리

○   정리 이외의 문장

○──○ A와 $\neg A$

괴델의 불완전성 정리

"괴델의 불완전성 정리가 뭔가요?" 테트라가 물었다.

"형식적 체계에 관한 정리야." 미르카가 대답했다. "괴델의 불완전성 정리는 제1불완전성 정리와, 제2불완전성 정리, 두 가지가 있어. 제1불완전성 정리는 다음과 같아."

괴델의 제1불완전성 정리

어떤 조건을 충족하는 형식적 체계는 불완전하다.

"'불완전'의 정의를 써서 이렇게 바꿔 말해도 괜찮아."

"A도, A의 부정도 증명할 수 없다." 테트라가 불안한 듯 중얼거렸다.

"지금은 간단히 '증명할 수 없다'고 했지만, 이건 물론 '형식적 증명이 존재하지 않는다'는 의미야. 불완전성 정리를 이해할 때는 소위 말하는 수학의 '증명'과 '형식적 증명'의 차이를 의식하지 않으면 안 돼. '증명할 수 없다'는 '형식적 증명이 존재하지 않는다'로 표현되지. '형식적 증명'이라는 표현으로, 제1불완전성 정리를 더 파고들어 보자."

"제2불완전성 정리도 있나요?" 테트라가 물었다.

"있어. 제2불완전성 정리는 무모순성에 관한 정리야. 하지만 지금 거기까지 나가기에는 테트라가 힘들 것 같으니까 그건 나중에 하자." 미르카는 말했다.

"아, 이미 용량 초과예요."

"그보다 제1불완전성 정리의 증명으로, 괴델이 썼던 기법에 대해 이야기해 보자. 두 세계를 왕복하는 여행이야."

산술

미르카는 우리를 천천히 둘러보았다.

"자연수를 덧셈, 뺄셈, 곱셈, 나눗셈 하는 수학의 체계를 '**산술**'이라고 해. 그 형식적 체계, 즉 '산술의 형식적 체계'를 구성할 수 있게 되었다면, 자연수의 덧셈이나 곱셈을 형식적으로 정의한 것이 돼. 그리고 잘하면 '2는 소수이다'나 '5의 17승은 762939453125와 같다'라는 '산술 명제'는 '산술의 형식적 체계에 있어서의 문장'이라고 표현할 수 있을지 몰라. 그런데 여기서 말야."

침묵.

미르카는 한참 뜸을 들인 후 이야기를 시작했다. 정말 즐거워 보이는걸.

"형식적 체계라는 것을 한 번 더 잘 생각해 보자고. 형식적 체계의 제일 밑바탕에 깔려 있는 것은 기호야. 명제 논리의 형식적 체계라면, $\boxed{\neg}$ 나 $\boxed{(}$ 나 $\boxed{A}$ 나 $\boxed{)}$ 같은 기호를 나열해서 논리식을 만들어 내지. 산술의 형식적 체계라면 $\boxed{\neg}$, $\boxed{(}$, $\boxed{x}$, $\boxed{<}$, $\boxed{y}$, $\boxed{)}$ 등의 기호를 나열해서 논리식을 만들 테고. 그런데 이들 기호가 반드시 이런 형태여야 한다는 법은 없어. 기호는 서로 구별만 된다면 뭐라도 상관없지?"

그녀는 말꼬리를 올려 물었다. 우리는 애매하게 고개를 끄덕였다.

대체 미르카는 우리를 어디로 데려가고 싶은 것일까?

그녀는 말을 이었다.

"거기서 말이야. 산술의 형식적 체계를 만드는 기호로 **자연수**를 써 보자고. 예를 들어 $\boxed{\neg}$ 대신에 3을 쓰고, $\boxed{(}$ 대신 5, $\boxed{x}$ 대신 17, $\boxed{<}$ 대신 7을 쓰고, $\boxed{y}$ 대신 19를 쓰고, $\boxed{)}$ 대신 9를 쓰기로 했다고 치자고."

"왜 $\boxed{\neg}$ 가 3이 되나요?" 테트라가 초조하게 물었다.

"예를 들면 말이야. 임의로 생각해 낸 거야." 미르카가 미소 지었다.

"기호로 자연수를 쓰는 이유는?" 내가 물었다.

"자연수는 산술에서 다룰 수 있으니까."

"산술에서 다룰 수 있으니까?"

"뭘 하려고 하는지 알겠어?"

나는 도리질을 했다.

미르카는 안경을 슥 밀어 올렸다.

"흐음……. 아직도 모르겠어?"

- 형식적 체계는 − 기호로 쓸 수 있다.
- 기호는 − 자연수로 나타낼 수 있다.
- 자연수는 − 산술에서 다룰 수 있다.

"이 세 가지를 합치면, '형식적 체계'를 '산술'에서 다루고자 하는 생각의 흐름은 자연스러운 일이야. 물론, 자연스럽다고 느끼는 것은 우리가 괴델 이후의 세계에 살고 있기 때문일지도 모르지만."

미르카의 말에 나는 할 말을 잃었다.

대체 이걸 뭐라고 말해야 좋을까?

테트라는 내 옆에서 머리를 감싸 안고 신음하고 있었다.

"으으, 정말 이렇게 난해할 수가……."

형식적 체계의 형식적 체계

흥에 겨운 미르카의 '강의'는 계속되었다.

◆◆◆

괴델수에 대해 이야기해 보자.

$\neg, (, x, <, y,)$라는 기호를 각각 $3, 5, 17, 7, 19, 9$라는 자연수로 표시해 보는 거야. 어디까지나 예를 들어 말하는 거야.

논리식 $\neg, (, x, <, y,)$는 기호의 열로 볼 수 있으니까, 자연수의 열 $(3, 5, 17, 7, 19, 9)$로 나타낼 수 있게 돼.

게다가 소수 지수 표현을 써서 '자연수의 열'을 '하나의 자연수'로 모을 수도 있어.

예를 들면,

$$\overset{3}{\neg}\ \overset{5}{(}\ \overset{17}{x}\ \overset{7}{<}\ \overset{19}{y}\ \overset{9}{)}$$

이라는 자연수의 열이 있다고 가정해 보자.

이 자연수의 열을 하나의 자연수로 정리하고 싶을 때, 소수를 작은 순으로 나열한 열 $(2, 3, 5, 7, 11, 13, \cdots)$을 따로 준비해. 그리고 아까 자연수의 열 $\boxed{\neg}^{3}, \boxed{(}^{5}, \boxed{x}^{17}, \boxed{<}^{7}, \boxed{y}^{19}, \boxed{)}^{9}$를 하나씩 소수의 지수 부분에 얹어 가는 거야. 그리고 전체의 곱을 구해. 그러면 다음과 같이 하나의 큰 자연수를 만들어 낼 수 있어.

$$2^{\boxed{\neg}} \times 3^{\boxed{(}} \times 5^{\boxed{x}} \times 7^{\boxed{<}} \times 11^{\boxed{y}} \times 13^{\boxed{)}}$$
$$= 2^{3} \times 3^{5} \times 5^{17} \times 7^{7} \times 11^{19} \times 13^{9}$$
$$= 8 \times 243 \times 762939453125 \times 823543 \times 61159090448414546291 \times 10604499373$$
$$= 7921798714108157101718849269909848041198730 46875000$$

이처럼 하면, 모든 논리식에서 '개별 번호'를 만들 수 있게 돼.

이 '개별 번호'를 **괴델수**라고 하지.

지금 예로 말하면 $\boxed{\neg}, \boxed{(}, \boxed{x}, \boxed{<}, \boxed{y}, \boxed{)}$라는 논리식의 괴델수는 다음과 같지.

$$7921798714108157101715849269909848041198730 46875000$$

논리식과 같이, 형식적 증명도 괴델수로 정의할 수 있어. 형식적 증명은 '논리식의 유한열'이지. 논리식이 '자연수의 유한열'을 나타내고 있으니, 형식적 증명은 "'자연수의 유한열'의 유한열"로 나타낼 수 있어. 자연수의 유한열을 하나의 자연수로 합치는 방법을 두 번 쓰면,

〈'자연수의 유한열'의 유한열〉 → 〈자연수의 유한열〉 → 〈자연수〉

이렇게 변환할 수 있으니까, 결국 형식적 증명도 '하나의 자연수'로 나타낼 수 있어.

소수의 곱이라는 산술의 계산을 써서, 논리식에서 괴델수라는 자연수를 얻었어. 그러면 반대로 소인수분해(이것도 산술의 계산이야)를 써서, 괴델수로부터 논리식을 구하는 것도 가능할 것 같아. 단, 소인수분해를 써서 구한 자연수의 유한열이 반드시 논리식의 형태로 나타나는지는 알아볼 필요가 있겠지. 이건 '논리식 판정기'라는 술어를 만드는 것과 같은 일이야. 예를 들어 논리식 판정기에,

7921798714108157101715849269909848041198730468750000

을 집어넣으면 참이 돼. 왜냐하면 이 큰 수는 $\boxed{\neg}$, $\boxed{(}$, $\boxed{x}$, $\boxed{<}$, $\boxed{y}$, $\boxed{)}$ 라는 논리식의 괴델수니까. 논리식은 기호의 유한열이야. 즉, 논리식은 자연수의 유한열로 나타낼 수 있지. 논리식은 적절하게 정의한다면 산술의 계산에 따라 논리식 판정기를 만드는 것이 실제로 가능해지는 거야.

논리식 판정기 외에도 재미있는 술어를 만들 수 있어. 예를 들면,

공리 판정기
주어진 자연수가 공리의 괴델수인 것을 판정하는 술어

증명 판정기
두 개의 자연수 x, y가 주어졌을 때,
- x가 형식적 증명 A의 괴델수가 되어 있고,
- y가 어떤 문장 B의 괴델수가 되어 있으며,

    게다가 A가 B의 형식적 증명이 되어 있다는 것을 판정하는 술어

이렇게 괴델의 불완전성 정리의 증명에서는 실제로 이들 '판정기'들이 구체적으로 등장하기도 해. 이거 꽤나 볼 만하다고. 게다가,

증명 가능성 판정기
주어진 자연수가 어떤 문장의 괴델수이며, 게다가 그 문장에 대한 형식적

증명이 존재한다는 것을 판정하는 술어

라는 것까지 괴델의 증명에 등장해. 애초에 증명 가능성을 판정하는 것은 논리식, 공리, 문장, 증명을 판정하는 것과는 성질이 달라서 '판정기'라고 부르는 것은 그다지 어울리지 않지만, 그건 그렇고.

우리가 지금 무엇을 하고 있는 걸까?

그래, 우리는 '논리식 판정기'나 '증명 판정기'를 만들어 '형식적 체계'를 '산술'을 써서 나타내려고 하고 있어. 즉, '형식적 체계'를 '산술'로 나타낸다!

그런데 처음에 우리가 '산술의 형식적 체계'를 만드는 얘기를 했었지. 그건 '산술'을 '형식적 체계'에 따라 형식적으로 나타낸다는 말이야. 즉, '산술'을 '형식적 체계'로 나타낸다! 이 두가지를 합치면,

'형식적 체계'를 '산술'로 나타내고, 그 '산술'을 '형식적 체계'로 나타낸다.

라는 발상에 도달하게 되지. 즉 '형식적 체계의 형식적 체계'라는 거야.

형식적 체계
(논리식, 증명, ……)
↓
산술
(논리식 판정기, 증명 판정기, ……)
↓
형식적 체계
(논리식 판정기를 나타내는 논리식, 증명 판정기를 나타내는 논리식, ……)

용어의 정리

피곤한 표정으로 테트라가 양손을 올렸다.

"미, 미르카 선배, 이제 쓰러질 것 같아요."

"응, 용어 때문에 그런가." 미르카가 말했다.

"네. 너무 많은 용어 때문에 머리가 빙글빙글 돌아요."

"'의미의 세계'와 '형식의 세계' 용어집이 필요할 것 같은데?" 내가 말했다.

"이렇게?" 미르카는 노트에 용어들을 삭삭 써 내려갔다.

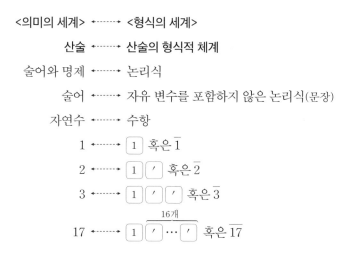

"역시……." 테트라가 말했다. 조금 안심한 표정이었다.

수항

"잠깐만요, 미르카 선배!"

"기다리고 있어." 미르카가 말했다.

"이 용어집의 다음 기호가 이해가 안 가요."

$$\boxed{1}\,\boxed{\prime}\,\boxed{\prime}\ \text{혹은}\ \overline{3}$$

테트라는 아무리 피곤해도 모르는 건 안 넘어가는구나.

"**수항**(數項)이야." 미르카가 대답했다. "의미의 세계 개념인 '자연수'는 형식의 세계에서는 '수항'으로 표현되지. 여기서는 페아노의 공리계에 나온 따름수를 만드는 기호 $\boxed{\prime}$ (프라임)을 썼어. 따라서 자연수인 3은 수항 $\boxed{1}\ \boxed{\prime}\ \boxed{\prime}$로 표현돼. 3개의 기호 열이지."

"아, 그렇군요."

"하지만 수가 커지면 $\boxed{\prime}$ 이 계속 늘어나니까 성가셔지지. 거기서 수항 $\boxed{1}\ \boxed{\prime}\ \boxed{\prime}$ 을 $\overline{3}$ 이라고 쓰기로 정하는 거야. 생략법이지. 그러면 예를 들어 '17은 소수다'라는 명제는 다음 문장으로 표현할 수 있는 거지."

$$\boxed{\forall}\ \boxed{m}\ \boxed{\forall}\ \boxed{n}\ \boxed{[}\ \boxed{(}\ \boxed{m}\ \boxed{<}\ \boxed{\overline{17}}\ \boxed{\wedge}\ \boxed{n}\ \boxed{<}\ \boxed{\overline{17}}\ \boxed{)}\ \boxed{\rightarrow}\ \boxed{m}\ \boxed{\times}\ \boxed{n}\ \boxed{\neq}\ \boxed{\overline{17}}\ \boxed{]}$$

"네……."

"자연수 3에서 수항 $\boxed{1}\ \boxed{\prime}\ \boxed{\prime}$ 을 구하는 것은 의미의 세계에 있던 것을 형식의 세계로 가져오는 일이야. 반대로, 논리식 $\boxed{\neg}\ \boxed{(}\ \boxed{x}\ \boxed{<}\ \boxed{y}\ \boxed{)}$ 에서 다음과 같은 괴델수라는 자연수를 구하는 것은……."

$$792179871410815710171584926990984804119873046875000$$

"형식의 세계에 있던 것을 수라는 형태로 의미의 세계로 가지고 오는 것에 상당하는 일이지."

"실제 세계의 인물이 소설에 등장하거나, 거꾸로 소설 속의 인물이 실제 세계에 등장하는 것과 같죠." 테트라가 말했다.

미르카는 테트라의 말에 '너는 역시'라고 생각했다.

대각화

대각화에 대해 설명해 줄게.

하나의 자유 변수를 갖는 논리식을 '일변수 논리식'이라고 부르기로 하자. 예를 들어,

$$\boxed{\forall}\ \boxed{m}\ \boxed{\forall}\ \boxed{n}\ \boxed{[}\ \boxed{(}\ \boxed{m}\ \boxed{<}\ \boxed{x}\ \boxed{\wedge}\ \boxed{n}\ \boxed{<}\ \boxed{x}\ \boxed{)}\ \boxed{\rightarrow}\ \boxed{m}\ \boxed{\times}\ \boxed{n}\ \boxed{\neq}\ \boxed{x}\ \boxed{]}$$

이것은 일변수 논리식이야(자유 변수는 x). 이 논리식을 f라고 부를게. 일변수 논리식 f는 논리식이므로 대응하는 괴델수를 구할 수 있지. 가령 f의 괴델수가 123이라고 하자. 실제로는 엄청나게 거대한 수가 되겠지만.

f의 괴델수 123이란 것은 자연수니까, 의미의 세계인 산술 개념이야. 의미의 세계에 있는 123을 형식의 세계로 가지고 오자. 그러려면 123의 수항을 만들면 되지. 123의 수항은,

가 되겠지만, 생략해서 $\overline{123}$이라고 쓰자.

이제, 일변수 논리식 f 안의 자유 변수 x를 모두 수항 $\overline{123}$으로 바꾸어 써 보자. 그러면 다음과 같은 논리식이 나오지.

$$\forall\, m\, \forall\, n\, [\, (\, m\, <\, \overline{123}\, \wedge\, n\, <\, \overline{123}\,)\, \rightarrow\, m\, \times\, n\, \neq\, \overline{123}\,]$$

지금 만든 논리식은 f의 자유 변수 x를 모두 $\overline{123}$으로 바꿔 놨으니까, 이제 자유 변수는 없어. 따라서 문장으로 바꿀 수 있지.

이상과 같은 과정을 거쳐 f에서 만들어 낸 문장을,

$$f(\overline{f}\,)$$

라고 표기하기로 하자. $f(\overline{f}\,)$는 '일변수 논리식 f의 자유 변수를 모두, f의 괴델수를 수항으로 만들어 치환한 문장'이 돼.

그리고 f에서 $f(\overline{f}\,)$를 만드는 것을 f의 **대각화**라고 부르자.

여기까지 형식적인 조작으로 얘기한 거라 이해하기 힘들 거야. 어디까지나 비유에 지나지 않지만 f에서 $f(\overline{f})$를 만드는 대각화를 문장으로 다시 짚어 보자.

대각화란,

"x는 이러이러하다"에서,

"'x는 이러이러하다'는 이러이러하다"를 만드는 것과 같아.

예를 들면,

"x는 여덟 문자다"에서,

"'x는 여덟 문자다'는 여덟 문자다"를 만드는 것도 대각화야.

혹은,

"x는 영어로 쓰여 있지 않다"에서,

"'x는 영어로 쓰여 있지 않다'는 영어로 쓰여 있지 않다"를 만드는 것도 대각화야.

괴델은 형식적 체계의 형식적 체계를 구체적으로 만들고, 제1불완전성 정리를 수학적으로 증명했지. 그 증명 안에서 그는,

"x를 대각화한 문장에는 형식적 증명이 존재하지 않는다"를 대각화했지. 그러니까,

"'x를 대각화한 문장에는 형식적 증명이 존재하지 않는다'를 대각화시킨 문장에는 형식적 증명이 존재하지 않는다"라는 문장을 만들어 냈던 거야.

그리고 그 문장 자체에 형식적 증명이 존재하느냐, 아니냐를 알아보는 것으로 제1불완전성 정리를 증명해 냈지.

괴델의 증명은 무척 매력적이야.

소수에서 시작하여 증명 판정기를 만들어 내는 수학적 광범위함과, 대각화에 따라 스스로를 언급하는 문장을 만들어 내는 수학적 깊이가 있어.

그 증명에 숨어 있는 괴델의 모습은 조각가나 작곡가, 혹은 건축가, 프로그래머와 유사할지도 몰라.

수학의 정리

미르카의 강의에 우리 둘은 압도되고 말았다.

"후우……." 테트라가 한숨을 내쉬었다.

"이런 얘기는 유리도 좋아할 것 같은데." 내가 말했다.

"그러고 보니 유리는 왜 안 보이지?" 미르카는 주위를 둘러보며 말했다.

"여긴 고등학교니까……." 내가 말했다. 유리는 중학생이다.

"학교라는 제약은 성가시네." 미르카가 말했다. "불완전성 정리는 '이성의 한계를 증명한 정리' 따위로 남용될 때가 정말 많거든. 그건 틀린 거야. 불완전성 정리는 이성에 대한 정리가 아니야. 불완전성 정리는 어디까지나 **수학의 정리**야. 그렇지만 불완전성 정리가 우리에게 많은 것을 주고 있는 건 확실해. 유리가 그걸 알아주었으면 했어."

거기서 미르카는 생각에 잠겼다.

"이다음부터 설명할 때는 유리도 부르자." 그녀가 말했다.

"다음?" 내가 물었다.

"그래, 나라비쿠라 도서관에 모여서, 천천히."

3. 찾는 물건의 찾는 물건

유원지

그로부터 수일이 지난 휴일.

미르카가 왜 그랬는지 모르지만, 엄마를 통해 약속한 데이트(?) 날이다.

"에스코트 잘하렴. 부디 실례될 일은 저지르지 말고. 너무 밤늦지 않게 집에 바래다주고. 그리고…….”

엄마의 끝나지 않는 주의 사항을 흘려들으면서 나는 집을 나섰다.

“이쪽이야.” 유원지에 도착하자 미르카가 나를 붙잡아 끌고 간 곳은 레고 블록을 가지고 노는 코너였다.

이건 아무리 봐도 초등학생 대상인데…… 하지만 꼬마들 틈에 섞여 레고를 조립하는 것은 의외로 재미있었다. 나는 시어핀스키 개스킷(sierpinski gasket, 프랙탈 도형의 일종)을 3차원 형태로 만들고, 미르카는 클라인 병(Kleinsche Flasche, 뫼비우스의 띠를 3차원으로 만든 것)을 만들었다. 레고가 이렇게 재미있을 줄이야. 이게 데이트인가?

한 시간 정도 즐긴 후 우리는 마주 앉아 소프트아이스크림을 먹으며 쉬었다. 나는 프레시 밀크 맛, 그녀는 초콜릿 맛이다.

“그러고 보니 미르카, 왜 엄마한테 전화한 거야?”

“그것보다…… 나 한 입만.” 미르카가 내 아이스크림을 가리켰다.

“응? 자.”

아이스크림을 내밀자 그녀는 혀를 내밀어 한 번 핥더니, 그대로 절반 정도를 거침없이 먹어 버렸다. 어, 한 입이라며?

나는 미르카의 즐거워하는 표정을 멍하니 바라보았다. 요전에 그녀가 설명해 주었던 불완전성 정리에 대한 이야기가 문득 떠올랐다. 복잡한 수학 이야기를 풀어내는 미르카. 내 앞에서 소프트아이스크림을 먹는 미르카. 둘 다 같은 사람인데…….

“뭘 그렇게 쳐다봐?” 그녀가 말했다.

“아니, 딱히……. 미르카가 즐거워 보여서.”

“너야말로 항상 행복해 보여. 모두 너를 좋아하지.”

“그렇지 않아.” 내가 말했다. “미르카야말로……. 만나는 사람마다 모두 미르카를 좋아하잖아. 테트라도, 유리도, 우리 엄마까지. 오늘 아침에도 ‘부디 실례될 일은 저지르지 말고’라고 잔소리를 들었다고. 모두 미르카를 아주 좋아해.”

“흐응.” 그녀는 애매한 소리를 냈다.

"미르카, 저거 안 탈래?"

나는 맑은 하늘을 뒤로하고 천천히 돌아가고 있는 관람차를 가리켰다.

"관람차…… 좋아."

티켓을 사서 승강장에 줄을 섰다. 색색의 곤돌라가 차례대로 다가왔다. 우리 앞에는 대학생으로 보이는 커플이 서 있었다. 남자가 여자의 귀에 뭐라고 속삭이자, 여자가 남자의 등을 웃으면서 살짝 찔렀다.

16번이라고 쓰인 오렌지색 곤돌라가 다가오자 커플들이 탔다. 다음 곤돌라는 연푸른색이다. 17번, 멋진 소수다. 직원이 문을 열고 "다음 분" 하고 소리쳤다.

"너도 그런 걸까?" 미르카가 곤돌라에 타면서 말했다.

"응? 뭐가?"

"됐으니까 앉기나 해."

서로 마주 앉자 직원이 문을 밖에서 잠가 주었다.

관람차라니 대체 얼마 만에 타 보는지 모르겠다.

창 너머로 올려다보니, 긴 봉과 와이어가 조금씩 변화해 가면서 복잡한 기하학적 모양을 그리고 있었다. 아래를 보니 땅 위에 있는 사람들이 벌써 조그맣게 보였다. '미니어처 같네' 생각하고 미르카를 보니 그녀는 눈을 감고 축 늘어져 있었다.

"왜 그래? 기분 안 좋아?"

"아무것도 아니야. 난 괜찮으니까 움직이지 마."

"괜찮아?"

나는 서둘러 그녀 옆자리로 이동했다. 곤돌라가 크게 흔들렸다.

"바보! 움직이지 말라니까!"

"미안." 나는 말했다.

"흔들지 말라고. 떨어지면 어떡해."

혹시 미르카, 높은 곳을 무서워하니? 내가 창밖을 보자 곤돌라가 또 움직였다.

"그러니까 움직이지 말라고!"

"미안해. 지금 저쪽으로 다시 갈게."

"움직이면 또 흔들릴 거 아냐! 그냥 가만……있어!"

미르카는 그렇게 말하더니 양팔을 뻗어 내 팔 안쪽으로 달려들었다.

마치 둥지에 돌아온 아기 새처럼.

"미, 미르카……."

"움직이지 마! 움직이지 마!"

"……."

"그대로…… 움직이지 말아 줘."

그녀의 손은 내 옷을 잡았고, 머리는 내 가슴에 밀착되어 내 눈 아래에 바다처럼 펼쳐졌다. 시트러스 향이 우리 두 사람을 감쌌다.

"나도 무서운 게 있어." 미르카가 말했다.

"……."

"무서운 게 있다고."

"그렇게 무서우면, 무리하지 말……."

"관람차 말고."

왠지 뭐가 뭔지 하나도 모르겠다…….

"있잖아, 미르카. 괜찮아."

나는 가능한 한 다정한 목소리로 그녀의 머리를 찬찬히 쓰다듬었다.

부드럽고 긴 검은 머리카락.

움직이지 마, 하는 대꾸가 돌아올지 모른다고 생각했지만 그녀는 "후우……" 하고 한숨을 내쉬었을 뿐이었다.

내 품 안의 미르카. 따뜻하고, 부드러운, 여자아이.

관람차는 정해진 경로를 따라 돌았다.

나는 그녀의 머리를 천천히 계속 쓰다듬었다.

"왕자가 찾고 있는 건 유리 구두일까?" 그녀가 말했다.

"응……?"

나는 그녀의 말에 귀 기울였다.

곤돌라가 희미하게 끼익끼익 소리를 냈다.

와이어 사이를 지나가는 바람이 휘파람 같은 소리를 냈다.
"아니면, 여자아이를 찾는 걸까?"

'실수 R이 가산이 아닌 것'을 나타내는 칸토어의 대각선 논법은
집합론 전체에서 근원적 중요성을 가질 뿐 아니라,
드물게 나타나는 천재적인 번뜩임으로서 천서에 실릴 만하다.
_『천서(天書)의 증명』

두 개의 고독이 만나면

그래서 각기 다른 두 개의 세계, 혹은 두 개의 고독이,
각기 하나의 빈약한 반이었을 때보다
서로에게 더 많은 것을 줄 수 있지 않을까?
_『바다의 선물』

1. 겹치는 짝

테트라가 깨달은 것

3월이 되었다. 바람에서 봄의 향기가 느껴졌다.

내일은 졸업식. 난 아직 고등학교 2학년이라 딱히 변한 건 없다.

오늘도 방과 후에 도서실에 갔다. 평소처럼 발랄 소녀가 수학에 열중하고 있었다.

"테트라, 빨리 왔네."

"앗! 선배" 그녀는 노트를 향하고 있던 고개를 들어 방긋 웃었다.

"무라키 선생님이 카드 주셨어?" 나는 옆에 앉았다.

"아, 네."

두 개의 자연수를 짝지어 짝이라고 부르기로 한다.

$$\langle a, b \rangle \text{ 자연수 } a\text{와 자연수 } b\text{의 짝}$$

두 개의 짝 $\langle a, b \rangle$와 $\langle c, d \rangle$에 대하여, $a+d=b+c$가 성립할 때, $\langle a, b \rangle$는 $\langle c, d \rangle$에 겹친다고 하고, $\langle a, b \rangle \doteqdot \langle c, d \rangle$라고 한다.

$$a+d=b+c$$
$$\Leftrightarrow \langle a, b \rangle \text{는 } \langle c, d \rangle \text{에 겹쳐진다.}$$
$$\Leftrightarrow \langle a, b \rangle \doteqdot \langle c, d \rangle$$

"이상한 문제죠?" 테트라가 말했다.

"애초에 문제의 형태를 취하고 있지도 않은데." 내가 웃었다.

"이건 연구 과제죠? 스스로 문제를 만들어 푸는……."

"그렇지. 아무리 그래도 $a+d=b+c$는 의미가 있을 것 같기도 한데."

"선배, 제 생각 한번 들어 주시겠어요?"

"물론이지, 말해 봐."

"저는 이 카드를 봤을 때…… 여기에 나오는 말 하나하나는 어렵지 않다고 느꼈어요. 그러니까, 다음과 같은 표현은 어렵지 않아요."

- 두 개의 자연수
- 짝짓다.
- $a+d=b+c$

"게다가 $\forall$나 $\sum$, lim 같은 기호도 안 나오고요. 그런데도 전체적으로는 무슨 말인지 전혀 모르겠어요. 진짜 놀랐어요. 하나하나 의미는 알겠는데, 전체 의미는 모르다니요."

"그러네." 나는 끄덕였다.

"하지만 여기서 꺾일 순 없죠. 저는 '이해가 안 가는 부분의 최전선'을 발견하기 위해 한 발 한 발 차근차근 짚어 보자고 생각했어요."

"그거 멋진데."

"제일 처음 '예시는 이해의 시금석'이라는 원칙에 따라 구체적인 예를 만들어 보는 거였어요. 처음에 만들었던 건……."

◆ ◆ ◆

처음에 만든 건 짝이에요. 카드에는 '두 개의 자연수를 쌍으로 만든 것을 짝이라 한다'라고 쓰여 있었어요. 저는 노트에 짝이 될 수 있는 몇 개를 써 봤어요. 예를 들면 $\langle a, b \rangle$의 a가 1과 같을 때, $b = 1, 2, 3, \cdots$이라고 하면,

$$\langle 1, 1 \rangle, \langle 1, 2 \rangle, \langle 1, 3 \rangle, \cdots$$

이라는 짝을 만들 수 있어요. 그리고 a가 2와 같을 때는,

$$\langle 2, 1 \rangle, \langle 2, 2 \rangle, \langle 2, 3 \rangle, \cdots$$

이라는 짝이 생겨요. 그리고 더 다른 짝도 써 봤어요.

$$\langle 12, 345 \rangle, \langle 1000, 100000 \rangle, \langle 314159, 265 \rangle, \cdots$$

이라고 쓰다가 저는 '그렇구나, 자연수의 쌍이니까 0은 안 나오겠네'라고 생각했어요. 즉, $\langle 0, 0 \rangle$이나 $\langle 0, 123 \rangle$, 그리고 $\langle 314, 0 \rangle$ 같은 짝은 없다는 거죠.

저는 그걸 깨달았다는 사실에 스스로 깜짝 놀랐어요. 제가 늘 조건을 잊어버린다고 선배가 말했듯이 그것이 제 단점인데, 그런 제가 '0은 나오지 않는다'는 조건을 의식했어요. 구체적인 예를 차근차근 생각해 내면 조건의 세세한 부분을 알게 된다는 걸 알았어요. 깨달음에 대한 깨달음……. 멋지죠?

다음으로 짝 전체의 집합은 과연 어떤 것일지 생각해 보았어요. 지금 구체적인 예로 만든 짝을 원소로 가지는 집합 말이에요.

$$\{\langle 1, 1\rangle, \langle 1, 2\rangle, \langle 1, 3\rangle, \cdots ,$$
$$\langle 2, 1\rangle, \langle 2, 2\rangle, \langle 2, 3\rangle, \cdots ,$$
$$\langle 12, 345\rangle, \langle 1000, 100000\rangle, \langle 314159, 265\rangle, \cdots\}$$

하지만 이렇게 써서 뭔가 큰 발견이 있었던 건 아니에요.

제일 이해가 안 가는 건, 카드에 쓰여 있는 '겹친다'라는 말과, $\langle a, b\rangle = \langle c, d\rangle$라는 표기예요. 이건 그저 읽는 법이나 쓰는 법에 대한 것이니까 나중에 살펴볼게요.

정말 이해가 안 가는 건,

$$a + d = b + c$$

라는 식이에요. 이것이 '이해가 안 가는 부분의 최전선'이에요. 식 자체가 가지는 의미는 물론 '$a+d$와 $b+c$는 같다'는 건 아는데! 'So what?' 이런 생각이 드는 거예요.

이 식은 어떤 짝이 다른 짝에 '겹치는' 조건을 나타내요. 그건 알겠는데…… 이 식은 대체 뭘 의미하는 걸까요?

식은 어렵지 않은데 여기서 뭔가 투명하고 단단한 벽에 부딪친 느낌이에요. 전 거기에 쾅, 하고 부딪쳐서 앞으로 나가지 못하고 있고요.

◆ ◆ ◆

"더 앞으로 나가지를 못하겠어요." 양손으로 벽을 두들기는 제스처.

"테트라." 나는 말했다. "넌 정말 멋져. 쉽게 납득하는 편이 아니지만, 일단 납득하면 배운 걸 확실히 알아. 너의 끈질긴 근성은 정말 큰 장점이라고 생각해."

"그런가요?" 테트라는 뺨을 붉혔다.

"나도 이 카드 어디가 재미있는지 지금은 잘 모르겠어. 하지만 '예시는 이해의 시금석'이니까 다시 한번 써 보자." 나는 말했다.

"다시 한번이라뇨?"

"지금 테트라는 다음 식을 이해하고 싶은 거지?"

$$\langle a,b \rangle \doteq \langle c,d \rangle \iff a+d=b+c$$

"그렇다면 a, b, c, d에 구체적인 자연수를 넣어 보고 겹친다면 어떤 짝끼리 겹치는지를 알아보면 어떨까?"

"아! 그러네요. 겹치는 짝의 구체적인 예를 만든다는 거죠? 알겠어요. 잠깐만 기다려 주세요."

환한 표정으로 노트로 눈을 돌리는 테트라. 그런 테트라를 가만히 지켜보는 나. 그녀의 마음은 곧 표정으로 드러난다. 눈을 크게 뜨면 '아, 혹시 이건가?'라고 생각했을 때. 미간을 좁힐 때는 '아니야, 틀렸어'라고 생각했을 때. 고개를 갸우뚱하고 입술을 깨물 때는 '어쩌면 좋지?'라고 망설일 때. 가끔 눈이 멍하거나 곁눈으로 나를 볼 때는 '선배한테 물어보는 편이 나을까?' 하는 생각이 들 때다.

문득 나는 테트라의 말을 떠올렸다.

'입시 공부는 중요하니까요.'

입시, 입시, 입시. 나는 무엇을 위해 입시 공부를 하는 걸까? 초등학생이나 중학생 때는 그런 고민을 하지 않았다. 중학교 성적이 좋았으므로 이 고등학교로 진학했다.

수학, 수학, 수학. 나는 무엇을 위해 공부를 한 걸까? 눈앞에 있는 것을 배우고, 더 배우고 싶어서 책을 샀다. 무라키 선생님한테서 책을 추천받았다. 하지만 그다음엔?

"선배, 몇 가지를 만들어 봤어요." 테트라가 노트를 보여 주었다.

"카드에 쓰인 '짝이 겹치는 조건'이라는 건, 다음과 같죠."

$$\langle a,b \rangle \doteq \langle c,d \rangle \iff a+d=b+c$$

"식 $a+d=b+c$를 충족하는 네 개의 자연수 a, b, c, d를 찾으면 되는 거죠? 예를 들어 $1+2=1+2$니까, $a=b=1$, $c=d=2$라고 해 두면 겹치는 페어를 하나 만들 수 있어요."

$$\langle 1, 1 \rangle \doteqdot \langle 2, 2 \rangle$$

"그래." 내가 말했다.

"그 외에도 $1+3=2+2$라는 식에서 또 하나를 만들 수 있어요."

$$\langle 1, 2 \rangle \doteqdot \langle 2, 3 \rangle$$

"과연, 이러면 많이 만들 수 있겠는데."

"맞아요. 구체적인 예를 만들면서 알게 된 건데, 짝은 '바깥쪽에 있는 수끼리 서로 더한다'는 것과 '안쪽에 있는 수끼리 더한다'가 같으면 겹쳐지는 거죠. 예를 들면 $a+d$라는 건, a와 d를 더했으니까…… '바깥쪽끼리' 더하고 있죠?"

$$\langle \textcircled{a}, b \rangle \text{와} \langle c, \textcircled{d} \rangle$$

"그리고 $b+c$라는 건…… 이렇게 '안쪽끼리' 더하는 거예요."

$$\langle a, \textcircled{b} \rangle \text{와} \langle \textcircled{c}, d \rangle$$

"이것도 'So what?'이긴 하지만요."

"그렇구나……."

"비례식과 비슷하다는 것도 깨달았어요. 비례식은 '외항의 곱은 내항의 곱과 같다'죠? 예를 들면 2:3과 4:6은 서로 같으니, 2와 6이라는 외항의 곱은 3과 4라는 내항의 곱과 같아져요."

$$\underset{\text{내}}{\overset{\text{외}}{2}} : \underset{\text{내}}{3} = \underset{\text{내}}{\overset{\text{외}}{4}} : 6 \iff \overset{\text{외항의 곱}}{2 \times 6} = \underset{\text{내항의 곱}}{3 \times 4}$$

"이에 대해 두 개의 짝 $\langle 2, 3 \rangle$과 $\langle 4, 5 \rangle$가 겹쳐질 때, 2와 5라는 외측의 합은 3과 4라는 내측의 합과 같아져요."

$$\underset{\text{내}}{\overset{\text{외}}{\langle 2, 3 \rangle}} \fallingdotseq \underset{\text{내}}{\overset{\text{외}}{\langle 4, 5 \rangle}} \iff \overset{\text{외측의 합}}{2 + 5} = \underset{\text{내측의 합}}{3 + 4}$$

"따라서 짝의 성질은, '외측의 합은 내측의 합과 같다'라는 거예요. 봐요, 비의 성질과 짝의 성질, 서로 비슷하지 않나요?"

"오호……."

"그 외에도 겹쳐지는 짝의 구체적인 예를 만들 수 있었어요."

a	b	c	d	$a+d$	$b+c$	겹치는 짝
1	1	1	1	2	2	$\langle 1,1 \rangle \fallingdotseq \langle 1,1 \rangle$
1	1	2	2	3	3	$\langle 1,1 \rangle \fallingdotseq \langle 2,2 \rangle$
1	2	2	3	4	4	$\langle 1,2 \rangle \fallingdotseq \langle 2,3 \rangle$
1	3	2	4	5	5	$\langle 1,3 \rangle \fallingdotseq \langle 2,4 \rangle$
2	1	3	2	4	4	$\langle 2,1 \rangle \fallingdotseq \langle 3,2 \rangle$
3	1	4	2	5	5	$\langle 3,1 \rangle \fallingdotseq \langle 4,2 \rangle$
2	2	3	3	5	5	$\langle 2,2 \rangle \fallingdotseq \langle 3,3 \rangle$
2	3	4	5	7	7	$\langle 2,3 \rangle \fallingdotseq \langle 4,5 \rangle$

"그런데 테트라, 나도 조금 알아낸 게 있는데, 혹시 큰 힌트가 될지 모르겠지만 들어 볼래?" 나는 말했다.

"네, 물론이죠."

내가 깨달은 것

"나는 이 식을 보고 바로 '이항시키자'고 생각했어."

$$a+d=b+c \qquad \text{주목하고 있는 식}$$
$$a+d-b=c \qquad \text{우변의 } b\text{를 좌변으로 이항한다}$$
$$a-b=c-d \qquad \text{좌변의 } d\text{를 우변으로 이항한다}$$

"그렇게 하면 이런 식이 되잖아."

$$a-b=c-d$$

"따라서 이렇게 정리되지."

$$\langle a,b \rangle \fallingdotseq \langle c,d \rangle \iff a-b=c-d$$

"어?" 테트라는 커다란 눈을 도로록 굴렸다. "선배, 두 개의 짝 $\langle a,b \rangle$와 $\langle c, d \rangle$가 겹쳐지는 것은 $a-b$와 $c-d$가 서로 같을 때, 그러니까 차가 같을 때?"

"그렇게 되지."

"저…… 하지만 전 아직 잘 모르겠어요."

"나도 그래. 이 카드에 나온 짝은 대체 뭘까?"

누구도 깨닫지 못한 것

이곳은 강당. 지금 내일 있을 졸업식 준비가 한창이다.

선생님과 학생 들이 의자를 줄지어 놓거나 강단에 꽃을 장식하고 있다.

"아직 못 가겠는데. 마무리가 덜 됐어." 예예가 말했다.

"내일까지는 준비되지 않을까?" 미르카가 말했다.

"당연한 소리지. 내일이 실전이라고!"

예예와 미르카는 졸업식 피아노 반주를 맡았다.

나와 테트라는 도서실에서 나오는 길에 잠깐 들러 두 사람이 어쩌고 있는지를 물었다. 다 함께 하교할 수 있다고 생각했기 때문이다.

"뭐 치기로 했어?" 내가 물었다.

"작별." 예예가 대답했다.

"교가도 칠 거야." 미르카가 말했다.

뭐, 그렇지. 졸업식 선곡은 뻔하다.

미르카가 "우리는……" 하고 말을 꺼내려 하자, 예예가 당황한 얼굴로 그녀 옆구리를 찔렀다. 둘 다 입을 다물었다. 무슨 말을 하려고 한 거지?

"상장이 아니라 증서를 받는 거죠?" 테트라가 말하고는 강단에 걸린 '졸업 증서 수여식' 글자를 가리켰다. "상장은 '칭찬하는 문서'고, 증서는 '증명하는 문서'지요."

"졸업 증명 문서 수여식인가?" 내가 말했다.

"졸업생이 정리(定理, 진리로 증명된 일반 명제)라는 거지." 미르카가 농담조로 말했다.

2. 집

나의 수학

이곳은 내 방. 시간은 11시를 넘겨 한밤중이다.

나는 책상 앞에 앉아 있다. 학교 공부를 끝내고 지금부터 나의 수학에 대해 생각해 보려고 한다.

나의 수학……. 나는 고등학교 1학년 때를 회고했다.

그 당시 봄. 나는 무라키 선생님으로부터 '자신만의 수학을 매일 할 것'이라는 조언을 들었다. 그때는 수학을 매일 공부하는 게 너무 당연하다고 생각했다. 수학을 좋아했으니까. 하지만 고등학생은 바쁘다. 많은 과목을 배워야 했고, 날마다 이어지는 예습과 복습, 그리고 시험. 물론 학교 행사도 있다. 그런 와중에 자신만의 수학을 매일 하는 것은 의식하지 않으면 실천하기 힘들다. 그렇기 때문에 무라키 선생님의 조언은 매우 귀중한 것이었다.

표현의 압축

선생님께 받은 '겹치는 짝' 카드는 이상하다. 항등식을 증명하는 것도 아니고, 방정식을 푸는 것도 아니다. 그저 자연수의 쌍으로 '짝'이 정의되며,

$$\langle a, b \rangle \fallingdotseq \langle c, d \rangle \Longleftrightarrow a+d=b+c$$

에 따라 '겹치는' 것이 정의된다. 그뿐이다.

무엇을 어떻게 하면 좋을지 떠오르지 않았다. 물론 무라키 선생님의 카드는 언제나 '배움의 계기'에 지나지 않았지만…….

짝의 집합으로 성립하는 성질은 이미 몇 가지 찾아냈다. 예를 들어 $\langle a, a \rangle$가 된 짝끼리는 모두 서로 겹쳐진다. 즉, 이런 거다.

$$\langle 1, 1 \rangle \fallingdotseq \langle 2, 2 \rangle \fallingdotseq \langle 3, 3 \rangle \fallingdotseq \cdots$$

증명은 금방 할 수 있다. 임의의 자연수 m, n에 대해 $m+n=m+n$이 성립한다. 그러므로 $\langle m, m \rangle$이라는 짝과 $\langle n, n \rangle$이라는 짝은 겹치게 된다.

$$\langle m, m \rangle \fallingdotseq \langle n, n \rangle \Longleftrightarrow m+n=m+n$$

그리고 $a+d=b+c$라는 식을 $a-b=c-d$로 변형하면, 〈**좌, 우**〉가 되고, **좌**와 **우**의 차가 같은 짝끼리는 서로 겹친다고 말할 수 있다. 예를 들어 차가 1인 짝끼리는 서로 겹치는 셈이다.

$$\langle 2, 1 \rangle \fallingdotseq \langle 3, 2 \rangle \fallingdotseq \langle 4, 3 \rangle \fallingdotseq \cdots \qquad (좌-우=1)$$

똑같이, 차가 −1인 짝끼리도 서로 겹쳐진다.

$$\langle 1, 2 \rangle \doteq \langle 2, 3 \rangle \doteq \langle 3, 4 \rangle \doteq \cdots \qquad (\text{좌} - \text{우} = -1)$$

하지만 그렇다고 뭐가 달라지는가? 전혀 모르겠다.

나는 테트라의 말을 떠올려 보았다.

'이건 그러니까 모른 척하기 게임 같은 거네요.'

하지만 난 지금 모른 척하고 있지 않다. 그때 테트라는 페아노의 공리를 접했다. 실제로 따름수가 무엇을 나타내는지는 생각하지 않고, 공리만을 좇아갔다. 공리에 따랐을 때 자연수의 구조가 보인다. 공리는 제약이고, 제약이 구조를 낳는…… 가만, 어라?

지금 식 $a - b = c - d$도 제약 같은 거지? 짝은 각자 의미를 갖지 않는다. 차 $a - b$가 같은 짝, 즉 겹치는 짝을 모으면 집합이 된다. 이 제약은 대체 어떤 구조를 만들어 낼까?

나는 노트를 들여다보면서 생각했다.

$$\langle 1, 1 \rangle \doteq \langle 2, 2 \rangle \doteq \langle 3, 3 \rangle \doteq \cdots$$

$\langle 1, 1 \rangle$에 겹치는 짝의 집합은 이렇게 쓸 수 있다.

$$\{\langle 1, 1 \rangle, \langle 2, 2 \rangle, \langle 3, 3 \rangle, \cdots\}$$

여기서부터 어떻게 생각해 나가면 좋을까?

'사람의 마음은 구체적인 예를 압축해.'

미르카는 그런 말을 한 적이 있었다.

구체적인 예를 만들다가 패턴을 발견하고, 간결한 표현을 발견한다.

간결한 표현. 그렇지! 집합의 내포적 정의를 쓰면 간결하게 쓸 수 있다.

$$\{\langle 1, 1 \rangle, \langle 2, 2 \rangle, \langle 3, 3 \rangle, \cdots\} = \{\langle a, b \rangle \mid a \in \mathbb{N} \wedge b \in \mathbb{N} \wedge a - b = 0\}$$

응, $a \in \mathbb{N}$이나 $b \in \mathbb{N}$을 전제 조건으로 하면, 더 간결하게 쓸 수 있다.

$$\{\langle 1,1 \rangle, \langle 2,2 \rangle, \langle 3,3 \rangle, \cdots\} = \{\langle a,b \rangle \mid a-b=0\}$$

다른 집합도 똑같이 나타낼 수 있다. 예를 들어, 차가 1인 집합.

$$\{\langle 2,1 \rangle, \langle 3,2 \rangle, \langle 4,3 \rangle, \cdots\} = \{\langle a,b \rangle \mid a-b=1\}$$

혹은, 차가 -1인 집합.

$$\{\langle 1,2 \rangle, \langle 2,3 \rangle, \langle 3,4 \rangle, \cdots\} = \{\langle a,b \rangle \mid a-b=-1\}$$

확실히 원소를 열거하는 것보다 간결하게 표현된다.

이보다 더 짧게 표현하기는?

알았다! 나는 무심코 벌떡 일어났다.

짝은…… 정수가 되는 건가?

자연수는 $1, 2, 3, \cdots$이고, 정수는 $\cdots, -3, -2, -1, 0, +1, +2, +3, \cdots$.

그래, 틀림없어!

자연수의 쌍의 집합은 정수를 구성하는 거구나!

'차가 n인 짝의 집합'은 '정수 n'에 일대일로 대응시킬 수 있다.

$$
\begin{array}{lll}
\{\langle 3,1 \rangle, \langle 4,2 \rangle, \langle 5,3 \rangle, \cdots\} & \longleftrightarrow \quad +2 & \text{차가 } +2 \\
\{\langle 2,1 \rangle, \langle 3,2 \rangle, \langle 4,3 \rangle, \cdots\} & \longleftrightarrow \quad +1 & \text{차가 } +1 \\
\{\langle 1,1 \rangle, \langle 2,2 \rangle, \langle 3,3 \rangle, \cdots\} & \longleftrightarrow \quad \ \ 0 & \text{차가 } \ \ 0 \\
\{\langle 1,2 \rangle, \langle 2,3 \rangle, \langle 3,4 \rangle, \cdots\} & \longleftrightarrow \quad \ \ 1 & \text{차가 } -1 \\
\{\langle 1,3 \rangle, \langle 2,4 \rangle, \langle 3,5 \rangle, \cdots\} & \longleftrightarrow \quad \ \ 2 & \text{차가 } -2
\end{array}
$$

나는 근사한 뭔가가 눈앞에 반짝이는 것을 느꼈다.

하지만 대응만 가능하다면 시시하다.

짝의 집합을 정수로 보는 것은 자연스러운 일인가?

정수라면 무엇이 가능해야 하지?

뭐가 정수의 본질인가?

많은 의문 부호가 내 머릿속에 떠올랐다.

심호흡 한 번.

덧셈식을 만들어 보자.

정수라면 바로 할 수 있는 덧셈.

자연수의 덧셈 $+$ 뿐 아니라, 짝의 덧셈 $\dotplus$ 를 정의할 수 있을까?

$\langle 1, 2 \rangle \dotplus \langle 2, 3 \rangle$ 은 어떤 짝에 속하는가?

공식은 없다. 암기 따위도 없다.

오로지 자기 혼자만의 힘으로 '짝의 덧셈'을 생각해야 한다.

문제 8-1 짝의 덧셈

두 개의 짝 $\langle a, b \rangle$ 와 $\langle c, d \rangle$ 의 덧셈 $\dotplus$ 를 정의하라.

덧셈의 정의

짝의 덧셈을 어떤 식으로 정의해야 정수의 덧셈과 같은 것, 똑같은 형태를 가진 것을 만들어 낼 수 있을까?

'모방은 의미 창조의 원천.'

나는 이상한 흥분을 억누를 수가 없었다. 뭔가를 창조하는 감각.

자유로운데 규칙을 따르고 있다. 분명한 규칙에 제약되고 있는데 자유롭다.

숨겨진 구조를 꿰뚫어보는 것. 거기엔 무엇과도 바꾸기 힘든 쾌감이 있다.

짝의 덧셈, 어디서부터 시작해야 할까?

음, 짝 $\langle a, b \rangle$ 를 정수 $a - b$ 와 동일시하고 싶으니, 정수에 있어서의 덧셈을 참고하면 되지 않을까?

$$\text{짝} \longleftrightarrow \text{정수}$$
$$\langle a, b \rangle \longleftrightarrow a-b$$
$$\langle c, d \rangle \longleftrightarrow c-d$$

$a-b$와 $c-d$의 덧셈을 써서 **좌－우**의 형태로 만들면 되려나.

$$(a-b)+(c-d)=a-b+c-d \qquad a-b\text{와 } c-d\text{의 합을 생각해 본다}$$
$$=(a+c)-(b+d) \qquad \text{좌－우의 형태로 만든다}$$

좋았어. 그렇다는 건 좌는 $a+c$, 우는 $b+d$가 된다는 말이다. 즉 두 개의 짝의 합은 다음과 같은 형태가 되어야 한다.

$$\langle a, b \rangle \dotplus \langle c, d \rangle = \langle a+c, b+d \rangle$$

오! 이건, 좌끼리 우끼리 더하면 된다는 건가? 그러니까,

$$(a-b)+(c-d)=(a+c)-(b+d)$$

를 사용해서 짝의 덧셈을,

$$\langle a, b \rangle \dotplus \langle c, d \rangle = \langle a+c, b+d \rangle$$

이렇게 정의하면 어떨까? 괜찮은데!

좋아. 그럼 먼저 시험 삼아, 그렇지, $1+2$에 대응하는 계산을 짝으로 해 보자. 1에 대응하는 짝으로, 예를 들면 $1=3-2$니까, $\langle 3, 2 \rangle$를 골라 보자. 2에 대응하는 짝으로는 $2=3-1$이니까, $\langle 3, 1 \rangle$을 고르고, 그리고 '짝의 덧셈' 정의에 따라 계산하는 거야.

$$\langle 3, 2 \rangle \dotplus \langle 3, 1 \rangle = \langle 3+3, 2+1 \rangle$$
$$= \langle 6, 3 \rangle$$

응, 좋았어! 6−3＝3이니까 딱 맞아떨어진다!

$$\langle 3, 2 \rangle \quad \dotplus \quad \langle 3, 1 \rangle \quad = \quad \langle 6, 3 \rangle$$
$$\updownarrow \quad \updownarrow \quad \updownarrow \quad \updownarrow \quad \updownarrow$$
$$1 \quad + \quad 2 \quad = \quad 3$$

딱 맞아떨어지…… 아니지, 잠깐만! 그건 당연하다. 내가 주장하고 싶은
건 이것과 비슷하지만 이게 아니야. 음, 혼란스러워졌다. 정리해 볼까? 나는
지금 정수와 짝을 대비시켜 생각하고 있다. ＝와 ≒. 그리고 ＋와 $\dotplus$. 이들 모
두 깨끗하게 정리할 수 있을 것 같은데…….

그렇구나. 덧셈보다도 전에 '같다'라는 개념부터가 엉망이었다. 두 개의
짝 $\langle a, b \rangle$와 $\langle c, d \rangle$가 ＝이라는 것이 무엇을 의미하는가를 정의해 두지 않았
다. 타당한 정의는 아마도 이렇게 될 것이다.

$$\langle a, b \rangle = \langle c, d \rangle \iff (a = c \wedge b = d)$$

그리고 내가 신경 쓰이는 건 여기서부터다.
$\langle a, b \rangle \dotplus \langle c, d \rangle = \langle a+c, b+d \rangle$처럼 짝의 덧셈을 정의한 다음,

- $\langle a, b \rangle$와 겹쳐지는 임의의 짝 X
- $\langle c, d \rangle$와 겹쳐지는 임의의 짝 Y
- $\langle a+c, b+d \rangle$와 겹쳐지는 임의의 짝 Z

에 대해,

$$X \dotplus Y \doteqdot Z$$

이 성립한다는 거지. 이것이 성립하기 때문에 '짝'을 '정수'로 인식하는 거다. 그리고,

$$\text{짝의 세계} \quad\longleftarrow\!\cdots\!\longrightarrow\quad \text{정수의 세계}$$

짝 $\langle a, b \rangle$와 겹쳐지는 짝 전체의 집합 $\longleftarrow\!\cdots\!\longrightarrow$ 정수 $a-b$

짝을 더하는 $\dotplus$ $\longleftarrow\!\cdots\!\longrightarrow$ 정수를 더하는 $+$

짝이 겹쳐지는 $\doteqdot$ $\longleftarrow\!\cdots\!\longrightarrow$ 정수가 같은 $=$

라는 '두 개의 세계'의 대응이 보이니까 두근거리는 거지.

풀이8-1 짝의 덧셈
두 개의 짝 $\langle a, b \rangle$와 $\langle c, d \rangle$의 덧셈은 다음 식으로 정의할 수 있다.

$$\langle a, b \rangle \dotplus \langle c, d \rangle = \langle a+c, b+d \rangle$$

이거 설마 $\langle a, a \rangle$와 겹쳐지는 짝은 정수의 제로와 대응하는 건가?
오호, 혹시 $\langle a, b \rangle$의 좌우를 역전시킨 $\langle b, a \rangle$는……?
좋아, 조금 더 이 짝의 성질을 찾아볼까!

교사의 존재
새벽 2시. 한밤중의 부엌. 컵에 물을 따라 단숨에 들이켰다.
나는 그때부터 짝의 부호 반전을 정의하고, 짝의 뺄셈을 정의하고, 페어의 대소 관계를 정의해 보았다.

$$\dotminus\langle a, b \rangle = \langle b, a \rangle \qquad \text{짝의 부호 반전을 정의}$$
$$\langle a, b \rangle \dotminus \langle c, d \rangle = \langle a, b \rangle \dotplus (\dotminus\langle c, d \rangle) \qquad \text{짝의 뺄셈을 정의}$$
$$\langle a, b \rangle \mathbin{\dot{<}} \langle c, d \rangle \iff a+d < b+c \qquad \text{짝의 대소 관계를 정의}$$

자연수의 쌍을 써서 정수를 정의한다. 이거 재미있는걸.

새로운 수의 세계를 구축하는 것도 수학이지. 수학, 배우면 배울수록 넓고 깊어지는 세계가 있다.

나는 컵에 남은 물방울을 바라보며 무라키 선생님에 대해 생각했다. 선생님은 너무 어렵지도, 쉽지도 않은 주제를 우리에게 제시한다.

"너라면 이 문제에 도전해 보는 게 어떨까?"

그렇게 말해 주는 존재는 소중하다. 그것이 교사라는 존재인가?

그럼 정수도 만들었고…… 이제 슬슬 자 볼까? 정수를 만들었다. 왠지 프라모델 같구나. 나는 낄낄거리며 취침 준비를 했다.

방에 불을 끄자 테트라가 한 말이 뇌리를 스쳤다.

"비의 성질은…… '외항의 곱은 내항의 곱과 같다'가 떠올랐어요."

하지만 그 의미를 확실히 생각하기 전에 잠이 들고 말았다.

3. 동치 관계

졸업식

이곳은 강당. 오늘은 졸업증서 수여식이 있는 날이다.

졸업생 한 사람씩 단상에 올라 졸업증서를 받는다.

내년 이맘때 나는 어떤 기분으로 이 자리에 있을까? 이런 생각을 하면서 하품을 참았다. 완전히 수면 부족이다.

교장 선생님과 내빈의 인사말이 끝나고 차근차근 식이 진행되었다. 거의 끝나갈 무렵, 사회를 맡은 선생님이 마이크를 잡자 "지잉" 하는 소리가 들렸다.

졸업생 퇴장.

'작별'이 울려 퍼지기 시작했다. 졸업생들은 줄을 맞추어 재학생들 사이를 지나 강당을 빠져나갔다. 재학생들은 박수로 배웅했다. 나는 하품을 다시 한 번 하려다가 눈이 번쩍 뜨였다.

순간 졸업생들의 발이 멈추었다.

순간 재학생들의 박수도 멈추었다.

'작별'에서 새로운 음악이 생성하는 듯 연주가 시작되었기 때문이다.

우리는 잘 알고 있는 멜로디. 교가였다.

'작별'과 동시에 '교가'가 흘러나왔다.

모두의 눈이 일제히 피아노를 향했다.

연주하고 있는 예예와 미르카.

그녀들이 '작별'과 '교가'를 리믹스해서 연주하고 있었다.

어…… 두 곡을 섞어 치는 게 가능한가?

화음은 어떻게 되는 거지?

하지만 어느 곡도 무너지지 않고 조화롭게 전달되고 있었다.

'작별'과 '교가'의 상호 작용은

우리 마음속에 말로 표현할 수 없는 어떤 파동을 일으켰다.

학교에서 보낸 나날들이 머릿속에 주마등처럼 떠올랐다.

망설임, 초조함, 고민, 평안, 배움, 분노, 기쁨…….

갑자기 마음속을 뒤흔드는 감각들 때문에 눈물이 차올랐다.

졸업생들도, 재학생들도, 그리고 나도.

이 학교에 들어와 나는 미르카를 만났다. 테트라도 만났다.

그리고 함께 배우는 기쁨을 알았다.

가르치고, 배우고, 경쟁하면서 수학을 풀었다.

하나, 둘, 셋…… 서, 선배!…… 멋진 대답이 떠오르지 않았어…… 퇴실 시간입니다…… 아, 그러네요!…… 계산 미스…… 작은 수학자…… 증명은 순간…… 어떻게 읽는 건가요?…… 흐응………… 우편물 왔어요!…… 0으로 나누게 되지…… 아차차!…… 즐거운 여행이었어…… 평생 잊지 않을 거예요!…… 이제 기억했으니까 됐어…… 선배, 대발견이에요, 대발견!…… 허수 단위 이외에 어떤 답이 있지?…… 아직 이해가 안 가요…… 반지름이 제로라도?…… 힘낼게요!…… 아직 모르겠어?…… 질문이요!…… 네, 이걸로 끝났어요…….

시간은 흘러간다. 수학은 시간을 초월해 남으며, 시간은 인간을 초월해 지나

간다. 만남이 있으면 헤어짐도 있다. 나는 흘러나오는 눈물을 멈출 수가 없었다.

올해의 졸업식은…….

이제까지 없었던 '눈물의 졸업식'이 전설이 되어 막을 내렸다.

짝으로 인해 생겨나는 것

"짝으로 정수를 만들 수 있나요?" 테트라가 말했다.

"그렇더라고." 내가 대답했다.

여기는 도서실. 졸업식 날에도 우리는 수학을 했다.

나는 어젯밤에 이룬 성과를 테트라에게 설명해 주었다. 그녀도 '눈물의 졸업식' 여파에 휩쓸린 듯 눈 주위가 발개져 있었다.

"좀 더 정확히 말하면, 짝이 정수에 대응하는 게 아니라 '서로 겹쳐지는 짝의 집합'이 '하나의 정수'에 대응하는 거지만 말야."

"아하."

"짝 $\langle a, b \rangle$에의 조작은 정수 $a - b$의 조작이라고 보고……."

옅은 향기.

나는 놀라서 뒤를 돌아보았다.

"왜 놀라고 그래?" 평소와 같은 쿨한 목소리. 미르카가 서 있었다.

자연수에서 정수로

"예예랑 교무실로 불려 갔어." 미르카가 말했다. "두 곡을 겹쳐 연주한다고 미리 말하지 않아서."

"혹시 그것 때문에 혼났어요?" 테트라가 말했다. "너무 감동적인 연주였는데……."

"꾸중 듣진 않았어. 선생님도 웃으시던데. 그런데 그 카드는 뭐야?"

나는 '겹쳐지는 짝' 카드를 미르카에게 건네고 결과를 설명했다.

"응…… 과연. 하지만 네 설명은 좀 지루한데?"

또 지적질이다!

"하지만 $\langle a, b \rangle$와 겹쳐지는 집합을 $a - b$와 동일시하는 건 자연스럽지."

미르카는 가볍게 안경에 손을 얹고 고개를 저었다.

"어째서 무라키 선생님이 다음과 같이 정의했다고 생각해?"

$$\langle a, b \rangle \doteq \langle c, d \rangle \iff a + d = b + c$$

"넌 단번에 이항시켜 버렸지만."

"특별한 의미가 있나요?" 테트라가 말했다.

"그렇게 대단한 건 아니야. 우리가 정수를 알고 있다면 네 방법대로 하는 것도 괜찮아. 하지만 예를 들어, 가령 정수를 '모른 척'해 본다고 하자. 그리고 자연수의 쌍을 써서 정수를 새롭게 정의한다고 해 보자고."

"정수를 정의한다……." 테트라가 신음 소리를 냈다.

"우리가 자연수밖에 모른다면, $a - b$는 정의가 아직 안 되어 있을 경우가 생기지. 예를 들어 $2 - 3$은 자연수의 범위에서는 미정의되지. 그러니까 $a - b$로 '겹쳐지다'를 정의하는 건 좀 부적절해."

"그러네. $+$라면 괜찮을까?" 내가 물었다.

"$a + d$나 $b + c$라면, 자연수라도 미정의되지는 않아. 그러니까 안심하고 다음과 같이 '겹쳐지는 짝'을 정의할 수 있어."

$$\langle a, b \rangle \doteq \langle c, d \rangle \iff a + d = b + c$$

그래프

"부족한 점은 하나. 네가 정말 그래프를 안 그린다는 거."

또다시 지적질이다!

"그래프를 그리지 않는 것이 네 약점이야."

"그래프? 하지만……."

"너는 짝의 합을 다음과 같이 정의했지." 미르카가 말했다.

$$\langle a, b \rangle \dotplus \langle c, d \rangle \iff \langle a + c, b + d \rangle$$

"나라면 이걸 보면 '벡타의 합'을 떠올릴 거야."

미르카는 벡터를 항상 벡타라고 발음한다.

"벡터의 합이라니……. 아, 확실히 짝의 합하고 완전히 같은 형태구나!"

$$(a,b)+(c,d)=(a+c,b+d)$$

"선배들…… 저 못 좇아가겠어요." 테트라로부터 클레임이 들어왔다.

"a, b는 자연수니까, 우선 제1사분면에 격자점을 그려."

미르카는 내 샤프로 노트에 격자점을 그렸다.

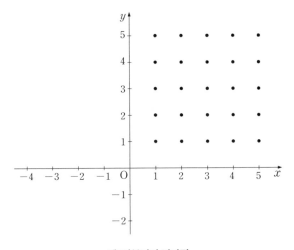

제1사분면의 격자점

"x좌표가 a이고, y 좌표가 b인 격자점은 벡타 (a, b)로 볼 수 있고, 짝 $\langle a, b \rangle$라고 볼 수도 있지. 그럼 이 격자점 전체의 집합에 대해 '겹쳐진다'라는 개념을 어떻게 표시할 수 있을까? 그림으로 나타내면 무라키 선생님이 어째서 '겹쳐진다'라는 용어를 쓰셨는지 알 수 있어." 미르카가 말했다.

"아, 그건 저도 신경 쓰였어요." 테트라가 말했다.

"이런 식으로 '겹쳐지는' 짝을 선으로 이어 보자."

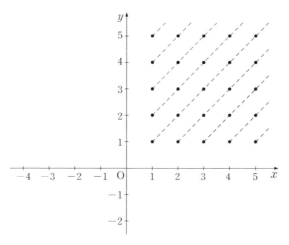

'겹쳐지는' 짝끼리 선으로 잇다

"어! 겹쳐지는 짝은 대각선으로 나열되어 있네요!" 테트라가 놀랐다.

"그런가…….'겹쳐지는' 짝은 2차원 평면상에서 정말로 경사지게 겹쳐 있었구나." 내가 말했다. "이 하나하나의 사선은 겹쳐지는 짝의 집합에 대응하고 있어. 따라서 하나의 사선이 하나의 정수에 대응하는 거구나."

나는 그렇게 말하고 오른쪽 위에 정수를 적어 넣었다.

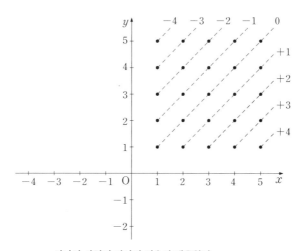

하나의 사선이 하나의 정수와 대응한다

"적으려면 이렇게 적는 게 좋아."

미르카는 샤프를 내게서 빼앗아 노트의 사선을 왼쪽 아래로 길게 그었다.

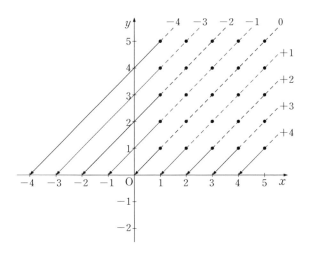

그림자가 비스듬히 진 곳이 대응하는 정수가 된다

"아하, 그렇군. x축 상에 비추어 보면 대응하는 정수 쪽에 그림자가 비치게 되는구나. 어, 잠깐만, 짝의 합이 벡터의 합이기도 하다면, 보통 벡터의 합의 그림을 그리고, 그 그림자를 관찰하면 x축 상에서의 합이 된다는 거야?" 내가 말했다.

"물론, 격자점 상에 있는 위치 벡타의 합. 그걸 대각선으로 사영(射影)하면, 정수의 합이 돼. 예를 들어 $\langle 1, 2 \rangle \dotplus \langle 4, 1 \rangle = \langle 5, 3 \rangle$을 사영하면, 딱 $(-1) + 3 = 2$ 부분에 그림자가 지지."

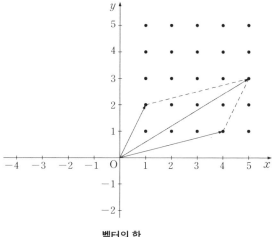

벡터의 합

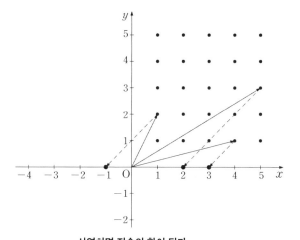

사영하면 정수의 합이 된다

"……." 나는 말을 잃었다.

정수의 합, 단순한 덧셈.

하지만 그걸 2차원 벡터의 합의 '그림자'로 볼 수 있구나!

이게 수학적으로 어떤 의미를 갖는지는 잘 모르겠지만…… 나는 많은 것
들이 연결되고, 또 더 깊게 연결되어 있다고 느꼈고, 감동한 나머지 할 말을

잃었다. 게다가 그것을 이 조그만 궁리로, 즉 구체적인 예를 만들고, 수식으로 생각하고, 그래프로 사고하는 것을 눈앞에서 볼 수 있다니.

"'겹쳐지는 짝'에서 다음은 동치 관계로 나가 볼까?" 미르카가 말했다.

동치 관계

동치 관계에 대해 생각해 보자.

짝 전체로 이루어진 집합을 S라고 할 거야.

$$S = \{\langle a, b \rangle \mid a \in \mathbb{N} \wedge b \in \mathbb{N}\}$$

집합 S에는 '겹쳐진다'는 관계 $\doteqdot$이 정의되어 있지.

$$\langle a, b \rangle \doteqdot \langle c, d \rangle \iff a + d = b + c$$

이 관계 $\doteqdot$은 반사율, 대칭률, 추이율이라는 성질을 가져.

반사율은 다음 식으로 표현할 수 있지.

$$\langle a, b \rangle \doteqdot \langle a, b \rangle$$

이것은 $\doteqdot$ 관계에 있는 자기 자신을 상대해도 성립되는 것을 말해. 마치 거울에 반사되는 것과 같아 반사율이라고 하지.

대칭률은 다음 식으로 표현할 수 있어.

$$\langle a, b \rangle \doteqdot \langle c, d \rangle \underset{\sim \text{이라면}}{\Rightarrow} \langle c, d \rangle \doteqdot \langle a, b \rangle$$

이것은 $\doteqdot$이라는 관계가 '우변과 좌변을 서로 바꾸어도 성립한다'는 걸 나타내.

추이율은 다음 식으로 표현할 수 있어.

$$\langle a,b \rangle \doteqdot \langle c,d \rangle \underset{\text{그리고}}{\wedge} \langle c,d \rangle \doteqdot \langle e,f \rangle \underset{\sim\text{이라면}}{\Rightarrow} \langle a,b \rangle \doteqdot \langle e,f \rangle$$

이건 A부터 B까지 갈 수 있고, B에서 C까지 갈 수 있다면, 도중의 B를 날려 버리고 A에서 C에 직접 갈 수 있다는 걸 나타내.

$$\underbrace{\langle a,b \rangle \doteqdot \langle c,d \rangle}_{\text{A에서 B로}} \wedge \underbrace{\langle c,d \rangle \doteqdot \langle e,f \rangle}_{\text{B에서 C로}} \Rightarrow \underbrace{\langle a,b \rangle \doteqdot \langle e,f \rangle}_{\text{A에서 C로}}$$

반사율, 대칭률, 추이율을 모두 **동치율**이라고 해. 그리고 동치율이 성립하는 관계를 **동치 관계**라고 하지. 관계 $\doteqdot$은 동치 관계의 일종이야.

◆◆◆

"이 세 가지 성질은 너무 당연한 거 아닌가요?"라고 테트라가 물었다. "예를 들어, 같다($=$)도 이 세 가지가 성립하지 않나요?"

"'같다'가 동치 관계라는 건 네 말대로야." 미르카가 고개를 끄덕였다. "애초에 동치 관계는 이퀄이 만들어 낸 관계를 일반화한 거니까. 동치 관계는 '어떤 의미에서 같은 것'을 표현하고 있어."

미르카는 안경을 쭉 밀어 올리며 계속 말했다.

"동치 관계가 아닌 예를 들어 볼게. 수의 대소 관계($<$). 여기선 추이율은 성립하지만 반사율과 대칭률이 성립하지 않아."

$\times$	$a < a$	반사율은 성립하지 않는다
$\times$	$a < b \Rightarrow b < a$	대칭률은 성립하지 않는다
$\bigcirc$	$a < b \wedge b < c \Rightarrow a < c$	추이율은 성립한다

"아, 그러네요." 테트라가 말했다.

"등호가 붙은 대소 관계($\leqq$)는 반사율과 추이율은 성립하지만 대칭률은 성립하지 않아."

○	$a \leq a$	반사율은 성립한다
×	$a \leq b \Rightarrow b \leq a$	대칭률은 성립하지 않는다
○	$a \leq b \wedge b \leq c \Rightarrow a \leq c$	추이율은 성립한다

"$a \leq a$는 성립하는 건가요?"

"성립하지. '$a \leq a$'는 '$a < a$ 또는 $a = a$'니까."

"아, 그러네요."

"그러면 테트라에게 질문. 서로 같지 않다는 관계($\neq$)에서는 세 가지 성질 중 어떤 것이 성립하지?"

"음, 이콜의 반대니까, 세 가지 모두 성립하지 않는 거죠?"

"아니." 미르카는 말했다. "그런 생각을 갖고 대답하면 안 돼. 하나하나 확인해야 하는 거야, 테트라."

×	$a \neq a$	반사율은 성립하지 않는다
○	$a \neq b \Rightarrow b \neq a$	대칭률은 성립한다
×	$a \neq b \wedge b \neq c \Rightarrow a \neq c$	추이율은 성립하지 않는다

"아, 대칭률은 성립하네요." 테트라가 말했다.

"잠깐 기다려." 내가 끼어들었다. "$\neq$의 경우 '추이율은 성립하지 않는다'가 아니라 '추이율은 꼭 성립하지는 않는다' 아니야?"

$a = 1, b = 2, c = 3$일 때 $1 \neq 2 \wedge 2 \neq 3 \Rightarrow 1 \neq 3$ 성립한다

$a = 1, b = 2, c = 1$일 때 $1 \neq 2 \wedge 2 \neq 1 \Rightarrow 1 \neq 1$ 성립하지 않는다

"그건, 내 설명이 부족했네." 미르카가 말했다. "반사율, 대칭률, 추이율에 대한 설명에서 '모든 원소에 대하여'라고 단서를 붙여야 했어. 즉, 하나라도 성립하지 않는 경우가 있다면 성립하지 않는 거야."

"미르카 선배……." 테트라가 우물쭈물 손을 들었다. "이 세 가지 성질에

대해선 대충 알겠어요. 하지만 아까 말했던 '이콜을 일반화한다'는 부분이 이해가 잘 안 가요. 이콜은 수일 때도, 집합일 때도 쓰니까 무척 일반적인 기호라고 생각하는데요."

"동치 관계란, 아까 같은 동치율을 가진 관계를 말하는 거야. 바꾸어 말하면 동치율의 세 가지 성질을 충족시키는 관계는 모든 동치 관계로서 동일시할 수 있지. 이콜이 가지고 있는 특징적인 성질에서 세 가지를 추출해서, 그 성질을 가진 다른 관계를 발견하는 것, 예를 들면 '짝이 겹쳐지는' 관계가 바로 그거야. '짝이 겹치는' 관계는 동치 관계니까, 동치 관계에 대해 말할 수 있는 것은 모두 '짝이 겹쳐진다'는 관계라고 할 수 있는 거지."

"잠깐만요. 저 이거 저번에 분명히 들었는데⋯⋯."

"군론(群論)." 미르카가 말했다.

"맞아요! 군의 공리를 충족하는 연산을 모두 군과 동일시한다."

"같은 관계를 조각조각 나눠서, 거기서 특징적인 세 개의 성질을 꺼내. 그리고 그 성질을 가진 다른 관계를 만드는 거야. 거기에는 분석과 합성에 대한 생각이 나타나 있어. 알겠어?"

"분석과 합성이요?"

"분석한다(analyze)는 '나눈다'는 뜻이지. 합성한다(synthesize)는 '합한다'는 거고. 나눠서 합하면 이해는 깊어지고 더 재미있어져."

"동치 관계에서 어떤 게 가능할까?" 내가 말했다.

"이제까지 네가 해 왔던 걸 할 수 있어."

"응? 내가 뭘 했는데?"

"집합을 '나누는' 거 말야."

몫집합

"집합을⋯⋯ 나눈다고?"

"그래. 집합을 동치 관계로 나누는 거야. 네가 했던 걸 떠올려 보면 돼. 페어 전체의 집합 S에는 무수한 짝이 속해 있어. 너는 동치 관계 ≒를 써서 '겹쳐지는 짝의 집합'과 '정수'를 대응시켰어. 짝 전체의 집합은 제1사분면에 있는 격자점을 이미지화하면 돼. 겹쳐지는 짝의 집합은 사선을 생각하면 되고. '격자점의 집합'에서 '사선의 집합'을 만드는 것이 나누는 작업에 해당해."

"……."

"집합을 동치 관계로 나누면 새로운 집합이 생겨나. 그 집합을 동치 관계에 대한 몫집합이라고 해. 짝 전체의 집합을 ≒로 나누면 '겹쳐지는 짝의 집합'을 원소로 하는 몫집합이 생겨나. 이 몫집합은 다음과 같이 표기해."

$$S/≒$$

"좀 특이하게 생긴 기호지만 핵심은 다음과 같은 관계를 직관적으로 보여주는 표현이야."

집합/동치 관계

"자, 잠깐만요. 몫집합 $S/≒$에 대한 구체적인 이미지가 전혀 떠오르지 않는데요. 그래프에서는 사선으로 나타나지만 그걸 수학적으로 어떻게 보는 건가요?"

"설명만으로는 잘 모르겠지?" 미르카가 말했다. "그럼 $S/≒$을 외연적으로 한번 써 볼게."

$$S/≒ = \left\{ \begin{array}{ll} \cdots & \\ \{\langle 3,1 \rangle, \langle 4,2 \rangle, \langle 5,3 \rangle, \cdots\}, & +2\text{에 대응} \\ \{\langle 2,1 \rangle, \langle 3,2 \rangle, \langle 4,3 \rangle, \cdots\}, & +1\text{에 대응} \\ \{\langle 1,1 \rangle, \langle 2,2 \rangle, \langle 3,3 \rangle, \cdots\}, & 0\text{에 대응} \\ \{\langle 1,2 \rangle, \langle 2,3 \rangle, \langle 3,4 \rangle, \cdots\}, & -1\text{에 대응} \\ \{\langle 1,3 \rangle, \langle 2,4 \rangle, \langle 3,5 \rangle, \cdots\}, & -2\text{에 대응} \\ \cdots & \end{array} \right\}$$

"아, 집합의 집합을 만드는군요."

"집합을 동치 관계로 나누어 몫집합을 만드는 건 흔한 일이야."

"그래요?"

"예를 들어 유리수. 유리수 전체의 집합은 분자와 분모의 쌍을 원소로 가진 집합을 '비가 같다'는 동치 관계로 나눈 집합으로 볼 수 있지."

"아!" 나는 말했다. "그거, 테트라가 말했던 거지?"

"네? 제가요?" 테트라는 자신을 손으로 가리키며 당황했다.

"그 왜 '외측의 합과 내측의 합은 서로 같다'는 짝의 성질이, 비의 성질 '외항의 곱과 내항의 곱은 서로 같다'와 비슷하다고 했었잖아?"

"아……." 아직 확실히 감이 안 오는 모양이다.

"아마 몫집합으로서의 유리수는 이런 형태가 될 거야." 나는 노트에 써 내려갔다. "그러니까…… 분자 분모의 쌍에 대한 걸 예로 들면 '분자, 분모'로 쓴다고 하고……."

$$
\left\{
\begin{array}{ll}
\cdots & \\
\{\langle +1, 2\rangle, \langle +2, 4\rangle, \langle +3, 6\rangle, \cdots\}, & \text{유리수 } +\frac{1}{2} \text{에 대응} \\
\{\langle +1, 1\rangle, \langle +2, 2\rangle, \langle +3, 3\rangle, \cdots\}, & \text{유리수 } +1 \text{에 대응} \\
\{\langle\ \ 0, 1\rangle, \langle\ \ 0, 2\rangle, \langle\ \ 0, 3\rangle, \cdots\}, & \text{유리수 } 0 \text{에 대응} \\
\{\langle -1, 1\rangle, \langle -2, 2\rangle, \langle -3, 3\rangle, \cdots\}, & \text{유리수 } -1 \text{에 대응} \\
\{\langle -1, 2\rangle, \langle -2, 4\rangle, \langle -3, 6\rangle, \cdots\}, & \text{유리수 } -\frac{1}{2} \text{에 대응} \\
\cdots &
\end{array}
\right\}
$$

"테트라는 유리수라는 걸 알고 있었네." 미르카가 말했다.

"아니요……. 그저 짝과 유리수는 형태가 닮은 것 같아서요."

"수학에서는 '형태'가 비슷하면 '본질'도 비슷한 경우가 많아." 미르카가 말했다.

"비가 같다는 동치 관계로 나눈다는 생각은 재미있는걸." 내가 말했다.

"비가 같다는 동치 관계로 나누면……." 미르카가 말했다. "그 몫집합의 원소는 비가 같은 쌍의 집합이 돼. 분수의 '약분'이라는 계산은 비가 바뀌지 않는다는 제약을 지키지. 따라서 약분은 비가 같은 쌍의 집합에서 밖으로 튀어나가지 않도록 움직이는 계산인 셈이야."

"아, 확실히 그건 그러네요." 테트라가 말했다.

"그런데, 몫집합의 원소…… 그러니까 '같은' 원소를 모은 집합에서 원소를 하나 뽑는 경우가 있지. 이걸 대표원이라고 불러."

"대표원……." 테트라가 말했다.

"영어로는 representative." 미르카가 말했다.

"그 집합을 대표하는 원소?" 하고 묻는 테트라.

"그래. 만약 +를 몫집합의 원소끼리의 합이라고 정의하고 싶다면, 그 답이 대표원을 고르는 방법에 의존하지 않아야 해. 그러니까 +가 잘 정의되었다는 걸 정확히 말해야 하지."

"아, 맞아. 어젯밤 딱 그 생각을 했어." 내가 말했다.

"몫집합은 유리수 이외에도 여러 가지가 있어. 예를 들면 정수 전체의 집합을, '3으로 나눈 나머지가 서로 같다'라는 동치 관계로 나눈 몫집합 $\mathbb{Z}/3\mathbb{Z}$는 이렇게 되지."

$$\mathbb{Z}/3\mathbb{Z} = \left\{ \begin{array}{ll} \{\cdots, -6, -3, \quad 0, +3, +6, \cdots\}, & \text{3으로 나눈 나머지가 0} \\ \{\cdots, -5, -2, +1, +4, +7, \cdots\}, & \text{3으로 나눈 나머지가 1} \\ \{\cdots, -4, -1, +2, +5, +8, \cdots\} & \text{3으로 나눈 나머지가 2} \end{array} \right\}$$

"이 표기 $\mathbb{Z}/3\mathbb{Z}$에 나오는 $3\mathbb{Z}$는 '3의 배수의 차이는 무시한다'는 동치 관계를 나타낸다고 생각하면 되겠지." 미르카가 말했다. "그 외에도 몫집합의 예는 얼마든지 들 수 있어. 예를 들어, 이 학교 학생 전원으로 이루어진 집합을

'학년이 같은' 동치 관계로 나눈다면 '같은 학년 학생'으로 이루어진 집합을 원소로 가진 몫집합이 생기게 돼. 그 몫집합은 '1학년생 전체의 집합', '2학년생 전체의 집합', '3학년생 전체의 집합'이라는 세 개의 원소를 가진 집합이 되지."

"미르카 선배! 저, 굉장한 게 생각났어요!" 테트라가 외쳤다.

"뭘 깨달았어?" 내가 물었다. 테트라의 '깨달음'은 수학적으로 대단한 발견이 될 수도 있으므로 흘려들어서는 안 된다.

"혹시나 해서 말인데요. 혹시, 무라키 선생님은 '페아노 산술'이 아니라 '짝의 산술'로, 그냥 말장난이 하고 싶었던 것이 아닐까요?"

침묵이 흘렀다.

"만약, 그렇다면……." 나는 어물거렸다.

"난 그렇지는 않다고 생각하고 싶은데." 미르카는 차갑게 잘라 말했다.

4. 레스토랑

엄마와의 외식

"엄마, 저녁은요?"

아무리 기다려도 식사를 준비하는 소리가 들리지 않아 나는 거실로 나갔다.

"오늘은 아빠가 저녁을 들고 오신다고 하니까 왠지 하고 싶지가 않아서 말야." 엄마는 말했다. "가끔은 외식이라도 할까? 음~ 이태리 식당?"

엄마는 나를 태우고 차로 30분 정도 걸리는 교외의 레스토랑으로 데려갔다. 문을 들어서자 확 풍겨 오는 요리 냄새. "보나셀라!" 하고 외치는 소리. 밝고 따뜻한 이탈리아가 우리를 감쌌다. 엄마는 시푸드 스파게티와 샐러드, 나는 피자를 주문했다.

"아, 맞다. 와인 못 마시지, 차 때문에."

"음주 운전 금지." 내가 말하자 엄마는 김빠진 표정을 지었다.

양 날개로 날아가렴

요리가 나올 때까지 나는 가게 안을 빙 둘러보았다. 커플들과 가족들이 보였다. 배경 음악으로 흐르는 기타 소리가 꽤 컸지만 불쾌할 정도는 아니었다. 건너편 테이블 주변에 가게 사람들이 모여 생일 축하 노래를 열창하고 있었다.

"아, 피자 다 됐나 봐."

나는 코를 킁킁대며 말했다.

"넌 어렸을 때부터 냄새를 잘 맡았어. 자기 냄새에는 둔했지만……. 예전에 왜 유치원에서 오줌 쌌을 때 말야."

"그만해, 엄마."

"그랬던 네가 이제 벌써 고등학교 3학년이구나. 정말 시간 빠르네."

엄마는 테이블에 턱을 괴고 먼 산을 바라보았다.

이제 고3……. 나는 갑자기 불안해졌다.

소란스러운 기타 소리와 아이의 웃음소리가 점차 사라져 갔다.

나는 무엇을 위해 공부를 하는 것일까?

'젊은이에게는 무한한 가능성이 있다'고 많이들 말하지만 시간은 1차원일 뿐이다.

가능성 중 어떤 것을 자신의 시간 위에 사영시킬지 선택해야 한다.

"있잖아, 엄마."

"뭔데?" 디저트 메뉴를 정독하고 있던 엄마가 고개를 들었다.

"난…… 이제까지 뭘 했던 걸까?"

"아리따운 엄마와 식사?"

"왠지 절벽에서 떨어지는 기분이야. 아무 준비도 안 되어 있는데…… 다음 달이면 고3이고 1년간 입시 준비. 매일매일 흘러가고 절벽이 가까워지고……. 디딜 땅이 줄어드는 기분이야. 어떻게 걸어가면 좋을까?"

"하늘을 날아가면 어때?" 엄마가 말했다. "땅이 없어지면 하늘을 날아가면 되지."

"어?"

"한 쌍의 날개를 파닥파닥 움직이면 날아갈 수 있지. 믿을 수 없겠지만 너도 날 수 있단다. 왼쪽과 오른쪽, 양날개가 있으면 충분하지. 절벽은 날아서 넘어가라고 있는 거잖아. 너, 뭐가 무서운 거니?"

"학교 성적이 아무리 좋아도 안 되겠어. 난……."

"성적이 무슨 상관이니. 엄마는 널 낳았어. 처음 걸었을 때도 기억하고 있어. 너 몇천 번이나 넘어졌는데, 잊었니?"

"기억하고 있을 리가 없잖아."

"걸을 수 있을 때까지 정말 얼마나 넘어졌는지……. 하지만 넌 지금 오른발 다음에 왼발, 왼발 다음에 오른발을 내밀면서 당연한 듯 걷고 있잖니. 넌 괜찮아. 준비가 안 되어 있어서 불안하다고? 그게 무슨 소리야. 인생은 부딪쳐 봐야 아는 거야."

엄마는 손에 들고 있던 메뉴판으로 건너편에 있던 내 머리를 '탁' 쳤다.

"마음껏 해 봐, 괜찮으니까. 반드시 걸을 수 있을 거야. 날 수도 있을 거고."

엄마의 이야기는 지리멸렬하고 논리적으로도 의미를 알 수가 없다. 하지만 이상하게도 내 마음은 평온을 찾아가고 있었다. 엄마의 말 때문인가?

"앞으로 인생에서 많은 일이 일어날 거야. 네가 세 살쯤 되었을 때였나? 폭설이 내렸을 때 네가 갑자기 열이 나는 거야. 기침이 너무 심해서 죽을 것만 같았어. 차도 못 갈 정도로 눈이 왔고, 아빠는 하필 그날 집에 늦게 오셨지. 엄마는 너를 업고 근처 마을 병원까지 걸어갔어. 도착했을 때는 거의 눈사람하고 다를 바 없는 상태였지. '완전히 핫코다산*이네'라고 말할 수 있을 정도였어."

핫코다산 얘기는 그동안 수도 없이 들었다. 정말 대사까지 똑같았다. 평소였다면 그만 좀 하라고 한마디했을 테지만……. 오늘은 조금 달리 들렸다.

요리가 왔다.

"자, 먹자!"

"응."

나는 핫소스를 피자 위에 뿌려서 한 입 먹었다.

맛이 최고였다.

---

* 1902년 핫코다산으로 훈련을 간 1개 중대가 혹한으로 병사 대부분이 사망한 사건.

무력 테스트

요리를 거의 다 먹어 갈 즈음, 엄마는 디저트 메뉴를 다시 정독하기 시작했다.

"이거 맛있겠다! 톨트 초콜라타는 초콜릿 타르트고, 크레마 카탈레나는 크림 브륄레를 말하는 걸까? 디저트 메뉴엔 사진이 좀 있으면 좋을 텐데, 설명만으로는 어떤 건지 잘 모르겠는걸."

"그러게."

"넌 무력 테스트가 필요해." 엄마는 메뉴에서 눈을 떼지 않고 말했다.

"무력 테스트?" 대체 무슨 말이람.

"실력 테스트 말고 무력 테스트 말야. 뭘 그렇게 혼자 바짝 긴장하고 그러니? 더 힘껏 릴렉스할 필요가 있어. 모두 너를 좋아하니까."

"모두?"

"네가 낯을 좀 가리기는 하지만 의외로 인기가 있다니까? 보는 눈들은 있어 가지고. 맞아, 이번에 모두 같이 드라이브나 가자! 재미있을 거야."

"그만해, 그렇게 엄마 마음대로 결정하면 곤란해." 내가 말했다.

"내가 운전할 건데, 뭘. 조수석엔 미르카를 앉힐까? 테트라랑, 예예랑, 그리고 유리도 오고 싶어할 텐데. 봐봐, 다섯 명 딱이지?"

"그럼, 나는 어디 타라고!"

수학이란,
서로 다른 것에 같은 이름을 붙이는 예술이다.
_푸앵카레

망설임의 나선계단

우리는 나선을 거쳐 이 세계로 온 거야.
하지만 나는 원래 지구에 있었어.
_하기오 모토, 『모자이크 나선』

1. $\frac{0}{3}\pi$라디안

불쾌한 유리

토요일.

나와 유리는 우리 집 거실에서 전병을 먹고 있었다.

엄마는 차를 끓이면서 이야기를 꺼냈다.

"있잖니, 전에 유원지에 갔을 때 미르카가…….."

엄마의 말에 유리가 깜짝 놀라 벌떡 일어섰다.

"유원지라고요? 미르카?" 나와 엄마를 번갈아 보는 유리.

"요번에 놀러 갔다 왔어." 내가 말했다.

"그런 말 안 했잖아! 미르카 언니랑 오빠 둘이서?"

이상한 낌새를 느낀 엄마는 슬쩍 주방으로 가 버렸다.

엄마, 폭탄을 던져 놓고 어딜 혼자 가는 거야?

"왜 나는 안 데리고 간 거야?"

"그럼 다음에 같이 놀러 가자." 나는 말했다.

"못 믿겠어." 의심의 눈초리로 바라보는 유리.

말을 주고받는 사이 유리는 점점 말수가 줄어들었다. 내가 방에 틀어박히

자, 그녀도 말없이 나를 따라 들어왔다.

이건 루프다.

유리는 뚱한 얼굴로 계속 말이 없었다.

"할 말 있으면 해." 내가 말했다.

"......"

"말하지 않으면 몰라."

"......"

"그럼 네 맘대로 해." 나는 책상으로 몸을 돌렸다.

"......"

입을 꼭 다문 유리는 내 의자를 양손으로 덜컥덜컥 흔들었다.

나는 크게 한숨을 쉬고는 그녀 쪽으로 돌아앉았다.

그리고 '이건 루프다' 상태로 되풀이!

유리와의 대치는 20분 정도 지속되었다.

되풀이되는 루프에 나는 두 손을 들었다. 정말 이길 수가 없네.

"오빠가 미안해. 유리에게 말하지 않고 가서 미안."

어째서 사과해야 하는 거지.

"......" 그녀는 나를 흘끔 보았다.

"아, 그렇지." 나는 좋은 생각이 났다. "봄 방학 때 미르카가 이벤트를 생각하고 있는 모양이야. 요전에 말했던 '괴델의 불완전성 정리' 말야. 미르카가 유리도 부른다고 했어."

"진짜야?"

오, 먹이를 덥석 물었다.

"진짜고 말고. 괴델의 불완전성 정리를 정리해 줄 거야."

"흐응...... 그럼 미르카 언니 얼굴을 봐서 이번엔 용서해 줄게."

유리가 선심 쓰듯이 고개를 끄덕였다.

아, 정말이지 여자애들이란 귀찮구나.

삼각함수

"오빠, 사인과 코사인 좀 가르쳐다옹."

바로 응석 부리는 고양이가 된 건가?

"좋긴 한데…… 수업에 나왔던 거야?"

"남는 시간에 사인 곡선에 대한 얘기가 조금 나왔거든. 무슨 말인지 이해가 안 갔지만."

"그렇구나."

"방과 후에 수학을 좋아하는 친구에게 물어보긴 했는데, 역시 모르겠어서. 개랑 얘기하면 마지막에 항상 화내게 된다니까. 모르는 건 순전히 내 잘못이라면서……. 그래서 매번 싸워."

"아……."

"역시, 오빠가 최고야. 그런 의미에서 사인, 코사인 좀."

"예예……."

내가 노트를 펼치자 유리는 옷에 달린 주머니에서 안경을 꺼내 썼다.

"알기 쉽게 설명해 줘야 해."

"단위원을 써서 설명할게. 단위원은 반지름이 1인 원이야."

나는 원점을 중심으로 단위원을 그렸다.

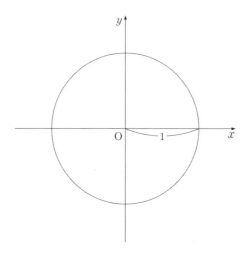

"단위원." 유리가 복창했다.

"원주 위 어딘가에 P라는 점이 있다고 할 때, 이 각도를 θ(세타)라고 해."

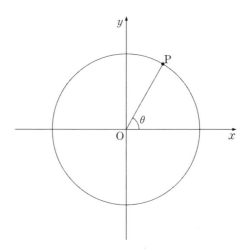

"세타?"

"θ는 그리스 문자야. 오늘날엔 각도를 나타내는 기호로 사용해. 각도에는 θ를 자주 쓰지."

"응, 알았어."

"점 P가 원주 위를 움직일 때, 각도 θ는 변하겠지?"

"그렇겠지."

"그것과 연동해서 점 P의 y좌표도 변해."

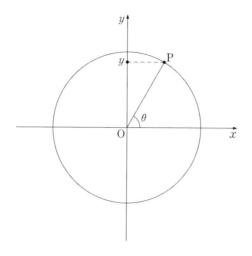

"그야 그렇겠지. P의 높이잖아."

"θ가 실제로 몇 도인지 정해지면 y도 정해져."

"응, 그래."

"점 P가 단위원의 원주 위를 움직일 때, θ에 대응하여 y가 어떤 값을 가질까? 이와 같이, θ에 대한 y의 대응을 나타내는 함수를 사인 함수라고 불러."

"그게 사인, 코사인의 사인이야?"

"맞아. θ가 정해지면 점 P의 y좌표도 정해지잖아? 그 y를 이렇게 써."

$$y = \sin \theta$$

"이 식은 '와이는 사인 세타'라고 읽지."

"사인 세타. 각도 θ로 y가 정해진다고?"

"바로 그거야."

"아, 이렇게 간단한 얘기였구나."

"그렇게 간단한 얘기였어."

sin 45°

"그럼, 코사인이란 뭐야?"

"코사인 이야기를 하기 전에, 사인의 구체적인 값을 알고 넘어가자. 예를 들어, θ가 0°일 때, $\sin\theta$의 값은 얼마일까?"

"음…… 0인가?" 유리는 조금 생각한 후 대답했다.

"맞았어. θ가 0°와 같을 때, y는 0과 같아지니까."

"응. 점 P는 x축 상에 있는 거지?"

"맞아. 그러니까 다음과 같이 쓸 수 있어."

$$\sin 0° = 0$$

"알았다니까."

"θ가 90°일 때, y는 1과 같아져."

$$\sin 90° = 1$$

"이때 점 P는 원의 제일 꼭대기에 있지, 오빠?"

"맞았어. 여기서 θ를 0°부터 360°까지 빙 둘러 움직인다고 하자. 그때 $\sin\theta$ 즉, y가 어떤 범위를 움직일지 알겠어?"

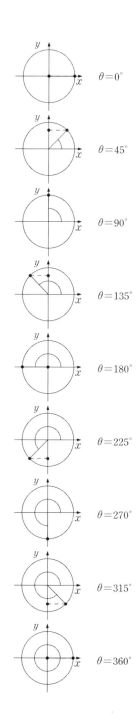

$\theta = 0°$

$\theta = 45°$

$\theta = 90°$

$\theta = 135°$

$\theta = 180°$

$\theta = 225°$

$\theta = 270°$

$\theta = 315°$

$\theta = 360°$

"y는 0과 1 사이를 움직이는…… 아, 아니다! 음수도 되는구나."

"그렇지, 그렇지."

"쭈욱 올라가서 쭈욱 내려오니까, 1과 −1 사이가 되지."

$$-1 \leqq \sin\theta \leqq 1$$

"그래. sin 270°에서 −1이 되고, sin 90°에서 1이 되지."

"알았다니까."

유리는 조금 초조한 어투로 묶은 머리를 풀더니 머리를 다시 묶어 올렸다. 머리가 저렇게 길었구나.

"그럼 sin 45°는 알겠어?" 나는 물었다.

"응? sin 90°의 절반이니까 $\frac{1}{2}$ 아니야?"

"아니야. 아까 그림에서 $\theta = 45°$를 찾아봐."

"으음…… 아, y는 $\frac{1}{2}$보다 조금 크구낭."

"유리라면 sin 45°를 정확히 구할 수 있을 거야."

"각도기 같은 도구를 써서?"

"아니, 계산으로 구하는 거지. 정사각형의 대각선을 상상해 봐."

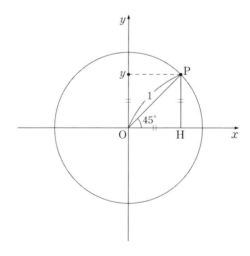

"음……. 대각선의 길이가 1인 정사각형 한 변의 길이?"

"맞았어, 그게 바로 y야! 그래서 답은?"

"음, 그러니까 $\sqrt{2}$……가 아니라, $\dfrac{\sqrt{2}}{2}$"

"어떻게 계산한 거야?"

"어떻게라니, 그냥" 유리가 말했다.

"그럴 수도 있지만 **피타고라스의 정리**를 쓴다면……."

$\overline{OH}^2 + \overline{PH}^2 = \overline{OP}^2$	피타고라스의 정리에서
$\overline{OH}^2 + \overline{PH}^2 = 1$	$\overline{OP} = 1$이니까 제곱해도 1
$\overline{OH}^2 + y^2 = 1$	$\overline{PH} = y$니까
$y^2 + y^2 = 1$	$\overline{OH} = y$니까
$2y^2 = 1$	좌변을 계산하고
$y^2 = \dfrac{1}{2}$	양변을 2로 나누고
$y = \sqrt{\dfrac{1}{2}}$	$y > 0$이니까 y는 $\dfrac{1}{2}$의 양의 제곱근
$= \sqrt{\dfrac{1 \times 2}{2 \times 2}}$	분자 분모에 2를 곱한다.
$= \sqrt{\dfrac{1 \times 2}{2^2}}$	분모는 제곱수
$= \dfrac{\sqrt{2}}{2}$	제곱수는 $\sqrt{}$ 밖으로 꺼낼 수 있다

"어, 난 이런 거 안 했는데." 유리가 말했다. "한 변이 1인 정사각형이면 대각선의 길이는 $\sqrt{2}$잖아? 대각선을 1로 하려면 전체를 $\sqrt{2}$로 나누면 되지. 그러면 한 변은 $\dfrac{1}{\sqrt{2}}$이 되고, 분자 분모는 $\sqrt{2}$를 곱해서 $\dfrac{\sqrt{2}}{2}$."

"응, 그렇게 해도 괜찮아. 그런데 $\sqrt{2}$는 약 1.4잖아?"

"왜?"

"왜냐하면 1.4를 제곱하면 $1.4^2 = 1.96$ 즉, 약 2가 되니까."

"응." 고개를 끄덕이는 유리.

"그러니까 $\dfrac{\sqrt{2}}{2}$는 약 1.4의 절반이니까 약 0.7이 돼."

"흠, 그러네."

"이렇게 sin 45°의 값이 거의 0.7이라는 걸 알았어."

"아, 그렇구나."

"조금 더 정확한 값은 $\sqrt{2}=1.41421356\cdots$이니까 이렇게 되지."

$$\sin 45° = \frac{\sqrt{2}}{2} = \frac{1.41421356\cdots}{2} = 0.70710678\cdots$$

"그렇구냥. sin 45°는 나도 계산할 수 있어."

sin 60°

"그럼, sin 60°는 알겠어?" 나는 물었다.

"그러니까 이 y를 구한다는 건 말야……."

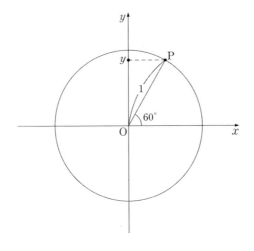

"맞았어. 이제 여기서 눈치 챈 건?"

유리는 그림을 물끄러미 쳐다보았다.

콧대를 손가락으로 문지르며 "이게 아닌데……"라고 혼잣말을 했다.

유리, 끈기가 생겼는걸.

"이렇게 하는 거야? 이제 알았어."

유리가 고개를 들었다. 두 점 A와 Q를 그림에 그려 넣었다.

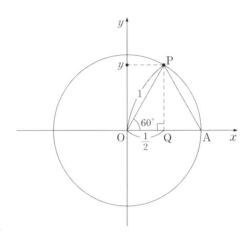

"오, 좋은데!"

"이거 정삼각형이지?"

"그렇지. POA는 정삼각형이야. 변 $\overline{OP}$와 변 $\overline{OA}$는 원의 반지름이니까 길이가 같지. 그렇다는 건 두 각 OPA와 OAP는 서로 같다는 거야. 거기다 각 POA가 60°라는 것과, 세 각 OPA, OAP, POA의 합이 180°라는 것에서 결국 세 각은 모두 60°가 되지. 정삼각형이야."

"맞아, 맞아." 유리가 맞장구쳤다. "그러니까 맨 위 꼭대기 P에서 일직선 아래로 직선을 그리면, 직각삼각형 POQ가 생겨. 그러면 변 $\overline{OQ}$는 변 $\overline{OA}$의 절반이니까 $\frac{1}{2}$이 돼. 따라서 y의 값은 음…… $1^2 - \left(\frac{1}{2}\right)^2$의 루트니까……."

유리는 뭔가 중얼거리며 노트 구석에 계산하기 시작했다.

"알았다, $\overline{PQ} = \sin 60° = \frac{\sqrt{3}}{2}$이야."

"응, 그걸로 충분해. $\sqrt{3}$은 약 1.7이니까 $\sin 60°$는 약 0.85가 되지."

"정확한 값을 알 수 있는 거야?" 묻는 유리.

"조금 더 정확한 값은 $\sqrt{3} = 1.7320508\cdots$이니까, 이렇게 되겠지."

$$\sin 60° = \frac{\sqrt{3}}{2} = \frac{1.7320508\cdots}{2} = 0.8660254\cdots$$

"유리, 계산할 때는 노트를 크게 활용하는 게 좋아. 노트 구석에다 소심하게 계산하지 말고."

"예이~"

"중요한 건데…… 다음으로 $\sin 30°$는 바로 알 수 있겠지?"

"응? 어째서 중요해? 아, 알았다, 알았다! 정삼각형을 눕혀서 $90° - 60° = 30°$를 만들면 되지? $\sin 30°$는 $\frac{1}{2}$이었지?"

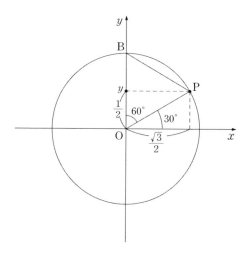

$$\sin 30° = \frac{1}{2}$$

"응, 좋아. 이걸로 θ가 $0°, 30°, 60°, 90°$일 때 $\sin \theta$를 알았어. 각도가 $90°$를 넘을 때는 **대칭성**을 이용하면 돼."

"무슨 뜻인지 모르겠어. 대칭성?"

"원은 좌우 대칭이니까. 예를 들어 $\sin 120°$는 $\sin 60°$와 같아져. 이 그림을 보면 이해가 될 거야."

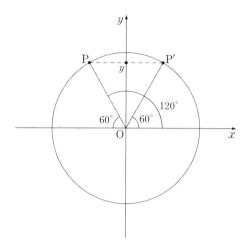

"그렇구나. P의 y좌표는 P′의 y좌표와 같다……. 그러니까 $\sin 120°$는 $\sin 60°$와 같아진다는 말이지? 과연…… 그럼, 나머지도 전부 풀 수 있는 거 아니야? 180°를 넘으면 마이너스를 붙이면 되잖아."

"맞았어."

나는 사인 값을 바로 구할 수 있는 점들을 다시 배열했다.

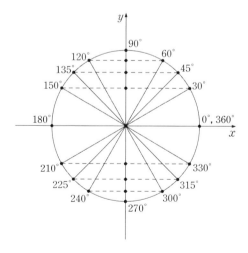

사인 곡선

"있잖아, 오빠. 결국 사인 곡선은 안 나왔네?"

"뭐? 지금까지 뭘 위해 $\sin\theta$를 계산했다고 생각해?"

"뭘 위해선데?"

"사인 곡선을 그리기 위해서지. θ와 $\sin\theta$(즉 y)의 관계를 표로 만들어 보자."

θ	$0°$	$30°$	$45°$	$60°$
$\sin\theta$	$0.000\cdots$	$0.500\cdots$	$0.707\cdots$	$0.866\cdots$

θ	$90°$	$120°$	$135°$	$150°$
$\sin\theta$	$1.000\cdots$	$0.866\cdots$	$0.707\cdots$	$0.500\cdots$

"응응." 유리가 고개를 끄덕였다.

"180° 이상은 마이너스로 하면 돼."

θ	$180°$	$210°$	$225°$	$240°$
$\sin\theta$	$-0.000\cdots$	$-0.500\cdots$	$-0.707\cdots$	$-0.866\cdots$

θ	$270°$	$300°$	$315°$	$330°$
$\sin\theta$	$-1.000\cdots$	$-0.866\cdots$	$-0.707\cdots$	$-0.500\cdots$

"응응."

"그리고 $\sin 360°$는 0으로 되돌아오지. 사인 곡선, 알겠어?"

"무슨 소리야?" 유리가 물었다.

"이런 소리지." 나는 점을 그려 넣었다.

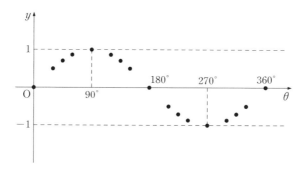

점 θ, $\sin\theta$를 표시한다

"아, 앗! 이건……." 유리가 몸을 앞으로 내밀었다.

"그래. 이 점을 매끄럽게 이으면……."

"내가 할래!"

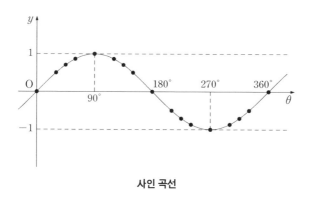

사인 곡선

"그래그래." 내가 말했다.

"사인 곡선이 나왔어. 어라? 미안, 오빠. 모르겠어. 아까 그린 단위원하고 이 사인 곡선이 서로 다른데, 같은 그래프 맞는 거야?"

"너, 그래프 보는 기본을 잊어버렸구나. 그래프를 읽을 때는 **축을 먼저 봐야 해**. 아까 단위원을 그렸을 때는 횡축이 x고, 종축이 y였지? 그러니까 그 단위원은 x와 y의 관계를 나타내고 있어. 지금 그린 사인 곡선에서 횡축은 θ가 되어 있지. 사인 곡선은 θ와 y의 관계를 말해."

- **단위원은**
  점 P의 움직임을 'x와 y의 관계'라고 보고 그래프로 만든 것
- **사인 곡선은**
  점 P의 움직임을 'θ와 y의 관계'라고 보고 그래프로 만든 것

"이해하겠어?"

"과연 그렇구냥. 사인 곡선, 조금 감이 왔어."

"그거 잘됐네." 나는 고개를 끄덕였다.

"단위원에서는 x, y, θ가 그래프로 보이지만, 사인 곡선에서는 θ와 y만 보이는 게 신경 쓰이긴 해도……. 뭐, 그것보다 오빠……."

유리는 천천히 안경을 벗어 접어 넣었다.

"그런데…… 나, 알아낸 게 하나 더 있어. 수학이 아니라 나에 관련된 건데. 있잖아, 나 너무 성질이 급한 것 같아. 예를 들면 아까도 사인 얘기를 들으니까 바로 코사인은? 이렇게 생각했다니까. 자꾸 서둘러 다음으로 나가려고 해."

"서두른다고?"

"응. 왠지 이해가 팍팍 될 때는 '알았으니까 빨리 다음으로 넘어가자'고 생각하고, 이해가 안 될 때는 '귀찮으니까 이제 그만할까'라는 생각이 들어. 하지만 오빠는 아니지? 왠지 차분해 보이는데."

"서두를 필요 없어. 왜냐하면 수학은 현재에 이르기까지 몇백 년, 몇천 년이 걸렸는걸. 각 시대 최고의 두뇌들이 지혜를 쥐어짜고 쥐어짜서…… 지금 수학책에 실린 기호나 수식, 사고들이 생겨날 때까지는 상상도 할 수 없는 여정들이 겹치고 겹쳐진 거야. 그러니까 보고 금방 이해를 못 해도 상관없어. 오히려 모르는 게 나을지도……."

"몰라도 괜찮아?"

"이해했다고 생각하는 것보다는 훨씬 나아. '이 수학책에 쓰인 건 이런 의미일지도 몰라. 하지만 진짜 의미를 나는 아직 모르고 있을지도 몰라' 정도가

딱 좋아."

"불타올랐다가 금방 꺼져 버리는 사랑보다 꾸준히 불타는 사랑이 중요하다는 거지?"

"무슨 소리야, 그게?"

"그건 그렇다 치고, 이제 슬슬 코사인으로 넘어가자."

"사인은 θ와 y의 관계였지? 코사인은 θ와 x의 관계야."

"아……."

"이다음은 스스로 연구해 봐."

"오호, 그렇게 나오시겠다?"

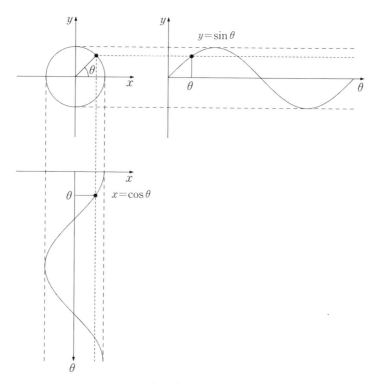

$y=\sin\theta$와 $x=\cos\theta$의 관계

2. $\frac{2}{3}\pi$ 라디안

라디안

"……라고 유리에게 말했어." 나는 테트라에게 유리와 함께한 수학 공부 이야기를 했다.

"사인, 코사인……. 삼각함수는 어려워요." 테트라가 말했다.

지금은 점심시간. 나와 테트라는 옥상에서 점심을 먹고 있었다. 매우 맑은 날씨였다. 내일은 종업식. 모레부터는 봄 방학이다.

"그래? 잘 알 거라고 생각했는데."

"아는 부분도 있지만 '완벽하게 이해했다'고는 할 수 없어요."

"수학자라도 그런 말을 하는 사람은 없어."

"음 그러니까…… '완전히 이해하고 있지 않은 느낌'이 떠돌고 있다고 할까요."

"예를 들면?"

"예를 들면, 삼각함수 이전에 라디안을……."

"아하, 그렇구나."

"라디안은 각도의 단위잖아요? $90°$는 $\frac{\pi}{2}$라디안과 같고, $180°$는 π라디안과 같고, $360°$는 2π라디안과 같고……. 이런 건 알겠어요. '라디안'이 '$°$(도)'와 비례한다는 것도요. 하지만 대체 왜 $360°$가 2π라디안인지 실제로 이해하진 못했어요."

테트라는 젓가락을 메타 계기 바늘 다루듯 빙글 돌렸다.

"라디안은 '호의 길이가 반지름의 몇 배인가?'를 생각해 보면 간단해."

"호의 길이가 반지름의 몇 배인가……요?"

"예를 들어 $360°$는 몇 라디안인지를 알아본다고 치자. 원의 반지름을 r이라고 하면, $360°$에 대응하는 호…… 그러니까 원주 전체의 길이는 어떻게 될까?"

"반지름이 r인 원주…… 네, $2\pi r$이에요."

$$반지름이\ r인\ 원의\ 원주 = 2 \times 원주율 \times 반지름$$
$$= 2 \times \pi \times 반지름$$
$$= 2 \times \pi \times r$$
$$= 2\pi r$$

"응. 그럼 $2\pi r$은 반지름 r의 몇 배일까?"

"$2\pi r$을 r로 나누는 거니까, 2π배, 아…… 2π라디안인가요?"

"맞았어. 라디안은 '각도의 크기'를 '호의 길이'로 측정하지. 하지만 원의 반지름이 2배가 되면 각도는 바뀌지 않는데, 호의 길이도 2배가 되어 버려. 그러니까 '호의 길이가 반지름의 몇 배인가?', 바꾸어 말하면 '호의 길이와 반지름의 비'에 따라 각도를 나타내는 거지."

"어째서 $360°$면 안 되는 걸까요?"

"빙 둘러 한 바퀴가 $360°$인 건 아마도 360에 약수가 많기 때문일 거야. 안 될 건 없지만, 굳이 말하면 자의적이라고 할 수 있지. 360이라는 수가 별안간 튀어나오니까. 그에 비하면 반지름과 그 비로 각도를 표현하는 것이 자연스럽다는 거지. 뭐, 이것도 그러기로 한 거지만."

"네."

"중심각이 원에서 만들어 내는 호의 길이와 반지름의 비로 나타내는 각도가 라디안이야. 예를 들어 반지름 r인 원에서 $60°$를 만드는 호의 길이는 다음과 같아."

$$2\pi r \times \frac{60°}{360°} = 2\pi r \times \frac{1}{6}$$
$$= r \times \frac{\pi}{3}$$

"$r \times \frac{\pi}{3}$는 반지름의 $\frac{\pi}{3}$배가 되지. 그러니까 $60°$는 $\frac{\pi}{3}$라디안과 같아."
나는 수첩을 꺼내서 그림을 그렸다.

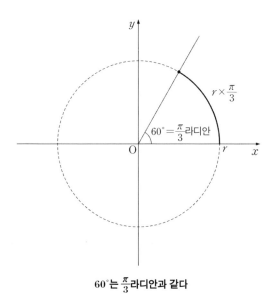

60°는 $\frac{\pi}{3}$라디안과 같다

"아, 머릿속으로 이미지가 떠오르기 시작했어요!" 테트라가 말했다.

가르친다는 것

점심을 다 먹은 테트라는 도시락을 핑크색 손수건으로 쌌다.

나는 먹고 난 빵 봉지를 주머니에 집어넣고 일어서서 기지개를 켰다.

"최근 친구들이 저한테 수학을 물어봐요." 그녀가 말했다.

"응, 수학을 가르치면 공부가 많이 되지?"

"하지만 설명을 잘 못해서요. '됐어, 이제 괜찮아'라는 말도 많이 들어요."

"그렇구나." 내가 말했다.

"스스로 배우는 것과 남에게 가르치는 건 비슷해 보이지만 많이 달라요."
테트라는 말했다. "학교 선생님들은 대단해요. 지금까지는 뭐랄까, 좀 더 잘
가르쳐 주었으면 하는 불만이 있었는데, 가르친다는 건 정말 대단한 일이에
요. 게다가 그 많은 학생들에게."

"그렇지."

"선배는 가르쳐 주는 걸 너무 잘해서 대단한 것 같아요."

"하지만 나도 많은 사람을 대상으로 가르치기는 힘든걸. 테트라는 내 말을 듣다가 여러 번 질문하잖아? '여기를 모르겠어요'라고. 그게 정말 도움이 돼. 그게 없으면 '과연 알아들었을까?' 하고 의문을 가지면서 가르쳐야 하니까."

"하지만……" 하고 나는 혼자 생각했다.

수학을 깊이 배운다면 가르친다는 게 훨씬 더 어려워지지 않을까? 수학의 최전선에 가까워질수록 산에서 발굴하기만 한 원석들, 바다에서 주워 올려 놓기만 한 조개껍질들, 혹은 따놓기만 한 과일 같은 것들만 수두룩해지는 건 아닐까? 진가는 아직 알 수 없지만 아름답고 성성하다. 그런 걸 가르친다는 것이 가능한 일일까?

"선배?"

"아, 미안. 조금 생각할 게 있어서."

테트라는 손수건의 매듭을 만지작거리면서 말을 꺼냈다.

"저, 이 학교에 와서 다행이라고 생각해요."

"그렇다니 다행이네."

"저기…… 저…… 입학하고 나서 선배께 편지를 드리기 정말 잘한 것 같아요."

"응. 나도 기뻤어."

"어, 저기…… 저…….."

오후 수업 예비 종이 울렸다.

"저기, 저기…… 또 점심, 같이 먹어요!"

3. $\frac{4}{3}\pi$ 라디안

휴강

교실에 이르니 미르카가 문 앞에 서 있었다.

"오늘은 오후 휴강이야."

"무슨 일인데?"

나는 영문도 모른 채 그녀에게 이끌려 학교를 나왔다.

나는 잰걸음으로 앞서가는 그녀의 뒤를 쫓았다. 큰길을 빠져나가 교차로를 지났다. 여느 때와 다른 시간에 평소와 다른 통학로를 지나는 건 이상한 기분이다.

역. 우리는 전철에 올라 나란히 자리에 앉았다.

잉여

화창한 햇살 속 전철은 느긋하게 달렸다. 어디로 가는 걸까?

"휴강이 아니라 땡땡이네." 내가 말했다.

"점심시간에 어디 있었어?" 미르카는 안경을 닦으면서 물었다.

"응, 옥상."

"흐웅……." 그녀는 안경을 다시 쓰고는 내 눈을 보았다.

"테트라와 점심 먹었어." 나는 조금 빠르게 말했다.

"테트라는 좋은 애지?" 미르카는 말했다.

"라디안에 대해 이야기했어."

"테트라는 좋은 애지?"

"$360° = 2\pi$ 라디안 같은 이야기를 했는데……."

"테트라는 좋은 애지?"

"응, 그렇지." 나는 동의했다.

"$\theta \bmod 2\pi$에 대해서도 얘기했어?"

"어?"

"똑같은 일을 반복하는 것에 대한 이야기."

"무슨 일?"

"종이 줘." 미르카가 말했다.

내가 노트와 샤프를 꺼내 건네자, 그녀는 식을 하나 썼다.

$$\theta \bmod 2\pi$$

나는 생각했다.

음……. 원래 θ mod 2π라는 식은 a를 'm으로 나눈 나머지'라는 것이다. 소위 말하는 'm으로 나눈 잉여분'이 되는 것이다. 예를 들면 17 mod 3＝2가 된다.

왜냐하면 17을 3으로 나눈 나머지가 2가 되니까. a mod m은 a도 m도 정수로 생각하는 것이 보통이다.

하지만 미르카는 θ mod 2π라고 썼다. 이것은 θ를 2π로 나눈 나머지?

실수를 실수로 나눈 나머지…… 어떻게 생각해야 좋을까?

힐긋 미르카를 보니 그녀는 전철 창문 너머로 바깥을 바라보고 있었다.

모르는 척하고 있지만 그녀의 의식은 이쪽을 향해 있다.

θ니까 각도인가? 2π로 나눈 나머지라니, 뭐지?

"아, 알았다." 내가 말했다. "원주 위를 점이 빙글빙글 돈다고 치면……. 음, θ라디안만큼 돌았을 때, 점은 결국 θ mod 2π라디안 돈 것과 같은 위치에 있게 되는 거지?"

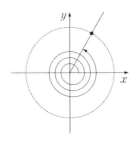

θ라디안 회전할 때

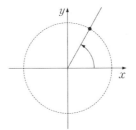

θ mod 2π라디안 회전할 때

"맞아." 미르카는 이쪽을 보고 말했다. "예를 들면 두 개의 실수 x, y에 대해 다음과 같은 관계라고 생각해 보자."

$$x \bmod 2\pi = y \bmod 2\pi$$

"바꿔 말하면 '2π로 나누었을 때 x, y는 나머지가 같은 수'라는 관계야. 이렇게 쓰는 편이 이해하기 쉬우려나?"

$$x \equiv y \pmod{2\pi}$$

"이 관계는 반사율, 대칭률, 추이율을 충족하지. 즉 동치 관계야. 이 동치 관계로 실수 전체의 집합 $\mathbb{R}$을 나눌 거야."

"……"

"우리가 θ라는 각을 볼 때, 실은 몫집합의 한 원소인 $\{2\pi \times n + \theta \mid n$은 정수$\}$에 속해 있는 무수한 각의 겹침을 보고 있는 거야."

"그렇구나, 이런 경우에도 동치 관계와 몫집합이 나오는구나."

미르카가 돌연 자리에서 벌떡 일어났다.

"왜 그래?"

"도착했어. 내리자."

등대

역 안에 들어가자 바다 냄새가 물씬 풍겼다.

"이쪽이야." 역을 나와서 그녀는 좁은 길로 들어섰다. 돌아보지도 않는다.

"잠깐만 기다려."

길을 빠져나가자 푸른 하늘을 뒤로하고 새하얀 등대가 서 있었다.

"저기." 미르카가 말했다.

등대 앞에 있는 문을 열고 안으로 들어갔다. 급경사진 나선 계단이 꼭대기까지 이어져 있었다.

망설임 없이 올라가는 미르카. 나도 따라 올라갈 수밖에.

몇 바퀴를 돌아 꼭대기에 도달했다.

하얀색 문을 빠져나가 밖으로 나가자, 시야 가득 바다가 펼쳐졌다.

저 멀리 수평선이 보인다.

파도가 끊임없이 만들어 내는 빛이 반짝이고 있었다.

아, 등대 위에서 바라보는 바다는 이렇게 멋진 것이었구나.

봄의 바다.

해수욕을 하는 사람은 없었다.

산들바람이 불어왔다.

짠 바다 냄새.

"유학을 권유받았어." 미르카가 말했다.

"뭐?"

"유학을 권유받았어." 미르카가 반복했다.

"어······."

"고등학교 졸업하면 미국 대학으로 유학 가는 게 어떠냐고."

"누가?"

"나라비쿠라 박사님. 미국에 있는 수학 연구소 소장님이야. 내 작은아버지."

"벌써······ 결정한 거야?"

"결정했어."

"가는구나."

"그래." 미르카는 고개를 끄덕였다.

"······." 나는 가슴이 차갑게 식었다.

"나는 수학을 할 거야. 그쪽 대학을 가면 바쁘겠지만 그만큼 수학 공부를 잘할 수 있을 것 같아. 올해는 미국에 가서 연구소도 둘러보고 오려고."

아, 난······ 난 뭘 하고 있는 거지?

고등학교를 졸업하면 미르카와 같은 대학을 가리라고 생각했었나?

진로에 대한 이야기를 나눈 적은 없는데······.

졸업하면 헤어지는 거구나.

"몰랐어." 나는 잠시 후에 말했다.

"응?" 미르카가 내 쪽을 돌아보았다. 바닷바람에 긴 머리칼이 파도 쳤다.

"유학 얘기, 예전부터 있었지? 하지만 지금까지 난 전혀 몰랐어. 조금도, 정말로. 미르카의 진로에 대해······."

"······."

"내가 믿음이 안 갔던 거겠지." 나는 말투에 가시를 숨길 수가 없었다.

"아무것도 말하지 않았던 건 내가 결정하지 않아서였어." 그녀가 말했다.

나는 그녀의 곤란한 듯한 어투를 무시했다.

"그리고―나는―이제―미르카―옆에―있을 수 없다?"

나는 대체 무슨 말을 하고 있는 걸까?

"그렇지 않아. 난…… 그냥 네가 들어 줬으면 했어. 그뿐이야."

하지만 그런 말을 듣고 나는 대체 뭐라고 대답해야 할까?

해안가

우리는 말없이 등대를 내려와 긴 해변을 따라 걸었다.

다가왔다가 물러나는 파도.

계속 반복되고 또 반복되는 파도.

파도가 칠 때마다 많은 해초가 떠밀려 올라왔다.

유학? 그러면 그렇지. 그녀 정도의 재능이라면 미국뿐 아니라 더 넓은 세계에서 배워야 한다. 그녀는 그럴 만한 가치가 있다.

근데 나의 이 쪼잔함은 뭘까? 소중한 여자가 날개를 펴려고 하는데 비꼬는 말밖에 나오지 않는다. 나는 아직 어리다.

그게 너무 분하다. 그게 너무 꼴사납다.

그때 커다란 충격이 왼뺨을 쳤다.

비틀거리던 나는 다음 순간, 그 충격이 아픔으로 느껴졌다.

"바보!"

얼굴을 찡그린 미르카가 손을 올리고 있었다.

"어?" 나는 비뚤어진 안경을 바로 썼다.

"이러든 저러든 또 '분하다', '꼴사납다' 이런 생각 하는 거지?"

내 뺨을 때린 미르카의 손이 내려갔다.

"넌 바보야. 분하다는 말로 뭐가 바뀌니? 꼴사납다고 생각하면 뭐가 바뀌는데? 네가 우울해한다고 해도 세상은 아무것도 변하지 않아."

"나는……."

"넌 머리가 좋아. 주변을 보고 그 머리로 잘 생각해 봐. 모두 너를 좋아해. 테트라도, 예예도, 유리도, 너희 엄마도……. 네가 우울해하면 아무도 행복해지지 않아. 그러니까 그러지 말라고!"

"난……."

"우울해하지 마. 우울해지지 마. 그런 기분에 빠지는 자신에 취하지 말라고."

"난…… 언제까지나 같은 곳만 빙글빙글 돌고 있는 어린애랑 똑같아."

미르카는 바로 목소리를 누그러뜨리며 달래는 듯한 어조로 말했다.

"네게는 모든 차원이 보여?"

"……."

"너는 원주를 도는 점만 보이고 있어."

"……."

"너는 나선이 보이지 않는 거야."

"……."

"그러니까 우울해하지 마…… 응? 기분 풀어."

미르카는 그렇게 말하고 눈을 감았다.

소독

발치의 모래사장을 바라보는 미르카. 그녀를 바라보는 나.

있는 힘껏 얻어맞은 뺨은 아직 얼얼했다.

하지만 왠지 후련했다.

'네가 우울해한다고 해도 세상은 아무것도 바뀌지 않아.'

'우울해하는 자신에게 취하지 마.'

아팠지만 그 말대로였다.

고등학교를 졸업하면 미르카가 유학을 간다.

그 사실을 받아들여야만 한다.

그것이 현재라는 시간에서 내가 할 수 있는 일이다. 우선은 그것부터 시작이다.

"미르카."

"……." 고개를 드는 미르카.

"여러 가지로 미안해. 내가 너무 꼴사나웠지."

"응……." 그녀는 내 얼굴을 빤히 바라보았다.

"우울해지지 않게 노력할게."

"빨개졌어." 그녀가 내 왼뺨을 가리키며 말했다.

"어?" 얼굴을 쓰다듬자 손에 피가 묻어 나왔다.

"내 손톱에 긁혔나 봐." 미르카가 자기 손을 내려다보며 말했다.

"아, 아까……." 내려칠 때 손톱이 부러졌나?

"소독하자." 그녀는 얼굴을 슥 가까이 대더니 내 뺨을 혀로 날름 핥았다.

"……!"

"소독 완료, 바다 맛이 난다."

미르카는 그렇게 말하고 다정하게 미소 지었다.

만약 네가 수학자가 되고 싶다면,
주로 미래를 위해 일을 해야 한다는 것을
깨달아야 한다.
_『수학에 대한 세 개의 대화』

괴델의 불완전성 정리

1. 나라비쿠라 도서관

입구

"그만, 이제 지쳤어."

"여긴가요?"

"응."

지금은 봄 방학. 유리, 테트라, 나 세 사람은 나라비쿠라 도서관까지 왔다. 언덕 위에 있는 3층짜리 건물. 옥상에는 둥근 돔이 올라가 있다. 역에서부터 걸어온 우리를 입구에 새겨진 로고가 반겨 주었다.

안에는 호텔 로비 같은 공간이 펼쳐져 있었다. 올려다보니 각 층이 회랑처럼 뻥 뚫린 천장 주위를 돌고 있었다. 느긋해 보이는 소파가 여기저기 놓여

있어 이용자들이 책을 읽고 있었다. 도서관 특유의, 많은 책 냄새가 났다.

"어느 쪽으로 가면 되나요?" 테트라가 두리번거렸다.

"미르카가 말해 놓는다고 하긴 했는데……." 나는 말했다.

안내대에서 잘생긴 남자가 방이 있는 곳으로 안내해 주었다.

"방은 1층의 '크롤린'이래." 나는 복도를 걸으며 말했다.

"테트라 언니, 지금 저 사람 엄청 잘생겼죠?" 속삭이는 유리.

"저 사람은 사서일까요?" 테트라.

"결혼반지 안 끼고 있던데!"

그 찰나의 순간에 잘도 반지 따위를 체크했군……. 아, 여기다.

나는 'Chlorine'(염소, Cl. 원소 기호 17번)이라고 쓰인 문을 열었다.

염소

"왔어?" 미르카가 말했다.

"미르카, 여긴 뭐야?" 나는 의자에 앉아 방을 둘러보았다.

방 중앙에는 타원형 테이블이 있었고, 그 주변에는 등받이가 붙어 있는 의자가 늘어서 있었다. 벽 한 면은 전부 화이트보드로 되어 있어 마치 회의실 같은 분위기를 냈다. 방구석에는 내선 전화와 책장이 있었다. 넓은 창문에서 정원처럼 보이는 초록 풍경이 눈에 들어왔다.

"여기? 도서관이지." 미르카가 말했다.

"나라비쿠라 도서관……이었나요?" 테트라도 앉으면서 말했다.

"맞아. 나라비쿠라 박사님의 사립 도서관." 미르카가 말했다. "장서 코너에 수학 관련서가 충실하게 비치되어 있어. 이 방처럼 회의나 스터디에 쓰는 설비도 있고. 때때로 작은 국제회의도 열리는 모양이야. 몇 번 정도 수학 학회에 참가해 봤는데 쓰기 편하더라고."

헤에, 미르카는 그런 학회에도 참가하는구나.

"미르카 선배, 오늘은요?" 유리가 물었다.

"하루 종일 함께 '수학을 수학하는' 거야."

"수학을 수학한다구요?"

"현대 논리의 출발점, **괴델의 불완전성 정리**를 함께 생각해 보자. 고등학교 도서실에선 제약이 많고 유리도 올 수 없으니까."

"완전 좋아요! 아, 맞다. 미르카 언니, 이거 받아 주세요!"

유리는 작은 종이 쇼핑백을 내밀었다. 과자가 들어 있다.

"흐응……. 그럼 이건 간식으로 다 같이 먹도록 하자."

미르카는 화이트보드 앞에 서서 마카를 손에 들었다.

"긴 여정이 될 것 같으니까 대략적인 내용을 설명해 줄게."

◆◆◆

먼저, **힐베르트 계획**에 대해 이야기할게. 수학자 힐베르트는 수학에 확고한 기초를 만들려고 했어. 그게 힐베르트 계획이지.

다음으로 **괴델의 불완전성 정리**에 대해 설명할게. 괴델이 증명한 불완전성 정리는 힐베르트의 애초 계획대로는 달성 불가능하다는 것을 드러냈지. 증명 전에, 그 정리 자체에 대해 말할게.

그다음에 그 괴델의 **불완전성 정리에 대한 증명**을 차근히 따라가 보면서 해보자. 이 대목은 길어질 예정이니까 점심을 먹은 다음 간식도 먹으면서 할 거야.

그리고 마지막으로 **불완전성 정리의 의의**에 대해 생각해 보자. 불완전성 정리라고 하면 힐베르트 계획을 무너뜨렸다든가, 수학의 한계를 나타냈다든가 등등 부정적으로 보는 견해가 많지. 하지만 불완전성 정리는 현대 논리의 기초를 만든 정리야. 불완전성 정리의 건설적인 의의야말로 주목할 만한 것이야.

그럼, 바로 시작하자.

2. 힐베르트 계획

힐베르트

다비드 힐베르트는 19세기부터 20세기 초반에 이르기까지 활약한 대표적인 수학자야. 그는 수학에 견고한 기초를 만들기 위해 **힐베르트 계획**을 시도했지. 이 계획은 다음과 같은 3단계로 이루어져 있어.

- 형식적 체계의 도입

  수학을 '형식적 체계'로 표현한다.
- 무모순성의 증명

  수학을 표현한 형식적 체계에 '모순이 없다'는 것을 증명한다.
- 완전성의 증명

  수학을 표현한 형식적 체계가 '완전하다'는 것을 증명한다.

형식적 체계의 도입 — 힐베르트는 수학을 '형식적 체계'로 표현하려고 했어. 수학은 매우 광범위한 학문이고, 수많은 분야에 걸쳐 있지. '수학이란 무엇인가?'를 명확하게 규정하지 않는 이상, 견고한 기초를 구축하는 것은 불가능해. 그래서 힐베르트는 수학이라는 것을 '형식적 체계'로 보기로 했어. 기호의 예로서 논리식을 만들어서. 논리식 안에서 공리라 불리는 것을 정하고 말야. 논리식에서 다른 논리식을 이끌어 내기 위한 추론 규칙을 정하고, 공리부터 시작해서 추론 규칙의 연쇄로 구한 논리식을 정리라고 불렀지. 정리에 이를 때까지의 논리식들을 형식적 증명이라고 해. 만약, 형식적 체계에 있어서의 형식적 증명이 어떠한 의미로 수학에 있어서의 증명을 표현하고 있다면, 그 형식적 체계는 확실히 수학의 일면을 보여 주었다고 할 수 있지. 수학이 형식적 체계로 표현되었다면, 그다음엔 그 형식적 체계에 대해 연구만 하면 되니까.

무모순성의 증명 — 힐베르트는 수학을 표현한 형식적 체계가 만들어졌다고 했을 때, 그 형식적 체계에는 '무모순성'이 필요하다고 생각했어. 여기서 말하는 '무모순성'이란, 형식적 체계의 어떤 논리식 A에 대하여 'A와 $\neg A$ 둘 다 형식적으로 증명될 일은 없다'라는 성질이지. 원래 모순된 형식적 체계에서는 모든 논리식이 형식적으로 증명되어 버리기 때문에 그다지 의미가 없어. 만약, 수학을 표현한 형식적 체계의 무모순성이 증명될 수 있다면, 우리는 A와 $\neg A$ 둘 다 형식적으로 증명될 수 없다고 확신할 수 있지.

무모순성을 증명한다고 해도 그 증명의 유효성이 의문시되어서는 곤란해. 힐베르트는 의미를 배제한 형식적 체계를 써서, 그 자신이 모순되지 않았다는 것을 명확하게 증명하려고 했던 거야.

완전성의 증명 — 힐베르트는 수학에 견고한 기초를 만들어 주기 위해서는 무모순성만으로는 안 된다고 생각했어. 수학을 표현하는 형식적 체계는 무모순성뿐만 아니라 완전성도 갖춰야만 하지. 여기서 말하는 완전성이란 그 형식적 체계의 어떤 문장 A에 대하여 'A와 $\neg$A 적어도 한쪽은 형식적으로 증명할 수 있다'라는 성질이야. 수학을 표현한 형식적 체계의 완전성이 증명되었다면, 우리는 A와 $\neg$A 적어도 한쪽은 형식적으로 증명할 수 있다고 확신하게 되지.

힐베르트는 '형식적 체계의 도입'으로 수학을 표현하고, '무모순성의 증명'으로 A와 $\neg$A 둘 다 형식적으로 증명할 수 없다는 것을 나타내고, '완전성의 증명'으로 A와 $\neg$A 적어도 한쪽은 형식적으로 증명할 수 있다는 것을 보여 주고자 했어. 그는…… 그렇지, 말하자면 '형식적 증명의 빛이 닿지 않는 어둠은 없다'라는 것을 보여 주고 싶었던 거야.

형식적 체계의 도입, 무모순성의 증명, 완전성의 증명으로 수학의 기초 만들기! 자, 힐베르트 계획에 대해 다들 이해했어?

- **형식적 체계의 도입**

  수학을 '형식적 체계'로 표현한다.

  즉, 수학을 형식적인 기호의 예로 표현한다.

- **무모순성의 증명**

  형식적 체계에 '모순이 없다'는 것을 증명한다.

  즉, 임의의 논리식 A에 대하여,

  'A와 ¬A 둘 다 형식적으로 증명할 수 없다'는 것을 증명한다.

- **완전성의 증명**

  형식적 체계가 '완전하다'는 것을 증명한다.

  즉, 임의의 문장 A에 대하여,

  'A와 ¬A 적어도 한쪽은 형식적으로 증명할 수 있다'는 것을 증명한다.

퀴즈

"미르카 언니!" 유리가 말했다. "이야기 중에 '형식적 증명'과 '증명'이라는 말이 나왔는데요."

"응? '유리에게 예습해 두라고 해'라고 네 오빠에게 부탁했는데……." 미르카가 그렇게 말하고 나를 보았다.

"저번에 얘기했잖아? 유리." 내가 말했다.

"형식적 증명은 듣긴 했는데……." 입을 다무는 유리.

"그럼 간단히 훑고 지나가자." 미르카는 말했다. "형식적 체계는 '기호'의 예로 '논리식'을 결정해. 논리식 중에서 '공리'라고 불리는 것을 정하지. 그리고 논리식에서 논리식을 이끌어 내는 '추론 규칙'도 결정해."

그녀는 손가락을 빙글빙글 돌리며 이야기를 계속했다.

"'형식적 증명'이라는 것은 논리식의 유한열 $a_1, a_2, a_3, \cdots, a_n$의 일종으로, 다음 조건을 만족하는 거야."

- a_1은 공리다.

- a_2는 공리다. 또는,

  a_1에서 추론 규칙으로 a_2를 이끌어 낼 수 있다.

- a_3은 공리다. 또는,

  a_1, a_2 중 한쪽(혹은 양쪽)에서 추론 규칙으로 a_3을 이끌어 낼 수 있다.

- ······

- a_n은 공리다. 또는,

  그 이전의 논리식 중 어떤 것으로부터 추론 규칙으로 a_n을 이끌어 낼 수 있다.

"이때, 아까와 같은 논리식의 예 $a_1, a_2, a_3, \cdots, a_n$을 '형식적 증명'이라 하고, 마지막 최후의 논리식 a_n에 대한 것을 '정리'라고 해. 그렇기 때문에 '형식적 증명'이라는 것은 형식적 체계의 '논리식의 예' 중 하나에 지나지 않아. 형식적 체계 안에서의 이야기야. '형식의 세계' 개념이라고 봐도 좋고."

우리는 모두 고개를 끄덕였다.

"한편, 형식적이지 않은 쪽의 '증명'은 소위 말하는 수학의 증명을 말해. 형식적 체계 이외의 이야기지. '의미의 세계' 개념이라고 봐도 좋아. 때때로 형식적 증명을 '증명'이라고 줄여 부르거나 하니까 좀 헷갈리긴 하지만······. 그럼 유리!"

"네!" 유리는 벌떡 일어났다.

"**퀴즈**로 이해했는지 확인해 볼게."

'형식적 체계에서 공리는 정리라고 볼 수 있는가?'

"으으, 모르겠어요."

"그럼 테트라." 미르카는 테트라를 가리켰다.

"볼 수 있다······고 생각해요." 테트라는 대답했다. "정리라는 것은 형식적 증명의 마지막에 나오는 논리식을 말해요. 예를 들어 a가 공리라고 하고, 이 공리 하나만으로 끌어낼 수 있는 논리식을 생각해 봐요. 이건 형식적 증명의 조건에 부합하는 거죠. 이 예에 나오는 마지막 논리식(처음이자 마지막이지만)은 a 자신이에요. 따라서 a는 정리가 되는 거죠. 그렇기 때문에 어떤 공리도 정리라고 할 수 있어요."

"좋아." 미르카가 화답했다.

"으…… 그렇구나." 유리가 중얼거렸다.

"다음 퀴즈." 미르카는 바로 설명을 이어 갔다. "완전한 형식적 체계 X로, 문장 a는 정리가 아니라고 하자. 지금 형식적 체계 X에, 문장 a를 공리로서 추가하고, 새로운 형식적 체계 Y를 만든다고 하면, 이때……."

'형식적 체계 Y는 모순된다. 왜일까?'

침묵의 시간.

"문장……이라는 게 뭐였죠?" 테트라가 물었다.

"자유 변수를 가지지 않는 논리식." 미르카가 즉시 대답했다.

다시 침묵의 시간.

"정의부터 생각해 봐. '형식적 체계가 완전'이라는 개념은?" 미르카가 힌트를 주었다.

"어떤 문장 A도, A와 ¬A 적어도 한쪽은 형식적으로 증명 가능한 거지."

"'문장 a가 정리가 아니다'라는 건?" 미르카가 물었다.

"문장 a는 형식적으로 증명할 수 없다는 의미예요." 테트라가 말했다.

"'형식적 체계가 모순된다'는 것은?"

"어떤 논리식 A와 ¬A 양쪽이 형식적으로 증명된다는 거요." 유리가 대답했다.

"자, 이제 힌트는 모두 나왔어. 형식적 체계 Y가 모순되는 이유는?"

세 번째 침묵의 시간.

나는 생각했다. 문장 a를 형식적으로 증명할 수 없다는 것은…….

"알았다!" 유리가 외쳤다. 갈색 머리칼이 순간 황금색으로 빛났다.

"흐응…… 그럼 유리." 미르카가 유리를 가리켰다.

"X는 완전하니까, a와 $\neg a$ 중 하나는 형식적으로 증명할 수 있을 거예요." 유리가 빠르게 말했다. "a는 정리가 아니니까, 형식적으로 증명할 수 없고요. 그렇다면 $\neg a$ 쪽이 형식적으로 증명할 수 있다는 건데요, Y는 a를 공리로 하고 있잖아요? 그렇다면 Y에서는 a와 $\neg a$ 모두가 형식적으로 증명되어 버려요! 이건 형식적 체계 Y가 모순된다는 거고……."

거기서 유리는 슬쩍 미르카의 눈치를 보았다.

"좋아." 미르카가 말했다.

논리의 흐름을 좇아갈 때 유리는 엄청나게 빠르구나.

"이렇게……." 미르카는 양손으로 커다란 구체를 감싸는 듯한 모양을 취하고 말했다. "완전한 형식적 체계는 형식적으로 증명할 수 없는 문장을 하나라도 공리에 포함시키면 모순돼. 그렇기 때문에 '완전(完全)'이라는 용어보다는 '완비(完備)'라는 용어 쪽이 더 맞을지도 몰라. 갖추어야 할 것을 모두 갖추고 있다는 의미에서 말이야."

"완비……." 테트라가 중얼거렸다.

퀴즈 하나 더. 미르카가 말했다. "형식적 체계가 모순되어 있다면, 그 형식적 체계의 모든 논리식은 형식적으로 증명할 수 있어. 지금은 증명하지 않겠지만, 이걸 인정하면……."

'모순되는 형식적 체계는 완전하다. 왜일까?'

"아, 그건 그렇지." 내가 응답했다.

"네? 모순되는데 완전하다고요?" 묻는 테트라.

"테트라, 지금 모순과 완전이라는 말의 사전적 의미에 휘둘렸지?" 나는 반문했다. "형식적 체계가 모순된다면 모든 논리식은 형식적으로 증명할 수 있다고 미르카가 말했잖아? 그렇다는 건 문장은 논리식의 일종이니, 모든 문장도 형식적으로 증명할 수 있다는 거야. 그렇다면 그 형식적 체계는 완전하지. 왜냐하면 완전한 형식적 체계란, 어떤 문장 A를 골라도, 적어도 A와 $\neg$A를 형식적으로 증명할 수 있다는 것으로 정의되거든. 모순되는 형식적 체계에서는 A와 ¬A 양쪽이 형식적으로 증명되지. 'A와 ¬A 양쪽이 형식적으로 증명된다'면 '적어도 A와 ¬A는 형식적으로 증명된다'고 말할 수 있기 때문에 모순되는 형식적 체계는 완전한 거야."

미르카는 내 말에 고개를 끄덕이며 말했다. "충분해. '모순되는 형식적 체계는 완전하다'는 주장은 사전적 의미에 이끌리면 이상하게 들릴 수 있지. 하지만 수학적인 정의를 생각하면 당연한 거야."

"모순된다면 완전한 건가……요." 테트라가 중얼거렸다.

"한마디 덧붙이자면." 미르카가 말했다. "'모순된다면 완전'이라는 말에서 철학적인 의미나 인생 교훈을 끌어내서는 안 돼. 아니, 끌어내는 건 개인의 자유지만, 수학적으로는 전혀 무의미하지. 그럼 괴델에 대한 이야기를 해 볼까?"

3. 괴델의 불완전성 정리

괴델

쿠르트 괴델. 그의 **불완전성 정리**의 증명이 출판된 것은 1931년, 그가 25세 때의 일이야. 논문 제목은 「프린키피아 마테마티카 및 관련된 체계의 형식적으로 결정 불가능한 명제에 대하여 I」.

내가 번역한 논문 첫머리를 조금 읽어 줄게.

◆◆◆

수학은 엄밀성을 구하는 방향으로 발전해 왔다. 그 결과, 알려진 바와 같이 수학의 대부분은 형식화되었고, 몇 가지 기계적인 규칙으로 증명이 실행될 수 있는 정도에 이르렀다.

제일 포괄적인 형식적 체계의 하나는 프린키피아 마테마티카(Principia Mathematica, 수학 원리)의 체계, 또 다른 하나는 체르멜로-프랑켈의 공리계 집합론이 있다.

이 두 체계는 포괄적이며, 오늘날 수학에 쓰는 모든 증명법이 이들 체계로 형식화된다. 즉, 오늘날 수학에서 쓰이는 모든 증명법은 이 체계에서의 소수의 공리와 논리 규칙으로 환원할 수 있다. 그러므로 우리는 곧 이 체계를 사용해 형식적으로 표현할 수 있는 모든 수학적 문제는 이 체계의 공리와 추론 규칙으로 결정할 수 있다고 생각하고 싶어 한다.

하지만 다음에서 서술하는 바와 같이 그것은 올바르지 않다.

◆ ◆ ◆

괴델은 이 논문에서 몇 개의 정리를 증명하고 있고, 그 중에는 오늘날 '불완전성 정리'라고 불리는 두 개의 정리가 있어. 이 두 가지 정리를, 각각 제1불완전성 정리와 제2불완전성 정리라고 부를게.

괴델의 제1불완전성 정리

어떤 조건을 충족하는 형식적 체계에는
아래의 두 가지가 성립하는 문장 A가 존재한다.
• 그 형식적 체계에는 A의 형식적 증명이 존재하지 않는다.
• 그 형식적 체계에는 ㄱA의 형식적 증명은 존재하지 않는다.

괴델의 제2불완전성 정리

어떤 조건을 충족하는 형식적 체계에는
스스로의 무모순성을 표현하는 문장의 형식적 증명이 존재하지 않는다.

괴델의 이 두 가지 정리는 힐베르트 계획에 커다란 타격을 입혔지. 왜냐하면 어떤 조건을 충족하는 형식적 체계에 대해 '완전성'도 '스스로의 무모순성'도 형식적으로 증명할 수 없다는 것이 증명되어 버렸거든. 게다가 그 '어떤 조건'이 무척이나 자연스러운 것이었지.

토론

"미르카 선배, 질문이요." 테트라가 손을 들었다. "결국, 괴델의 제2불완전성 정리에서 '수학은 모든 모순을 내포하고 있다'는 결론이 나온 걸까요? '수학의 무모순성은 증명할 수 없다'는 거니까요."

"아니야. 지금 테트라가 말한 '수학은 모든 모순을 내포하고 있다'와 '수학의 무모순성은 증명할 수 없다'는 너무나 애매한 말이야. 다시 한번 제2불완전성 정리를 살펴보도록 하자."

괴델의 제2불완전성 정리
어떤 조건을 충족하는 형식적 체계에는,
스스로의 무모순성을 표현하는 문장의 형식적 증명이 존재하지 않는다.

"괴델의 제2불완전성 정리는 '수학 그 자체'에 관한 정리가 아니야. 어디까지나 '어떤 조건을 충족하는 형식적 체계'에 관한 정리지."

"'수학'과 '형식적 체계'를 안일하게 동일시해서는 안 되는 거네요."

"게다가……" 미르카가 계속했다. "형식적으로 증명할 수 없는 것은 '스스로의 무모순성'이야. 즉, 어떤 조건을 충족하는 형식적 체계는 그 체계 스스로의 무모순성을 형식적으로 증명할 수 없어. 그러나 다른 체계의 무모순성이라면 형식적으로 증명할 수 있는 경우가 있지."

"'나는 무모순이다'라고는 할 수 없지만 '너는 무모순이다'라고는 말할 수 있다…… 그렇죠?" 테트라가 말했다.

"그것도 좀 두루뭉술하긴 하지만 그런 거야. 제2불완전성 정리가 있다고 해도 실제 수학은 크게 곤란해지지 않아. 어떤 체계의 무모순성을 증명하고 싶다면, 보다 강한 체계를 쓰게 되지. 실제로, 여러 가지 체계의 무모순성 증명에 대한 연구가 이루어지고 있어. 괴델의 불완전성 정리는 수학적인 조건을 생략하면 과격하게 들릴 수 있어. 또 '불완전'이라는 말의 수학적인 의미를 무시하고, 사전적인 의미에 휘둘리면, 수학의 범위를 넘어선 결론을 이끌어 낼 위험성도 있지."

"미르카 언니." 유리가 입을 열었다. "불완전성 정리는 '이성의 한계'를 수학적으로 증명했다고 책에 써 있는데요."

"있잖아, 유리." 미르카가 다정한 눈길로 유리를 바라보며 말했다. "괴델의 불완전성 정리는 수학의 정리야. 수학의 정리는 이성의 한계를 증명하거나 하지 않아."

"그렇군요."

"예를 들어, 방정식 $x^2 = -1$은 실수해를 갖지 않아. 그건 이성의 한계를 나타내고 있는 게 아니지. 방정식이 가진 성질이 더 명확해진 것뿐이야. 괴델의 불완전성 정리도 그래. 어떤 조건을 충족하는 형식적 체계의 성질을 명확하게 하고 있을 뿐이지. 물론, 불완전성 정리가 수학에 준 충격은 엄청나. 하지만 그건 수학을 위축시킨 부정적인 이론이 아니라, 새로운 수학을 낳은 긍정적인 이론이야."

"흐음······."

"원래 '이성의 한계'라는 표현은 괴델이 60세가 되었을 때 축하의 의미로 오펜하이머가 쓴 말이고, 수학적인 표명이라고 할 수는 없어. 하지만 언젠가부터 그 표현이 사람들 사이에서 쓰이게 되었지."

"그러고 보니 불완전성 정리의 '어떤 조건'이란 게?" 나는 물었다.

"무모순이며, 페아노 산술을 포함하고, 재귀적이라는 조건이야." 미르카가 대답했다. "바꾸어 말하면, 무모순이며, 자연수를 다룰 수 있고, 논리식의 예가 참인 형식적 증명이 되어 있는 것을 기계적으로 판정할 수 있다는 뜻이지. 괴델의 논문에서는 '무모순'이라는 말보다 강한 'ω 무모순'이라는 조건이 쓰였지만, 나중에 바클리 로서가 그 조건을 약화시켜서 무모순성만으로 충분하다는 걸 증명했지."

증명의 큰 틀

"괴델의 증명의 큰 틀을 훑어 보자. 증명을 5단계로 나눠서 '봄', '여름', '가을', '겨울' 그리고 '새봄'이라고 부르자."

- **봄: 형식적 체계 P**
  형식적 체계 P의 기본 기호, 공리, 추론 규칙을 정한다.
- **여름: 괴델수**

형식적 체계 P의 기본 기호와 예에 수를 대입한다.
- **가을: 원시 재귀성**
  원시 재귀적 술어를 정의하고, 표현 정리를 소개한다.
- **겨울: 증명 가능성에 이르는 길고 긴 여정**
  산술적 술어에서 증명 가능성 술어까지를 정의한다.
- **새봄: 결정 불가능한 문장**
  A도 ¬A도 증명할 수 없는 문장, 즉 결정 불가능한 문장을 구성한다.

4. 봄: 형식적 체계 P

기본 기호

'봄'에서는 형식적 체계 P를 구축한다. P는 프린키피아 마테마티카의 체계에 페아노의 공리와 몇 가지 공리를 추가한 것이다. 이 형식적 체계 P에서는 가산, 제곱, 멱승, 대소 관계 등을 기술할 수 있다.

이 형식적 체계 P에 결정 불가능한 문장이 존재한다는 것을 이제부터 서술할 예정인데, 물론 P는 불완전성 정리가 성립하는 무수한 체계 중 하나에 지나지 않는다.

다음에서 수란, 0, 1, 2, …를 나타내는 것으로 한다. 즉, 0 이상의 정수다.

우선 기본 기호를 정한다. 기본 기호에는 정수와 변수가 있다. 의미는 생각하지 않아도 좋지만 이해하기 쉽도록 기호에 기대하는 의미를 붙여 주석을 달아 놓도록 하자.

정수를 정한다.

▷**정수-1**   0 (제로)는 정수다.

▷**정수-2** f (따름수)는 정수다.

▷**정수-3**   ¬ (~가 아니다, 논리 부정)는 정수다.

▷**정수-4**   ∨ (또는)은 정수다.

▷**정수-5** ∀ (임의의)는 정수다.

▷**정수-6** ((열린 괄호)는 정수다.

▷**정수-7**) (닫힌 괄호)는 정수다.

변수를 정한다. 변수에는 1, 2, 3, ⋯ 이라는 형태가 있다.

▷**제1형 변수** $x_1, y_1, z_1, \cdots$은 수를 위한 변수다.

　이를 제1형 변수라고 한다.

▷**제2형 변수** $x_2, y_2, z_2, \cdots$는 수의 집합을 위한 변수다.

　이를 제2형 변수라고 한다.

▷**제3형 변수** $x_3, y_3, z_3, \cdots$은 수의 집합의 집합을 위한 변수다.

　이를 제3형 변수라고 한다.

이와 동일하게 제n형 변수를 정의한다. 알파벳은 26개뿐이지만, 필요에 따라 가산개의 변수를 사용할 수 있는 것으로 한다.

수항과 기호

수항을 정한다. 수항은 형식적 체계 P에서 수를 나타내기 위한 것이다.

• 수 0을 표시하는 데 수항 0을 쓰고,

• 수 1을 표시하는 데 수항 $f0$을 쓰고,

• 수 2를 표시하는 데 수항 $ff0$을 쓰고,

• 수 3을 표시하는 데 수항 $fff0$을 쓰고,

• ⋯⋯

• 수 n을 표시하는 데 수항 $\underbrace{ff \cdots f}_{n \text{개}} 0$을 쓴다.

▷ **수항** $0, f0, ff0, fff0, \cdots$을 **수항**이라고 부른다.

테트라 "fff가 이어지니까 음악 기호 같아요."

나 "f는 페아노 공리에서 나온 ($'$)과 같은 역할이네."

기호를 정한다.

▷ **제1형 기호** $0, f0, ff0, fff0, \cdots$ 또는 $x, fx, ffx, fffx, \cdots$를 제1형 기호라고 한다. 여기서 x는 제1형의 변수로 한다.

테트라 "어머…… 잘 몰랐어요."

미르카 "구체적으로 말하면 제1형의 기호라는 것은 $fff0$이나 $fffx_1$ 같은 거야."

▷ **제2형 기호** 제2형의 변수를 제2형 기호라고 한다.
▷ **제3형 기호** 제3형의 변수를 제3형 기호라고 한다.

이하는 동일하게 제n형의 기호를 정의한다.

논리식

기본 논리식을 정의한다.

▷**기본 논리식** $a(b)$의 형태를 한 기호 예를 기본 논리식이라고 한다.
  단, a는 제$n+1$형의 기호로서, b는 제n형의 기호라고 한다.

미르카 "예를 들어 $x_2(0)$이나 $y_2(ffx_1)$이나 $z_3(x_2)$는 기본 논리식의 예야."

나 "음, 이건 **집합(원소)**이라는 형태일까?"

미르카 "그렇지."

테트라 "$x_2(x_1)$은 $x_1 \in x_2$라는 의미를 기대하는 건가요?"

미르카 "맞아. 단 'x_1은 수', 'x_2는 그 집합', 이렇게 형태가 정해져 있어."

논리식을 정의한다.

▷ **논리식-1** 기본 논리식은 논리식이다.

▷ **논리식-2** a가 논리식이라면, $\neg(a)$도 논리식이다.

▷ **논리식-3** a와 b가 논리식이라면, $(a)\vee(b)$도 논리식이다.

▷ **논리식-4** a가 논리식이고 x가 변수라면, $\forall x(a)$도 논리식이다.

▷ **논리식-5** 위에 서술한 것만이 논리식이다.

테트라 "아, 이건 알겠어요. 형식적 체계의 논리식을 정의한 거네요."

생략형을 정의한다.

▷ **생략형-1** $(a)\rightarrow(b)$를 $(\neg(a))\vee(b)$라고 정의한다.

▷ **생략형-2** $(a)\wedge(b)$를 $\neg((\neg(a))\vee\neg(b)))$라고 정의한다.

▷ **생략형-3** $(a)\rightleftarrows(b)$를 $((a)\rightarrow(b))\wedge((b)\rightarrow(a))$라고 정의한다.

▷ **생략형-4** $\exists x(a)$를 $\neg(\forall x(\neg(a)))$라고 정의한다.

유리 "생략형을 정의한다는 게 무슨 말이지?"

나 "간단하게 하기 위해 $(\neg(a))\vee(b)$ 대신 $(a)\rightarrow(b)$를 쓰겠다는 거야."

▷ **괄호의 생략** 읽기 편하게 하기 위해 이후로는 장황한 괄호를 생략한다.

공리

페아노의 공리를 형식적 체계 P에 도입한다.

▷ **공리 I -1** $\neg(fx_1=0)$

▷ **공리 I -2** $(fx_1=fy_1)\rightarrow(x_1=y_1)$

▷ **공리 I -3** $x_2(0) \wedge \forall x_1(x_2(x_1) \rightarrow x_2(fx_1)) \rightarrow \forall x_1(x_2(x_1))$

테트라   "페아노의 공리는 5개 아니었나요?"(40p 참조)

미르카   "PA1과 PA2는 형태를 쓰는 시점에서 도입되니까."

유리   "미르카 언니, ＝의 정의가 안 나왔어요!"

미르카   "괴델의 논문에서는 프린키피아 마테마티카를 참조하고 있어서 $x_1 = y_1$은 $\forall u(u(x_1) \rightarrow u(y_1))$이라고 정의하고 있어. '어떤 집합 u를 가지고 와도 x_1이 속해 있다면 y_1도 속해 있다'는 거지."

유리   "……?"

미르카   "'x_1과 y_1 중 한쪽만이 속하는 집합은 없다'에 따라 'x_1과 y_1은 서로 같다'고 정의하고 있기 때문이야. 제n형도 동일하지."

명제 논리의 공리를 형식적 체계 P에 도입한다.
임의의 논리식 p, q, r을 아래의 II-1~4에 대입한 것은 공리가 된다.

▷ **공리 II-1** $p \vee p \rightarrow p$

▷ **공리 II-2** $p \rightarrow p \vee q$

▷ **공리 II-3** $p \vee q \rightarrow q \vee p$

▷ **공리 II-4** $(p \rightarrow q) \rightarrow (r \vee p \rightarrow r \vee q)$

술어 논리의 공리를 형식적 체계 P에 도입한다.

▷ **공리 III-1** $\forall v(a) \rightarrow subst(a, v, c)$

단,

- $subst(a, v, c)$는 'a의 자유로운 모든 v를 c로 바꾼 논리식'으로 나타내기로 한다.
- c는 v와 같은 형태의 기호라고 한다.

- a 가운데 v가 자유로운 범위 안에서 c에는 속박되는 변수가 없다고 한다.

나　　"$subst(a, v, c)$라니?"

미르카　"a 안에 있는 v를 c로 치환한 거야. 예를 들어 볼게."

- a가 $\neg(x_2(x_1))$이라는 논리식이라고 한다.
- v는 x_1이라 하는 제1형 변수라고 한다.
- c가 $f0$이라는 제1형 기호(수항)라고 한다.
- 이때 $subst(a, v, c)$는 $\neg(x_2(f0))$이라는 논리식이 된다.

▷ **공리 III-2**　$\forall v(b \vee a) \rightarrow b \vee \forall v(a)$

단, v는 임의의 변수로, b 중에는 자유로운 v가 출현하지 않는 것으로 한다.

나　　"b에 변수 v가 나오지 않는다면 $\forall v$의 영향은 받지 않는 거네."

집합의 내포 공리를 형식적 체계 P에 도입한다.

▷ **공리 IV**　$\exists u(\forall v(u(v) \rightleftarrows a))$

- u는 제$n+1$형의 변수로, v는 제n형의 변수라고 한다.
- a 가운데에는 자유로운 u가 출현하지 않는다고 한다.

나　　"내포 공리?"

미르카　"집합의 내포적 정의에 대응하고 있어."

나　　"응?"

미르카　"요컨대 '논리식 a로, 집합 u를 결정할 수 있다'는 거야."

집합의 외연 공리를 형식적 체계 P에 도입한다.

▷ **공리 V** $\forall x_1 (x_2(x_1) \rightleftharpoons y_2(x_1)) \longrightarrow (x_2 = y_2)$

이 논리식 및 이 논리식의 '형태를 한' 논리식을 공리로 한다. 형태를 한 논리식이란, 기호의 형태를 모두 같은 수만큼 증가시키는 것을 말한다. 즉, 아래의 모든 것이 공리가 되는 것이다.

- $\forall x_1 (x_2(x_1) \rightleftharpoons y_2(x_1)) \longrightarrow (x_2 = y_2)$
- $\forall x_2 (x_3(x_2) \rightleftharpoons y_3(x_2)) \longrightarrow (x_3 = y_3)$
- $\forall x_3 (x_4(x_3) \rightleftharpoons y_4(x_3)) \longrightarrow (x_4 = y_4)$

  …

나   "이번에는 외연 공리라……."

미르카 "어떤 x_1에 대하여 'x_1이 집합 x_2에 속하는가 아닌가?'와 'x_1이 집합 y_2에 속하는가 아닌가?'가 항상 일치한다고 할 때, 집합 x_2와 집합 y_2를 서로 같다고 생각하자는 거지."

나   "응?"

미르카 "집합의 외연적 정의 말이야. '집합은 그 원소로 결정된다'는 거야."

추론 규칙

추론 규칙을 형식적 체계 P에 도입한다.

▷ **추론 규칙-1** a와 $a \longrightarrow b$에서 b를 구한다.
　이때 b를, a와 $a \longrightarrow b$에서의 **직접적 귀결**이라고 부르기로 한다.

나   "이건 전건 긍정식(modus ponens)이구나."

▷ **추론 규칙-2**　a에서 $\forall v(a)$를 구한다.

이때 $\forall v(a)$를, a에서의 **직접적 귀결**이라고 부르기로 한다.

단, v는 임의의 변수라고 한다.

테트라　"이건…… 모르겠어요."

미르카　"조건 없이 a를 이끌어 낼 수 있다면, '모든……'이라는 조건을 붙여도 이끌어 낼 수 있다는 거야."

◆◆◆

여기까지 형식적 체계 P의 정의는 끝.

'봄'이 끝났어. 우리의 '계절'은 '여름' 괴델수로 갈 거야.

그 전에 밥이나 먹을까?

5. 점심시간

메타 수학

우리는 미르카를 따라 3층으로 올라가 '옥시젠(Oxygen)'이라고 쓰인 방으로 들어갔다. 가벼운 식사도 할 수 있는 카페 같았다. 날씨가 좋아서 밖의 테라스석으로 이동했다. 한편으로는 바다가 보이고, 그 반대쪽에는 숲이 보인다. 날씨가 아주 맑고 햇살은 적당히 따뜻했다.

나는 카레, 유리는 스파게티, 테트라는 샌드위치, 그리고 미르카는 초콜릿 타르트를 주문했다.

"형식적 체계 때문에 논리학에 대한 인상이 변했어." 나는 말했다.

"그래?"

"논리학이라고 하면 삼단논법이나 드모르간의 법칙 정도밖에 떠오르지 않았는데, 수학을 수학적으로 연구하는 그런 분야였나 싶어서……."

"그건 수리 논리학의 일부이긴 하지만 말이야." 미르카가 말했다.

"어째서 수학을 형식화해야만 할까?" 유리가 말했다.

"엄밀한 논의를 위해서는 형식화하는 것이 무척 중요해." 미르카가 대답했다. "예를 들어 '그 증명은 불가능하다'고 말하고자 할 때 '애초에 증명이란 무엇인가?'와 '증명이 불가능하다는 것은 어떤 의미인가?'를 정의할 필요가 있어. 그 정의가 없다면 어쩌다 내가 증명을 할 수 없었던 건지, 원리적으로 증명할 수 없는 건지를 구별할 수 없게 돼."

미르카의 말에 우리는 모두 고개를 끄덕였다.

"형식화라는 건 대상화이기도 해. 자신이 논의하고 싶은 걸 '대상'으로 보다 명확하게 하는 거야. 수학을 대상으로 한 수학을 **메타 수학**이라고 불러. '수학에 관한 수학'이라는 의미야. 수학을 형식적 체계로 표현하고, 그걸 수학적으로 연구하는 거지."

"그건 그러니까." 테트라가 덧붙였다. "$\varepsilon\text{-}\delta$ 논법이 등장하고 나서 처음으로 '극한'을 깊이 연구할 수 있게 되었다는 것이네요."

수학을 수학하다

"미르카 언니." 유리가 입을 열었다. "괴델의 불완전성 정리에 대해 쓴 책에서 '인생은 불완전하기 때문에 즐거운 것'이라고 읽었어요. 모두 알면 인생이 재미없다고, 그 말에 동감했었는데……."

"그렇게 생각하는 사람도 있겠지." 미르카는 웃었다. "불완전성 정리의 결과를 보고 '모르기 때문에 인생이 즐거운 것'이라고 이해하는 거지. 하지만 그건 마치……."

미르카는 눈을 감고 가볍게 고개를 끄덕이더니 눈을 떴다.

"아름다운 패턴을 그려 내는 레이스 모양을 보고 '구멍이 뚫려 있는 것도 괜찮아'라고 말하는 것과 같아. 레이스 모양이 어떤 패턴을 만들어 내는지 이해 못 하면서 세계를 표면만 관찰하는 거지. 구조를 꿰뚫어보지 못하는 거야. 더 깊은 즐거움이 있는데……. 수학이 형식화되고, 수학 자체가 가진 풍부한 수학적 구조를 연구할 수 있게 되었어. 형식적 체계로 표현된 수학을 수학적으로 연구하는 거야. 즉, 이것이 '**수학을 수학한다**'는 거야. 내가 관심 있는 이론은 어떤 구조를 가지는지, 복수의 이론 사이에서는 어떤 관계를 가지는지,

그런 문제들은 무척이나 깊은 즐거움을 만들어 내는데……."

"'갈릴레오의 망설임'을 극복한다는 거군." 나는 무심코 말했다.

"불완전성 또한 실패나 결점이 아니라 새로운 세계로 들어가는 문일지도……."

깨달음

식사 후 나는 자판기에서 음료수를 꺼내 크롤린 방으로 왔다. 방에는 아무도 없었다. 화이트보드에는 유리가 쓴 메모가 있었다.

'도서관 투어 다녀올게요! 기다려 주세요♡'

미르카에게 도서관 안내를 부탁한 게로군…… 쳇!

차가운 생수를 한 모금 마시고 지금까지의 흐름을 짚어 보았다.

응, 전부 이해한 것은 아닌데, 비교적 잘 좇아가고 있는 건가?

아무튼 형식적 체계를 만들려고 하는 거다. 다음엔 괴델수와 원시 재귀적 술어의 정리였나? 마지막엔 역시 귀류법이 나올까? '형식적 증명의 존재를 가정하면 모순된다'라는 결론으로 끌어가려나?

식곤증이 몰려온 나는 책상 위에 엎드린 채 잠이 들고 말았다.

문이 열리는 소리.

"그러니까 물고기 마크예요." 테트라의 목소리.

"암호 같아." 유리의 목소리.

여자들이 돌아온 듯했다. 하지만 나는 비몽사몽이었다.

"아, 오빠 잔다!"

"피곤한 모양이네요."

"아까 이야기 말인데 '자세'라니?" 미르카의 목소리.

"아, 그게요." 테트라의 목소리. "저는 시간이 걸려도 끈기 있게 하는 게 스스로 장점이라고 생각했는데, 그 정도만으로는 수학을 완전하게 풀어 갈 수 없고, 뭔가 번뜩이는 게 필요한 거죠?"

"그게 필요해." 유리의 목소리.

"번뜩이는 어떤 걸 스스로 해낼 수는 없지만, 사고의 폭을 계속 넓혀 갈 수 있다는 생각이 들곤 해요. 혹시 미르카 선배라면, 혹시 선배라면…… 이런 생각이 들죠."

"응."

"선배들한테 저 진짜 많은 걸 받았어요. 문제를 푸는 방법이나 요령뿐 아니라, 뭐랄까, 자세 같은 거요. 즐기면서도 진지하게 임하는 태도. 시험 점수를 잘 받기만 하면 된다는 생각이 아니라 깊이 이해하는 자세 말이에요."

"오빠는 꾸준히 수학을 공부해요." 유리의 목소리.

"선배는 집에서 어때요?" 테트라의 목소리.

"음, 오빠는 좀 둔하지."

(이봐 유리, 이상한 말 괜히 하지 말라고…….)

"그리고 이모한테 반발하지도 않고……."

"자, 이제 슬슬 이 너구리를 깨워 볼까?" 미르카의 목소리.

(너구리?)

순간, 목덜미에 엄청나게 차가운 것이 통, 하고 와 닿았다.

소리를 지르며 놀라 일어난 나.

"잠 깼어?"

페트병을 손에 들고 빙긋 웃는 검은 머리 소녀.

"그럼, 이제 다시 시작해 볼까? '여름'으로 가 보자."

6. 여름: 괴델수

기본 기호의 괴델수

'여름' 단원에서는 괴델수에 대해 이야기할 것이다.

괴델수는 형식적 체계 P의 기호, 기호열, 기호열의 열에 붙인 번호를 말한다.

우선 **기본 기호의 괴델수**를 정의하도록 한다.

정수에는 괴델수로 13 이하의 홀수를 쓴다.

정수	0	f	$\neg$	$\vee$	$\forall$	$($	$)$
괴델수	1	3	5	7	9	11	13

테트라 "어째서 홀수인가요?"

미르카 "곧 알게 될 거야."

제1형 변수에는 13보다도 큰 소수를 배치한다.

제1형 변수	x_1	y_1	z_1	$\cdots$
괴델수	17	19	23	$\cdots$

제2형 변수에는 13보다 큰 소수의 제곱수를 배치한다.

제2형 변수	x_2	y_2	z_2	$\cdots$
괴델수	17^2	19^2	23^2	$\cdots$

제3형 변수에는 13보다 큰 소수의 세제곱수를 배치한다.

제3형 변수	x_3	y_3	z_3	$\cdots$
괴델수	17^3	19^3	23^3	$\cdots$

이와 동일하게 제n형 변수에는 13보다 큰 소수의 n승을 배치한다. 이것으로 정수와 변수 즉, 기본 기호에 괴델수를 모두 배치했다.

행렬의 괴델수

행렬의 괴델수를 정의해 보자. 여기서 행렬은 유한열이라 정한다.

기본 기호의 괴델수는 이전에 정했으니, 기본 기호의 열은 괴델수의 행렬로 표시한다. 예를 들어 다음과 같은 괴델수의 행렬을 생각해 보자.

$$n_1, n_2, n_3, \cdots, n_k$$

이 행렬에 아래와 같은 곱을 대응시키는 것이다.

$$2^{n_1} \times 3^{n_2} \times 5^{n_3} \times \cdots \times p_k^{n_k}$$

그리고 이 곱을 $n_1, n_2, n_3, \cdots, n_k$라는 행렬의 괴델수라 정한다. 여기서 p_k는 작은 쪽부터 k번째의 소수다.

예를 들어 2를 나타내는 수항은 $ff0$이라는 기본 기호의 행렬이다. 기본 기호 f의 괴델수는 3으로, 기본 기호 0의 괴델수는 1이므로, 기본 기호의 행렬 $ff0$은 다음과 같은 괴델수의 열로 나타낼 수 있다.

$$3, 3, 1$$

이 열을 소수의 지수로 하여 다음과 같은 곱을 만든다.

$$2^3 \times 3^3 \times 5^1$$

이 곱을 계산하면 $2^3 \times 3^3 \times 5^1 = 1080$을 구할 수 있다. 이 1080이라는 수가 기본 기호의 행렬 $ff0$의 괴델수가 되는 것이다.

유리 "어라? $ff0$은 2 아니었어?"

미르카 "'의미의 세계'의 수 2를, '형식의 세계'에서는 수항 $ff0$으로 나타내."

유리 "네."

미르카 "$ff0$이라는 기호 행렬을 괴델수로 나타내면 1080이 돼."

유리 "음⋯⋯."

미르카 "테트라, 기본 기호에 홀수를 쓴 이유는 알겠어?"

테트라	"아, 모르겠어요."
미르카	"괴델수의 홀짝으로 행렬인지 아닌지를 식별할 수 있어."
테트라	"아, 괴델수가 짝수라면 행렬을 나타내는군요!"

지금은 기본 기호의 행렬 $ff0$에 대한 예를 들어 보았다. 기호 행렬의 괴델수도, 기호 행렬의 열의 괴델수도, 똑같이 생각하면 된다. 즉, 작은 순서대로 나열한 소수의 지수 부분에 행렬을 구성하고 있는 괴델수를 얹어서 곱을 구한다.

소인수분해의 일의성 덕분에 괴델수에서 행렬을 오직 하나로 복원할 수 있다. 괴델의 논문에서는 지금 설명한 방법, 소수 지수 표현을 쓰고 있지만 다른 방법을 써도 상관없다.

그럼 논리식은 기호열이기 때문에 '논리식의 괴델수'를 정의할 수 있다. 형식적 증명에는 논리식의 열, 즉 기호 행렬의 열이기 때문에 '형식적 증명의 괴델수'도 정의할 수 있다.

이로써 우리는 형식적 체계의 모든 것을 괴델수라는 수로 표시할 수 있게 된다.

테트라	"기호 행렬하고 기호열의 열은 괴델수로 구분할 수 있나요?"
미르카	"그걸 바로 테트라 퀴즈로 하자."
테트라	"음…… 둘 다 짝수죠?"
나	"알았다!"
미르카	"조용히 해."
테트라	"알았어요. 소인수분해했을 때 나오는 2의 개수로 구분해요."
미르카	"2의 개수?"
테트라	"2의 개수가 홀수면 기호 행렬이고, 짝수면 기호열의 열이에요."
미르카	"좋아."

불완전성 정리에서는 '형식적 증명이 형식적 체계 속에 존재하는가?'에

중점을 둔다. 하지만 '형식적 증명을 쓰는 형식적 체계'가 아니면, 이 같은 질문은 의미가 없다. 괴델은 형식적 증명을 괴델수라는 수에 코드화시켰다. 이것으로 '수를 다루는 형식적 체계'라면 형식적 증명을 쓰도록 한 것이다.

> **테트라** "모든 것을 괴델수로 나타낸다는 발상은 모든 것을 비트로 나타내는 컴퓨터의 발상과 비슷하네요."
>
> **미르카** "테트라, 그 반대야. 세계 최초의 컴퓨터가 탄생한 것은 1940년대, 괴델의 증명 이후에 나온 발상이라고."

자, 이걸로 '여름' 끝. '가을'로 들어가자.

7. 가을: 원시 재귀성

원시 재귀적 관계

'가을'에서는 형식적 체계 P에서 일단 벗어나, 의미의 세계로 돌아온다.

원시 재귀적 함수라고 불리는 동류 함수를 정의한다. 이는 한마디로 말하면, 함수의 값을 얻을 때까지 필요한 '반복 횟수'에 상한이 있는 함수다.

예를 들어, n의 계승 $n! \neq n \times (n-1) \times \cdots \times 1$을 구하는 함수 $\text{factorial}(n)$은 원시 재귀적 함수의 일종으로 다음과 같이 정의할 수 있다.

$$\begin{cases} \text{factorial}(0) & = 1 \\ \text{factorial}(n+1) = (n+1) \times \text{factorial}(n) \end{cases}$$

$\text{factorial}(3)$을 구해 보자.

$\text{factorial}(3)$
$= \underline{(2+1) \times \text{factorial}(2)}$ 　　　　　$n=2$이며, $\text{factorial}(n+1)$의 정의에서

$$\begin{aligned}
&= (2+1) \times \underline{(1+1) \times \text{factorial}(1)} && n{=}1\text{이며, factorial}(n{+}1)\text{의 정의에서} \\
&= (2+1) \times (1+1) \times \underline{(0+1) \times \text{factorial}(0)} \\
&&& n{=}0\text{이며, factorial}(n{+}1)\text{의 정의에서} \\
&= (2+1) \times (1+1) \times (0+1) \times 1 && \text{factorial}(0)\text{의 정의에서} \\
&= 3 \times 2 \times 1 \times 1 && \text{계산한다} \\
&= 6 && \text{계산한다}
\end{aligned}$$

이와 같이 factorial(3)을 계산하려면 정의를 4번 사용하면 되고, factorial(n)의 값을 계산하려면 정의를 $n+1$번 사용하면 된다. 이것이 바로 '반복 횟수'에 상한이 있다는 의미다.

실제로 factorial(n)의 값을 계산하려면 $\times$ 나 $+$의 계산도 필요해지므로 조금 더 자세히 이야기하도록 하자.

함수 F, G, H를 수 $(0, 1, 2)$를 다루는 함수라고 한다.

함수 F를 다음과 같이 정의할 때, 함수 F는 함수 G와 H에서 **원시 재귀적으로 정의**된다고 한다.

$$\begin{cases} \mathrm{F}(0, \quad x) = \mathrm{G}(x) \\ \mathrm{F}(n+1,\, x) = \mathrm{H}(n,\, x,\, \mathrm{F}(n,\, x)) \end{cases}$$

예를 들어, 아까 같은 곱을 갖는 함수 factorial(n)의 경우에는 $\mathrm{F}(n, x) = \text{factorial}(n), \mathrm{G}(x)=1, \mathrm{H}(n,x,y)=(n+1) \times y$라 하면 $\mathrm{F}(n,x)$는 $\mathrm{G}(x)$와 $\mathrm{H}(n,x,y)$에서 원시 재귀적으로 정의된다.

좀 까다로워 보이지만 $\mathrm{F}(3,x)$라는 예를 들어 보면 쉽게 이해가 갈 것이다.

$$\begin{aligned}
\mathrm{F}(3, x) &= \mathrm{H}(2, x, \underline{\mathrm{F}(2, x)}) \\
&= \mathrm{H}(2, x, \mathrm{H}(1, x, \underline{\mathrm{F}(1, x)})) \\
&= \mathrm{H}(2, x, \mathrm{H}(1, x, \mathrm{H}(0, x, \underline{\mathrm{F}(0, x)}))) \\
&= \mathrm{H}(2, x, \mathrm{H}(1, x, \mathrm{H}(0, x, \underline{\mathrm{G}(x)})))
\end{aligned}$$

함수 G를 1회, 함수 H를 n회 쓰면, $F(n, x)$를 구할 수 있다.

여기까지 두 개의 변수로 설명했지만 N변수라도 정의를 해 두고 넘어가자.

$$\begin{cases} F(0, \quad \vec{x}) = G(\vec{x}) \\ F(n+1, \vec{x}) = H(n, \vec{x}, F(n, \vec{x})) \end{cases}$$

여기서 $\vec{x}$는 변수의 열 $x_1, x_2, \cdots, x_{N-1}$의 생략형이라고 한다.

지금 정의한 '원시 재귀적으로 정의된다'는 것을 이용하여 **원시 재귀적 함수**를 다음과 같이 정의하도록 한다.

▷**원시 재귀적 함수-1** 정수 함수는 원시 재귀적 함수다.

▷**원시 재귀적 함수-2** 따름수를 갖는 함수는 원시 재귀적 함수다.

▷**원시 재귀적 함수-3** 두 개의 원시 재귀적 함수에서 '원시 재귀적으로 정의되는' 함수는 원시 재귀적 함수다.

▷**원시 재귀적 함수-4** 원시 재귀적 함수의 변수에 원시 재귀적 함수를 대입하여 얻을 수 있는 함수는 원시 재귀적 함수다.

▷**원시 재귀적 함수-5** $F(\vec{x}) = x_k$와 같이 하나의 변수를 추출하는 사영함수는 원시 재귀적 함수다.

▷**원시 재귀적 함수-6** 이상의 정의에 따른 함수만이 원시 재귀적 함수다.

원시 재귀적 함수를 써서 원시 재귀적 술어를 정의한다.

▷**원시 재귀적 술어** 아래 식이 성립하는 원시 재귀적 함수 $F(n, \vec{x})$가 존재하는 술어 $R(n, \vec{x})$를 원시 재귀적 술어라고 한다.

$$R(n, \vec{x}) \iff F(n, \vec{x}) = 0$$

테트라 "미르카 선배…… 잠깐만요."

미르카 "응?"

테트라 "지금 대체 뭘 이야기하고 있는 건가요?"

미르카 "원시 재귀적 술어를 정의하고 있어."

테트라 "……."

미르카 "어떤 종류의 제한이 걸린 술어를 정의하고 있는 거야. 그 술어가 충족하는 정리를 불완전성 정리의 증명에서 쓰기 위해."

원시 재귀적 관계(술어)의 성질

원시 재귀적 함수(술어)에는 다음과 같은 정리가 성립한다.

▷**정리-1** 원시 재귀적 함수(술어)의 변수에 원시 재귀적 함수를 대입한 것도 원시 재귀적 함수(술어)가 된다.

▷**정리-2** R과 S가 원시 재귀적 술어라면, $\lnot$R, R$\land$S, R$\lor$S도 원시 재귀적 술어다.

▷**정리-3** F와 G가 원시 재귀적 함수라면, F＝G는 원시 재귀적 술어다.

▷**정리-4** M이 원시 재귀적 함수이고, R이 원시 재귀적 술어라면, 다음의 S는 원시 재귀적 술어다.

$$S(\vec{x},\ \vec{y}) \iff \forall n \left[n \leq M(\vec{x}) \Rightarrow R(n, \vec{y}) \right]$$

이는 'M$(\vec{x})$ 이하의 모든 n에 대하여 R$(n, \vec{y})$가 성립한다'는 술어다. M$(\vec{x})$가 상한을 나타내며, 여기서 $\vec{x}$와 $\vec{y}$는 각각 유한개의 변수열을 나타낸다.

▷ **정리-5** M이 원시 재귀적 함수이고, R이 원시 재귀적 술어라면, 아래의 T는 원시 재귀적 술어다.

$$T(\vec{x},\ \vec{y}) \iff \exists n \left[n \leq M(\vec{x}) \land R(n, \vec{y}) \right]$$

이는 'M$(\vec{x})$ 이하의 n으로, R$(n, \vec{y})$가 성립되는 것이 존재한다'라는 술어다. M$(\vec{x})$는 상한을 나타낸다.

▷ **정리-6** M이 원시 재귀적 함수이고 R이 원시 재귀적 술어라면, 아래의
  F는 원시 재귀적 함수다.

$$F(\vec{x},\ \vec{y}) = \min n \left[\, n \leq M(\vec{x}) \wedge R(n, \vec{y}) \,\right]$$

이는 'M($\vec{x}$) 이하의 n으로서, R($n, \vec{y}$)를 충족하는 최소의 n'을 갖는 함
수다. 조건을 충족하는 n이 존재하지 않는다면, 함수의 값은 0이라 정의
한다. M($\vec{x}$)는 상한을 나타낸다.

테트라 "미르카 선배…… 잠깐만 기다려 주세요."

미르카 "응?"

테트라 "너무 많은 말이 흘러들어 와서 머릿속이 넘칠 지경이에요."

미르카 "그러니?"

테트라 "머리가 새로운 정보로 꽉 차서 그러니까 조금 시간을 주세요."

미르카 "괜찮긴 한데, 원시 재귀적인 건 그렇게 '새로운' 정보가 아닐 텐데?"

실은 우리가 평소에 쓰고 있는 함수나 술어 중 대부분은 원시 재귀적이다.
예를 들어, 덧셈 $x+y$, 곱셈 $x \times y$, 제곱 x^y 등은 원시 재귀적 함수이고, 또
한 $x<y, x \leq y, x=y$ 등은 원시 재귀적 술어가 된다.

다음 계절인 '겨울'에서는 많은 원시 재귀적 함수와 원시 재귀적 술어를
만들어 갈 것이다.

테트라 "불완전성 정리와의 관계가 이해가 안 가서 헤매고 있어요."

미르카 "응, 그렇다면……."

그럼, 원시 재귀적 술어가 충족하는 중요한 정리, 표현 정리에 대해 먼저
설명할게.

표현 정리

불완전성 정리의 증명에서는 **표현 정리**를 쓴다. 형식적 체계 P는 수론을 기술할 수 있으므로, 이 표현 정리가 성립하게 된다. 간결함을 위해 변수 두 개로 설명하겠지만, 임의 개의 변수라도 똑같이 성립한다.

> **표현 정리**
>
> R이 두 개의 변수를 가진 원시 재귀적 술어라면, 어떤 수 m, n에 대하여 다음과 같이 성립하는 2변수의 논리식 r이 존재한다.
>
> ▶ 가을−1: $R(m, n) \implies r(\overline{m}, \overline{n})$의 '형식적 증명'은 존재한다.
> ▶ 가을−2: $\neg R(m, n) \implies \text{not}(r(\overline{m}, \overline{n}))$의 '형식적 증명'은 존재한다.
>
> 이때 논리식 r은 술어 R을 수식별로 표현한다고 일컫는다.

표현 정리는 R을 표현하는 r의 존재를 보증한다.
술어 R은 '의미의 세계' 개념이다. 논리식 r은 '형식의 세계' 개념이다.
즉, 표현 정리는 '의미의 세계'에서 '형식의 세계'로 가는 다리가 된다.
원시 재귀성은 이 다리를 건너기 위한 여권 같은 것이다.

유리   "$r\langle \overline{m}, \overline{n} \rangle$이 뭘 의미하는지 모르겠어요."
미르카   "지금부터 설명할게."

▷술어와 명제

두 개의 자유 변수를 가지는 술어 R의 자유 변수에 수 m, n을 대입해서 생기는 명제를 $R(m, n)$이라고 표기한다.

테트라   "'술어'와 '명제'라는 용어가 나뉘어 있네요."
미르카   "그래. 술어라는 것은 예를 들어 'x는 y로 나눌 수 있다' 같은 거야. 자유 변수를 가지기 때문에 그것만으로 성립하는 건지 어떤지 모르지."

테트라 "그럼 자유 변수에 구체적인 수를 대입하면 명제가 되겠네요."

미르카 "그래. 명제 '12는 3으로 나누어떨어진다'는 성립하고, 명제 '12는 7로 나누어떨어진다'는 성립하지 않아."

▷ 논리식과 문장

두 개의 '자유 변수'를 가지는 '논리식' r의 '자유 변수'를 '수항' $\overline{m}, \overline{n}$으로 치환해 생기는 '문장'을 $r\langle \overline{m}, \overline{n} \rangle$이라고 표기한다.

테트라 "이건 '논리식'과 '문장'이네요."

미르카 "그래. '문장'은 자유 변수를 갖지 않는 논리식을 말해."

테트라 "'술어'나 '명제'는 의미의 세계 개념이고, '논리식'이나 '문장'은 형식의 세계 개념인 거죠?"

미르카 "그렇게 생각할 수 있겠지."

나 "미르카, r은 논리식이야? 아니면 논리식의 괴델수인 거야?"

미르카 "r은 논리식의 괴델수야. $r\langle \overline{m}, \overline{n} \rangle$은 문장의 괴델수고."

◆◆◆

"표현 정리로 의미의 세계에서 형식의 세계로 넘어가는 건가요?" 테트라가 물었다. "R을 표현하는 r이 존재한다는 것은…… 그러니까 명제 $R(m, n)$이 성립한다면, 문장 $r\langle \overline{m}, \overline{n} \rangle$의 형식적 증명이 존재하는 것이고, 명제 $R(m, n)$이 성립하지 않는다면 문장 $r\langle \overline{m}, \overline{n} \rangle$의 형식적 증명이 존재하지 않는다는 거죠?"

"후자는 틀렸어." 미르카가 말했다. "표현 정리를 잘못 읽었어."

"어." 테트라가 표현 정리를 다시 한번 읽었다. "아, 그러네요!"

"그래." 미르카가 말했다. "명제 $R(m, n)$이 성립하지 않는다면 문장 $r\langle \overline{m}, \overline{n} \rangle$의 부정의 형식적 증명이 존재하는 거지."

"이해가 잘 안 가는데…… 논리식이 술어를 표현한다는 건 당연한 말이잖아요?" 테트라가 물었다.

"그렇지 않아. 확실히 술어라고 규정한 이상 의미의 세계에 확실히 나타나 있을 거야. 하지만 표현 정리가 원시 재귀적 술어에 대해 주장하고 있는 것은 좀 더 강한 것, 술어에 수를 대입한 명제가 성립하는지 어떤지를 형식적 증명으로 결정할 수 있도록 하는 거야. 의미의 세계에서 성립하는지 어떤지를 형식적 세계에서 결정할 수 있는 거지. 표현 정리에 있어서의 '표현'이라는 용어는 그와 같은 강한 의미를 가져. 술어에 원시 재귀성이 없을 때, 예를 들어 ∀나 ∃에 상한이 붙지 않을 때는 그 술어를 표현하는 논리식이 존재한다고 말할 수 없는 거지."

"음, 원시 재귀적 어쩌고 하는 부분을 아직 잘 모르겠어요." 유리가 말했다.

"그렇구나." 미르카가 대꾸했다. "하지만 지금은 '계절' 얘기를 계속하도록 하자."

"네."

"'가을'에서 '겨울'로." 미르카가 노래하듯 말했다. "'겨울'에서는 형식적 체계에 관련된 술어를 정의할 거야. 원시 재귀적 술어로 정의한다면……."

"그 술어를 표현하는 논리식이 존재한다?"라고 말하는 테트라.

"정답이야. '형식적 체계에 관련된 술어'가 원시 재귀적이라면, 그 술어를 표현하는 논리식이 그 형식적 체계 안에 존재하는 거야. 이것을 보증하는 것이 표현 정리의 힘이지. '겨울'의 목표, 그것은……."

거기서 미르카는 마치 새가 지저귀는 듯한 목소리로 말했다.

"'p는 x의 형식적 증명이다'라는 원시 재귀적 술어야."

8. 겨울: 증명 가능성에 이르는 긴 여행

장비를 정비하다

'겨울'에서는 'p는 x의 형식적 증명이다'라는 술어를 원시 재귀적으로 구성할 것이다. 겨울의 기나긴 여행에 대비해 몇 가지 장비를 정비해 두자.

'$x \leqq \mathrm{M}$을 충족하는 임의의 x에 대하여 ~가 성립한다'라는 술어를 다음과 같이 쓴다. 기호 $\overset{\text{def}}{\Longleftrightarrow}$는 술어의 정의로 한다.

$$\forall x \leqq \mathrm{M} \left[\cdots\cdots \right] \overset{\text{def}}{\Longleftrightarrow} \forall x \left[x \leqq \mathrm{M} \Rightarrow \cdots\cdots \right]$$

'~을 충족하는 M 이하의 x가 존재한다'라는 술어를 다음과 같이 표기한다.

$$\exists x \leqq \mathrm{M} \left[\cdots\cdots \right] \overset{\text{def}}{\Longleftrightarrow} \exists x \left[x \leqq \mathrm{M} \wedge \cdots\cdots \right]$$

또한 '$x \leqq \mathrm{M}$이라는 조건하에 ~를 충족하는 최소의 x'를 갖는 함수를 다음과 같이 표기한다. 충족하는 x가 없다면 이 함수의 값은 0이라 정의한다. 기호 $\overset{\text{def}}{=}$는 함수의 정의로 한다.

$$\min x \leqq \mathrm{M} \left[\cdots\cdots \right] \overset{\text{def}}{=} \min x \left[x \leqq \mathrm{M} \wedge \cdots\cdots \right]$$

7개의 기본 기호 괴델수를 다음과 같이 표기한다. 읽기 쉽게 하기 위한 것이다.

$$\boxed{0} \overset{\text{def}}{=} 1 \qquad \boxed{f} \overset{\text{def}}{=} 3 \qquad \boxed{\neg} \overset{\text{def}}{=} 5 \qquad \boxed{\vee} \overset{\text{def}}{=} 7$$
$$\boxed{\forall} \overset{\text{def}}{=} 9 \qquad \boxed{(} \overset{\text{def}}{=} 11 \qquad \boxed{)} \overset{\text{def}}{=} 13$$

그러면, 정의 1부터 정의 46까지 의미의 세계를 한 바퀴 도는 긴 여행을 떠나 보자.

정수론

정의 1 $\mathrm{CanDivide}(x, d)$는 'x는 d로 나누어떨어진다'라는 술어다.

$$\text{CanDivide}(x, d) \overset{\text{def}}{\iff} \exists n \leq x \left[x = d \times n \right]$$

미르카 "'$x = d \times n$을 충족하는 x 이하의 n이 존재한다'는 정의야."

나 "그렇군. '12는 3으로 나누어떨어진다'는 $\text{CanDivide}(12, 3)$이라고 쓸 수 있겠네."

$$\exists n \leq 12 \left[12 = 3 \times n \right]$$

테트라 "이걸 충족하는 n은 음…… 4가 되나요?"

나 "그렇지. 그러니까 $\text{CanDivide}(12, 3)$은 성립한다는 거지."

테트라 "네…… 저, 여기서도 가능성이 존재하는 걸로 표현되어 있네요."

유리 "무슨 말이에요?"

테트라 "'나누어떨어진다'가 '~가 존재한다'라고 표현되어 있으니까."

나 "테트라는 그게 신경 쓰이는구나."

정의 2 $\text{IsPrime}(x)$는 'x는 소수다'라는 술어다.

$$\text{IsPrime}(x) \overset{\text{def}}{\iff} x > 1 \land \neg \left(\exists d \leq x \left[d \neq 1 \land d \neq x \land \text{CanDivide}(x, d) \right] \right)$$

미르카 "이건 유리가 읽어 보렴."

유리 "네. 음, 어라 $\text{CanDivide}(x, d)$가 뭐더라?"

나 "x는 d로 나누어떨어진다."

유리 "아, 그러니까 'x가 나누어떨어지는 d는 x 이하로는 존재하지 않는다'는 건가요?"

나 "유리, $d \neq 1$하고 $d \neq x$를 잊고 있잖아."

유리 "잊은 건 아니에요!"

테트라 "$x > 1$이라는 조건도 있어요. 확실히 'x는 소수다'라는 거네요."

정의 3 Prime(n, x)는 'n번째 x의 소인수'를 갖는 함수다. 여기서 소인수는 작은 순으로 나열되어 있다고 본다. 편의상 0번째 소인수를 0이라고 정의한다.

$$\begin{cases} \text{Prime}(0, x) & \overset{\text{def}}{=} 0 \\ \text{Prime}(n+1, x) & \overset{\text{def}}{=} \min p \leq x \left[\text{Prime}(n, x) < p \land \text{CanDivideByPrime}(x, p) \right] \end{cases}$$

단, CanDivideByPrime(x, p)는 다음과 같이 정의한다.

$$\text{CanDivideByPrime}(x, p) \overset{\text{def}}{\iff} \text{CanDivide}(x, p) \land \text{IsPrime}(p)$$

나 "Prime(nH, x)는 n번째의 소인수보다 크고, x를 나누어떨어지게 하는 최소의 소수'라는 정의인가?"

유리 "구체적인 예를 들어 줘!"

나 "예로 $2^4 \times 3^1 \times 7^2 = 2352$를 들자면, 이렇게 되는 거야."

Prime(0, 2352) = 0   정의에서

Prime(1, 2352) = 2   Prime(0, 2352)보다 크고, 2352를 나누어떨어지게 하는 제일 작은 소수는 2

Prime(2, 2352) = 3   Prime(1, 2352)보다 크고, 2352를 나누어떨어지게 하는 제일 작은 소수는 3

Prime(3, 2352) = 7   Prime(2, 2352)보다 크고, 2352를 나누어떨어지게 하는 제일 작은 소수는 7

정의 4 factorial(n)은 'n의 곱'을 갖는 함수다.

$$\begin{cases} \text{factorial}(0) & \overset{\text{def}}{=} 1 \\ \text{factorial}(n+1) & \overset{\text{def}}{=} (n+1) \times \text{factorial}(n) \end{cases}$$

정의 5 p_n은 'n번째 소수'를 갖는 함수다. 편의상 0번째 소수를 0이라고 정의한다.

$$\begin{cases} p_0 \overset{\text{def}}{=} 0 \\ p_{n+1} \overset{\text{def}}{=} \min p \leq \mathrm{M}_5(n) \Big[p_n < p \wedge \mathrm{IsPrime}(p) \Big] \end{cases}$$

단, $\mathrm{M}_5(n)$은 다음과 같이 정의한다.

$$\mathrm{M}_5(n) \overset{\text{def}}{=} \mathrm{factorial}(p_n) + 1$$

유리 "n 번째의 소수?"

나 "$p_0 = 0, p_1 = 2, p_2 = 3, p_3 = 5, p_4 = 7, \cdots$이지."

유리 "$p \leq \mathrm{M}_5(n)$은 어디서 나온 거야?"

나 "$\mathrm{M}_5(n) = \mathrm{factorial}(p_n) + 1 = 1 \times 2 \times 3 \times \cdots \times p_n + 1$이니까."

유리 "그런데?"

나 "$\mathrm{M}_5(n)$은 p_n보다 크고, $\mathrm{M}_5(n)$ 이하로는 반드시 소수가 있다고."

유리 "그래서?"

나 "그러니까 p_{n+1}을 구하는 데 $\mathrm{M}_5(n)$ 이하라는 조건을 붙일 수 있다는 거지."

행렬

정의 6 $x[n]$은 '열 x의 n번째 소수'를 갖는 함수다. $1 \leq n \leq$ (행렬의 길이) 가 전제 조건이 된다.

$$x[n] \overset{\text{def}}{=} \min k \leq x \Big[\mathrm{CanDivideByPower}(x, n, k) \wedge \neg \mathrm{CanDivideByPower}(x, n, k+1) \Big]$$

단, $\mathrm{CanDivideByPower}(x, n, k)$는 다음과 같이 정의한다.

$$\mathrm{CanDivideByPower}(x, n, k) \overset{\text{def}}{=} \mathrm{CanDivide}(x, \mathrm{prime}(n, x)^k)$$

미르카 "행렬의 도입. 소수 지수 표현을 쓰고 있어."

테트라 "$\mathrm{CanDivideByPower}(x, n, k)$의 정의가 이해가 안 가요."

나 "이건…… 'x는 $\mathrm{prime}(n, x)$의 k승으로 나누어떨어진다'일까?"

테트라 "그게 $x[n]$과 무슨 관련이 있나요?"

나 "음, prime(n, x)의 k승으로는 나누어떨어지지만, $k+1$승으로 는 나누어떨어지지 않는다는 건, 과연 x는 소인수로서 prime(n, x)를 딱 k개만큼 가지고 있다는 말이네."

테트라 "아."

나 "prime(n, x)의 지수 k가, x라는 행렬의 n번째 원소인 거야."

정의 7 len(x)는 '행렬 x의 길이'를 뜻하는 함수다.

$$\text{len}(x) \stackrel{\text{def}}{=} \min k \leq x \left[\text{Prime}(k, x) > 0 \wedge \text{Prime}(k+1, x) = 0 \right]$$

미르카 "행렬 x의 최초의 원소는 $x[1]$이고, 최후의 원소는 $x[\text{len}(x)]$로 구할 수 있어. 예를 들어 $\boxed{\forall}\,\boxed{x_1}\,\boxed{(}\,\cdots\,\boxed{)}$ 라는 행렬을 x라 하면, 이렇게 되는 거지."

$$
\begin{array}{ccccc}
x[1] & x[2] & x[3] & \cdots & x[\text{len}(x)] \\
\boxed{\forall} & \boxed{x_1} & \boxed{(} & \cdots & \boxed{)} \\
\| & \| & \| & \cdots & \| \\
9 & 17 & 11 & \cdots & 13
\end{array}
$$

정의 8 $x * y$는 '행렬 x와 y를 연결시킨 행렬'을 갖는 함수다.

$$x * y \stackrel{\text{def}}{=} \min z \leq \mathrm{M}_8(x, y)$$
$$\left[\forall m \leq \text{len}(x) \Big[1 \leq m \implies z[m] = x[m] \Big] \right.$$
$$\left. \wedge \forall n \leq \text{len}(y) \Big[1 \leq n \implies z[\text{len}(x)+n] = y[n] \Big] \right]$$

단, $\mathrm{M}_8(x, y)$는 다음과 같이 정의한다.
$$\mathrm{M}_8(x, y) \stackrel{\text{def}}{=} (\text{len}(x) + \text{len}(y))^{x+y}$$

미르카 "$z[1]$에서 $z[\text{len}(x)]$까지는 행렬 x의 각 원소와 같고, $z[\text{len}(x)+1]$에서 $z[\text{len}(x)+\text{len}(y)]$까지는 행렬 y의 각 원소와 같다고 치면, 이때 z는 x와 y를 연결한 행렬이라고 할 수 있어."

$$
\begin{array}{ccccccc}
x[1] & \cdots & x[\text{len}(x)] & y[1] & \cdots & y[\text{len}(y)] \\
\| & \cdots & \| & \| & \cdots & \| \\
z[1] & \cdots & z[\text{len}(x)] & z[\text{len}(x)+1] & \cdots & z[\text{len}(x)+\text{len}(y)]
\end{array}
$$

정의 9 $\langle x \rangle$는 'x만으로 이루어진 행렬'을 갖는 함수다. 단, $x>0$일 때다.

$$\langle x \rangle \stackrel{\text{def}}{=} 2^x$$

정의 10 $\text{paren}(x)$는 'x를 괄호에 넣은 행렬'을 갖는 함수다.

$$\text{paren}(x) \stackrel{\text{def}}{=} \langle\,\boxed{(}\,\rangle * x * \langle\,\boxed{)}\,\rangle$$

미르카 "이건 유리도 읽을 수 있겠지?"

유리 "네……. $\boxed{(}$ 하고 x하고 $\boxed{)}$를 연결한 거요!"

미르카 "그래. 그게 'x를 괄호에 넣은 행렬'의 정의야."

변수·기호·논리식

정의 11 $\text{IsVarType}(x, n)$은 "x는 제n형의 '변수'이다"라는 술어다.

$$\text{IsVarType}(x, n) \stackrel{\text{def}}{\Longleftrightarrow} n \geq 1 \wedge \exists p \leq x \left[\text{IsVarBase}(p) \wedge x = p^n \right]$$

단, $\text{IsVarBase}(p)$를 다음과 같이 정의한다.

$$\text{IsVarBase}(p) \stackrel{\text{def}}{\Longleftrightarrow} p > \boxed{)} \wedge \text{IsPrime}(p)$$

미르카	"변수의 도입."

나　"'변수'에 왜 ' '를 넣은 거야?"

미르카　"메타 수학의 개념이라서."

나　"메타 수학의 개념······."

미르카　"즉, x는 의미의 세계에서의 변수를 나타내는 게 아니라, 형식적 체계 P 쪽에서 정의된 변수의 괴델수를 나타내는 거야."

테트라　"$p > \fbox{)}$는 뭐라고 읽나요?"

미르카　"$p > 13$하고 똑같아. 변수의 괴델수를 떠올려 봐."(331p 참조)

정의 12　IsVar(x)는 "x는 '변수'이다"라는 뜻의 술어다.

$$\text{IsVar}(x) \stackrel{\text{def}}{\Longleftrightarrow} \exists n \leq x \Big[\text{IsVarType}(x, n) \Big]$$

미르카　"유리, 이건 읽을 수 있겠어?"

유리　"x가 제n형의 변수가 될 수 있는 n이 존재한다."

나　"'x는 제n형의 변수이다'라는 n이 존재한다면, x는 변수일까?"

정의 13　not(x)는 '$\neg(x)$'를 갖는 함수다.

$$\text{not}(x) \stackrel{\text{def}}{=} \langle\fbox{$\neg$}\rangle * \text{paren}(x)$$

미르카　"논리 연산의 도입."

나　"$\langle\fbox{$\neg$}\rangle * \text{paren}(x)$ 부분은 논리식 $\neg(\cdots)$에 대응하고 있는 거지?"

테트라　"어라······ 이 not(x)는 표현 정리에 나왔었죠?"

정의 14　or(x, y)는 '$(x) \vee (y)$'를 갖는 함수다.

$$\text{or}(x, y) \stackrel{\text{def}}{=} \text{paren}(x) * \langle\fbox{$\vee$}\rangle * \text{paren}(y)$$

정의 15　forall(x, a)는 '$\forall x(a)$'를 갖는 함수다.

$$\mathrm{forall}(x, a) \stackrel{\mathrm{def}}{=} \langle\,\boxed{\forall}\,\rangle * \langle x \rangle * \mathrm{paren}(a)$$

나　"변수 x와 논리식 a가 주어져서 $\forall x(a)$를 갖는 함수구나."

미르카　"보다 정확하게는 x가 있는 변수를 나타내는 괴델수, a가 있는 논리식을 나타내는 괴델수라 했을 때, $\forall x(a)$에 상당하는 논리식의 괴델수를 갖는 함수가 $\mathrm{forall}(x, a)$인 거야."

나　"아, 그렇구나. 의미의 세계에서는 형식적 체계 P의 모든 것을 수로 나타내고 있으니까."

테트라　"그게 무슨 뜻인가요?"

나　"변수도 논리식도 모두 괴델수라는 수로 나타내고 있다는 거야."

유리　"IsVar(x)는 체크 안 해 봐도 되는 거냐옹?"

미르카　"유리, 좋은 지적이야. $\mathrm{forall}(x, a)$를 쓸 때 체크할 거야."

정의 16　$\mathrm{succ}(n, x)$는 'x의 n번째 따름수'를 갖는 함수다.

$$\begin{cases} \mathrm{succ}(0, \quad x) \stackrel{\mathrm{def}}{=} x \\ \mathrm{succ}(n+1, x) \stackrel{\mathrm{def}}{=} \langle\,\boxed{f}\,\rangle * \mathrm{succ}(n, x) \end{cases}$$

유리　"$\mathrm{succ}(0, x)$는 'x 그 자체'라는 거야?"

나　"아마 그럴 거야. x의 0번째 따름수는 x 그 자체니까."

테트라　"$\mathrm{succ}(n+1, x)$는 'f 다음에, $\mathrm{succ}(n, x)$를 연결한 것'이 되나요?"

나　"그래 맞아. 좀 빙빙 돌아가게 생겼지만……."

테트라　"$n+1$이 하나 줄어들었으니 괜찮다는 거죠."

나　"$\mathrm{succ}(0, x)$이 있으니까 무한히 내려가지는 않고."

유리　"아까 좀 비슷했던 게 있었는데……."

나　"아, 정의 4의 $\mathrm{factorial}(n)$하고 비슷하지?"

정의 17　$\overline{n}$은 'n에 대한 수항'을 갖는 함수다.

$$\overline{n} \overset{\text{def}}{=} \text{succ}(n, \langle\boxed{0}\rangle)$$

테트라 "0의 n번째 따름수'라는 의미인 거죠?"

유리 "그러니까 $\overline{n}$은 $\underbrace{ff \cdots f0}_{n개}$의 괴델수네용."

정의 18 $\text{IsNumberType}(x)$는 'x는 제1형 기호다'라는 의미의 술어다.

$$\text{IsNumberType}(x) \overset{\text{def}}{\iff}$$
$$\exists m, n \leq x \left[(m = \boxed{0} \vee \text{IsVarType}(m, 1)) \wedge x = \text{succ}(n, \langle m \rangle) \right]$$

미르카 "$m = \boxed{0} \vee \text{IsVarType}(m, 1)$, 이 부분은 읽을 수 있겠어?"

나 "$m = \boxed{0}$ 쪽은 $fff0$과 같은 형태로 대응하고 있는 거라고 생각되는데."

테트라 "$\text{IsVarType}(m, 1)$은 $fffx_1$과 같은 형태에 대응하는 거죠?"

(321p 참조)

정의 19 $\text{IsNthType}(x, n)$은 'x는 제n형 기호다'라는 의미의 술어다.

$$\text{IsNthType}(x, n) \overset{\text{def}}{\iff} \left(n = 1 \wedge \text{IsNumberType}(x) \right)$$
$$\vee \left(n > 1 \wedge \exists v \leq x \left[\text{IsVarType}(v, n) \wedge x = \langle v \rangle \right] \right)$$

테트라 "왠지 컴퓨터 프로그램 같아요."

나 "글쎄⋯⋯ 어디가?"

테트라 "$n = 1$과 $n > 1$로 경우를 나누는 것이요."

정의 20 $\text{IsElementForm}(x)$는 'x는 기본 논리식이다'라는 의미의 술어다.

$$\text{IsElementForm}(x) \overset{\text{def}}{\Longleftrightarrow} \exists a, b, n \leqq x \Big[\text{IsNthType}(a, n+1)$$
$$\wedge \text{IsNthType}(b, n) \wedge x = a * \text{paren}(b) \Big]$$

단, $\exists a, b, n \leqq x[\cdots]$는 다음과 같이 정의한다.

$$\exists a, b, n \leqq x[\cdots] \overset{\text{def}}{\Longleftrightarrow} \exists a \leqq x \Big[\exists b \leqq x \big[\exists n \leqq x[\cdots] \big] \Big]$$

미르카 "기본 논리식의 도입"

테트라 "기본 논리식은 $a(b)$라는 형태의 논리식이었죠?"

미르카 "맞아. a는 제$n+1$형, b는 제n형이어야 하지만."

나 "아, $\text{IsNthType}(a, n+1) \wedge \text{IsNthType}(b, n)$은 형태를 잘 봐 야겠네."

정의 21 $\text{IsOp}(x, a, b)$는 'x는 $\neg(a)$ 또는 $(a) \vee (b)$ 또는 $\forall v(a)$이다' 라는 의미의 술어다.

$$\text{IsOp}(x, a, b) \overset{\text{def}}{\Longleftrightarrow} \text{IsNotOp}(x, a) \vee \text{IsOrOp}(x, a, b) \vee \text{IsForallOp}(x, a)$$

단, $\text{IsNotOp}(x, a)$, $\text{IsOrOp}(x, a, b)$, $\text{IsForallOp}(x, a)$를 다음과 같이 정 의한다.

$$\text{IsNotOp}(x, a) \overset{\text{def}}{\Longleftrightarrow} x = \text{not}(a)$$
$$\text{IsOrOp}(x, a, b) \overset{\text{def}}{\Longleftrightarrow} x = \text{or}(a, b)$$
$$\text{IsForallOp}(x, a) \overset{\text{def}}{\Longleftrightarrow} \exists v \leqq x \Big[\text{IsVar}(v) \wedge x = \text{forall}(v, a) \Big]$$

유리 "이 Op가 뭔데?"

미르카 "연산자를 말해. operator."

유리 "오퍼레이터?"

미르카 "여기서는 $\neg$, $\vee$, $\forall$를 뜻해."

정의 22 IsFormSeq(x)는 "x는 '기본 논리식'에서 만들어 낸 '논리식'의
예다"라는 의미의 술어다.

$$\text{IsFormSeq}(x) \overset{\text{def}}{\Longleftrightarrow} \text{len}(x) > 0 \wedge \forall n \leq \text{len}(x)\Big[n > 0 \;\Rightarrow$$
$$\text{IsElementForm}(x[n]) \vee \exists p, q < n \big[p, q > 0 \wedge \text{IsOp}(x[n], x[p], x[q]) \big]\Big]$$

미르카 "까다로워 보이지만 잘 읽어 보면 간단해."

유리 "$x[n]$이라니, 행렬 x의 n번째를 말하는 건가?"

테트라 "행렬 x에 나열된 건 모두 기본 논리식이거나 또는……."

나 "IsOp($x[n], x[p], x[q]$)가 뭐지?"

미르카 "$p, q < n$이 포인트야."

나 "아! $x[n]$은 $x[p]$나 $x[q]$에서 만들어졌구나."

테트라 "만들어졌다고요?"

나 "행렬에 나열된 n번째의 논리식 $x[n]$은 그보다 전의 $x[p]$나
$x[q]$에서 만들어졌다는 거야."

테트라 "형식적 증명이라는 말인가요?"

나 "아니, 논리식의 정의 말이야. 기본 논리식하고, $\neg(a)$ 또는 (a)
$\vee(b)$ 또는 $\forall x(a)$라는 형태의 기호열만이 논리식이잖아?"

테트라 "네……."

나 "논리식을 정의(322p 참조)한 대로, 기본 논리식을 만드는 과정
을 논리식의 행렬로 나타내고 있는 거야."

유리 "머리를 썼더니 배가 고파졌어."

미르카 "간식 먹으면서 계속할까? 아, 그 초콜릿은 나 먹을래."

정의 23 IsForm(x)는 'x는 논리식이다'라는 의미의 술어다. '최후의 원
소가 x가 되는 기본 논리식에서 만들어진 논리식의 행렬 n이 존
재한다'고 정의한다.

$$\mathrm{IsForm}(x) \overset{\mathrm{def}}{\Longleftrightarrow} \exists n \leq \mathrm{M}_{23}(x)\Big[\mathrm{IsFormSeq}(n) \wedge \mathrm{IsEndedWith}(n,\ x)\Big]$$

단, $\mathrm{M}_{23}(x)$의 $\mathrm{IsEndedWith}(n,\ x)$를 다음과 같이 정의한다.

$$\mathrm{M}_{23}(x) \overset{\mathrm{def}}{=} (\mathrm{plen}(x)^2)^{x \times \mathrm{len}(x)^2}$$

$$\mathrm{IsEndedWith}(n,\ x) \overset{\mathrm{def}}{\Longleftrightarrow} n[\mathrm{len}(n)] = x$$

정의 24 $\mathrm{IsBoundAt}(v, n, x)$는 "'변수' v는 x의 n번째 장소에서는 '속박' 되어 있다"라는 의미의 술어다.

$$\mathrm{IsBoundAt}(v, n, x) \overset{\mathrm{def}}{\Longleftrightarrow} \mathrm{IsVar}(v) \wedge \mathrm{IsForm}(x)$$
$$\wedge \exists a, b, c \leq x\Big[x = a * \mathrm{forall}(v, b) * c$$
$$\wedge \mathrm{IsForm}(b) \wedge \mathrm{len}(a) + 1 \leq n \leq \mathrm{len}(a) + \mathrm{len}(\mathrm{forall}(v, b))\Big]$$

미르카 "속박의 도입."

유리 "여기! $\mathrm{forall}(v, b)$를 쓰니까 $\mathrm{IsVar}(v)$를 체크해야 해."

테트라 "$\mathrm{len}(a) + 1 \leq n \leq \mathrm{len}(a) + \mathrm{len}(\mathrm{forall}(v, b))$는 범위?"

미르카 "변수 v가 속박되어 있는 범위를 나타내는 거야. 갇힌 범위지. 변수 v가 반드시 출현한다고는 할 수 없어."

$$\overbrace{\cdots}^{a}\ \overbrace{\forall v(\cdots)}^{b}\ \overbrace{\cdots}^{c}$$
$$\underbrace{\qquad\qquad\qquad}_{v\text{의 속박 범위}}$$

정의 25 $\mathrm{IsFreeAt}(v, n, x)$는 "'변수' v는 x의 n번째 장소에서는 '속박' 되지 않는다"라는 의미의 술어다.

$$\mathrm{IsFreeAt}(v, n, x) \overset{\mathrm{def}}{\Longleftrightarrow}$$
$$\mathrm{IsVar}(v) \wedge \mathrm{IsForm}(x) \wedge v = x[n] \wedge n \leq \mathrm{len}(x) \wedge \neg\mathrm{IsBoundAt}(v, n, x)$$

정의 26 $\mathrm{IsFree}(v, x)$는 'v는 x의 자유 변수다'라는 의미의 술어다.

$$\text{IsFree}(v, x) \overset{\text{def}}{\Longleftrightarrow} \exists n \leq \text{len}(x) \Big[\text{IsFreeAt}(v, n, x) \Big]$$

정의 27 substAtWith(x, n, c)는 'x의 n번째 원소를 c와 바꾼 것'을 갖는 함수. 단, $1 \leq n \leq \text{len}(x)$를 전제로 한다.

$$\text{substAtWith}(x, n, c) \overset{\text{def}}{\Longleftrightarrow}$$
$$\min z \leq \text{M}_8(x, c) \Big[\exists a, b \leq x \big[n = \text{len}(a) + 1$$
$$\wedge\, x = a * \langle x[n] \rangle * b \wedge z = a * c * b \big] \Big]$$

미르카 "자유 변수와 치환의 도입."

테트라 "변수가 여기저기서 튀어나와서 잘 모르겠어요."

나 "여기서는 x와 z가 포인트 같아."

$$x \;=\; \overbrace{\cdots}^{a} \; x[n] \; \overbrace{\cdots}^{b}$$
$$z \;=\; \underbrace{\cdots}_{a} \; \underbrace{\cdots}_{c} \; \underbrace{\cdots}_{b}$$

테트라 "행렬 x의 n번째 원소를 c로 바꾼 행렬이 z와 같다는 거군요."

정의 28 freepos(k, v, x)는 "x로 $k+1$번째의 '자유'인 v의 장소"를 갖는 함수다. 단, $k+1$번째라는 것은 행렬의 끝에서부터 거꾸로 센다. 또, 그 장소에서 v가 자유가 아닌 경우, 이 함수는 0으로 표시된다.

$$\text{freepos}(0, v, x) \overset{\text{def}}{=} \min n \leq \text{len}(x) \Big[\text{IsFreeAt}(v, n, x)$$
$$\wedge \neg \Big(\exists p \leq \text{len}(x) \big[n < p \wedge \text{IsFreeAt}(v, p, x) \big] \Big) \Big]$$
$$\text{freepos}(k+1, v, x) \overset{\text{def}}{=} \min n < \text{freepos}(k, v, x) \Big[\text{IsFreeAt}(v, n, x)$$
$$\wedge \neg \Big(\exists p < \text{freepos}(k, v, x) \big[n < p \wedge \text{IsFreeAt}(v, p, x) \big] \Big) \Big]$$

테트라 "왜 여기만 v의 장소를 끝에서부터 거꾸로 세는 건가요?"

미르카 "조금 뒤에 수수께끼가 풀릴 거야."

정의 29 freenum(v, x)는 "x이고, v가 '자유'인 장소의 총수"를 갖는 함수다.

$$\text{freenum}(v, x) \overset{\text{def}}{=} \min n \leq \text{len}(x) \left[\text{freepos}(n, v, x) = 0 \right]$$

정의 30 substSome(k, x, v, c)는 "x의 '자유'인 v가 나오는 장소 중 k개를 c로 바꾸어 넣은 '논리식'"을 갖는 함수다.

$$\text{substSome}(0, x, v, c) \overset{\text{def}}{=} x$$

$$\text{substSome}(k+1, x, v, c) \overset{\text{def}}{=}$$

$$\text{substAtWith}(\text{substSome}(k, x, v, c), \text{freepos}(k, v, x), c)$$

나 "알았다!"

테트라 "뭘요?"

나 "freepos(k, v, x)에서 장소를 끝에서부터 세는 이유."

테트라 "어째서인가요?"

나 "substSome(k, x, v, c)를 계산할 때 k는 점점 줄어드니까. 그러니까 끝까지 갔을 때 0이 되면서 끝내게 하려고 그렇게 세는 거야."

정의 31 subst(a, v, c)는 "a가 '자유'인 v를 모두 c로 치환한 '논리식'"을 갖는 함수다.

$$\text{subst}(a, v, c) \overset{\text{def}}{=} \text{substSome}(\text{freenum}(v, a), a, v, c)$$

미르카 "이 subst(a, v, c)는 공리 III-1(324p 참조)에 나온 'a가 자유로운

모든 v를 c로 치환한 논리식'이 되는 거야."

정의 32 implies(a, b), and(a, b), equiv(a, b), exists(x, a)는 각각 '$(a) \rightarrow (b)$', '$(a) \wedge (b)$', '$(a) \rightleftarrows (b)$', '$\exists x(a)$'를 갖는 함수다.(323p 참조)

$$\text{implies}(a, b) \stackrel{\text{def}}{=} \text{or}(\text{not}(a), b)$$
$$\text{and}(a, b) \stackrel{\text{def}}{=} \text{not}(\text{or}(\text{not}(a), \text{not}(b)))$$
$$\text{equiv}(a, b) \stackrel{\text{def}}{=} \text{and}(\text{implies}(a, b), \text{implies}(b, a))$$
$$\text{exists}(x, a) \stackrel{\text{def}}{=} \text{not}(\text{forall}(x, \text{not}(a)))$$

정의 33 typelift(n, x)는 "x를 n만큼 '바꿔 넣기'한 것"을 갖는 함수다. prime$(1, x[k])^n$ 중 제곱이 바꾸어 넣기에 해당한다. 정수인가 여부로 여러 가지 경우를 분류하고 있다. 정수는 형태에 포함되지 않는다.

$$\text{typelift}(n, x) \stackrel{\text{def}}{=} \min y \le x^{(x^n)} \Bigg[\forall k \le \text{len}(x) \Bigg[$$
$$\Big(\neg \text{IsVar}(x[k]) \wedge y[k] = x[k] \Big)$$
$$\vee \Big(\text{IsVar}(x[k]) \wedge y[k] = x[k] \times \text{prime}(1, x[k])^n \Big) \Bigg] \Bigg]$$

- 예를 들어 x가 $x_2(x_1)$이라는 논리식이라고 치자.
- 행렬로 보면, x는 $\boxed{x_2}\,\boxed{(}\,\boxed{x_1}\,\boxed{)}$ 이다.
- typelift$(1, x)$는 $\boxed{x_3}\,\boxed{(}\,\boxed{x_2}\,\boxed{)}$ 가 된다.
- typelift$(2, x)$는 $\boxed{x_4}\,\boxed{(}\,\boxed{x_3}\,\boxed{)}$ 이 된다.
- 정수의 $\boxed{(}$ 와 $\boxed{)}$ 는 그대로, 변수인 $\boxed{x_2}$ 와 $\boxed{x_1}$ 만을 바꿔 넣은 것이다.

테트라 "어쩐지 이것도 프로그램 같아요."

나 "프로그램?"

테트라 "IsVar($x[k]$)일 때와, 그렇지 않을 경우로 나눈 프로그램이요."

미르카 "$\forall k \leq \text{len}(x)$는 상한이 len($x$)가 된 루프."

테트라 "괴델 씨는 이 증명을 컴퓨터가 없던 시대에 해냈던 거군요."

공리·정리·형식적 증명

정의 34 IsAxiomI(x)는 "x는 공리 I(323p 참조)에서 구할 수 있는 '논리식'이다"라는 의미의 술어다. 공리 I-1, I-2, I-3에 대응하는 괴델 수를 각각 $\alpha_1, \alpha_2, \alpha_3$이라고 한다.

$$\text{IsAxiomI}(x) \overset{\text{def}}{\Longleftrightarrow} x = \alpha_1 \lor x = \alpha_2 \lor x = \alpha_3$$

미르카 "공리의 도입."

나 "미르카, 기뻐 보이네."

미르카 "이제야 형식적 체계를 기술할 수 있는 단계까지 왔으니까."

정의 35 IsSchemaII(n, x)는 "x는 공리 II-n(324p 참조)에서 구할 수 있는 '논리식'이다"라는 의미의 술어다.

$$\text{IsSchemaII}(1, x) \overset{\text{def}}{\Longleftrightarrow} \exists p \leq x \left[\text{IsForm}(p) \right.$$
$$\left. \land x = \text{implies}(\text{or}(p, p), p) \right]$$
$$\text{IsSchemaII}(2, x) \overset{\text{def}}{\Longleftrightarrow} \exists p, q \leq x \left[\text{IsForm}(p) \land \text{IsForm}(q) \right.$$
$$\left. \land x = \text{implies}(p, \text{or}(p, q)) \right]$$
$$\text{IsSchemaII}(3, x) \overset{\text{def}}{\Longleftrightarrow} \exists p, q \leq x \left[\text{IsForm}(p) \land \text{IsForm}(q) \right.$$
$$\left. \land x = \text{implies}(\text{or}(p, q), \text{or}(q, p)) \right]$$
$$\text{IsSchemaII}(4, x) \overset{\text{def}}{\Longleftrightarrow} \exists p, q, r \leq x \left[\text{IsForm}(p) \land \text{IsForm}(q) \land \text{IsForm}(r) \right.$$

$$\wedge x = \text{implies}(\text{implies}(p, q), \text{implies}(\text{or}(r, p), \text{or}(r, q)))\Big]$$

정의 36 IsAxiomII(x)는 "x는 공리 II(324p 참조)에서 구할 수 있는 '논리식'이다"라는 의미의 술어다.

$$\text{IsAxiomII}(x) \overset{\text{def}}{\Longleftrightarrow}$$
$$\text{IsSchemaII}(1, x) \vee \text{IsSchemaII}(2, x) \vee \text{IsSchemaII}(3, x) \vee \text{IsSchemaII}(4, x)$$

정의 37 IsNotBoundIn(z, y, v)는 "z는 y 속에서 v가 '자유'인 범위 안에서 '속박'된 '변수'를 갖지 않는다"라는 의미의 술어다.

$$\text{IsNotBoundIn}(z, y, v) \overset{\text{def}}{\Longleftrightarrow} \neg \Big(\exists n \leq \text{len}(y) \Big[\exists m \leq \text{len}(z) \Big[\exists w \leq z$$
$$\Big[w = z[m] \wedge \text{IsBoundAt}(w, n, y) \wedge \text{IsFreeAt}(v, n, y) \Big] \Big] \Big] \Big)$$

정의 38 IsSchemaIII($1, x$)는 "x는 공리 III-1(324p 참조)에서 구할 수 있는 '논리식'이다"라는 의미의 술어다.

$$\text{IsSchemaIII}(1, x) \overset{\text{def}}{\Longleftrightarrow}$$
$$\exists v, y, z, n \leq x \Big[\text{IsVarType}(v, n) \wedge \text{IsNthType}(z, n) \wedge \text{IsForm}(y)$$
$$\wedge \text{IsNotBoundIn}(z, y, v)$$
$$\wedge x = \text{implies}(\text{forall}(v, y), \text{subst}(y, v, z)) \Big]$$

정의 39 IsSchemaIII($2, x$)는 "x는 공리 III-2(325p 참조)에서 구할 수 있는 '논리식'이다"라는 의미의 술어다.

$$\text{IsSchemaIII}(2, x) \overset{\text{def}}{\Longleftrightarrow}$$
$$\exists v, q, p \leq x \Big[\text{IsVar}(v) \wedge \text{IsForm}(p) \wedge \neg \text{IsFree}(v, p) \wedge \text{IsForm}(q)$$
$$\wedge x = \text{implies}(\text{forall}(v, \text{or}(p, q)), \text{or}(p, \text{forall}(v, q))) \Big]$$

정의 40 IsAxiomIV(x)는 "x는 공리 IV(325p 참조)에서 구할 수 있는 '논리식'이다"라는 의미의 술어다.

$$\text{IsAxiomIV}(x) \overset{\text{def}}{\Longleftrightarrow}$$

$$\exists u,\, v,\, y,\, n \le x \left[\text{IsVarType}(u, n+1) \wedge \text{IsVarType}(v, n) \right.$$
$$\wedge \neg\, \text{IsFree}(u, y) \wedge \text{IsForm}(y)$$
$$\left. \wedge\, x = \text{exists}(u, \text{forall}(v, \text{equiv}(\langle u \rangle * \text{paren}(\langle v \rangle), y))) \right]$$

정의 41 IsAxiomV(x)는 "'x는 공리 V(326p 참조)에서 구할 수 있는 '논리식'이다"라는 의미의 술어다. 공리 V에 대응하는 괴델수를 a_4라고 한다.

$$\text{IsAxiomV}(x) \overset{\text{def}}{\Longleftrightarrow} \exists n \le x \left[x = \text{typelift}(n, a_4) \right]$$

정의 42 IsAxiom(x)는 "x는 '공리'다"라는 의미의 술어다.

$$\text{IsAxiom}(x) \overset{\text{def}}{\Longleftrightarrow}$$

$$\text{IsAxiomI}(x) \vee \text{IsAxiomII}(x) \vee \text{IsAxiomIII}(x) \vee \text{IsAxiomIV}(x) \vee$$
$$\text{IsAxiomV}(x)$$

단, IsAxiomIII(x)는 다음과 같이 정의한다.
$$\text{IsAxiomIII}(x) \overset{\text{def}}{\Longleftrightarrow} \text{IsSchemaIII}(1, x) \vee \text{IsSchemaIII}(2, x)$$

정의 43 IsConseq(x, a, b)는 "x는 a와 b의 '직접적 귀결'이다"라는 의미의 술어다.

$$\text{IsConseq}(x, a, b) \overset{\text{def}}{\Longleftrightarrow}$$

$$a = \text{implies}(b, x) \vee \exists v \le x \left[\text{IsVar}(v) \wedge x = \text{forall}(v, a) \right]$$

미르카	"추론 규칙."
테트라	"여기 나온 Conseq라는 게?"
미르카	"직접적인 귀결(immediate consequence)의 약자인 셈이야."
테트라	"∨의 앞은 $a=\text{implies}(b, x)$와 b에서 x를 구한다는 거네요."
미르카	"$b \rightarrow x$와, b에서 x를 구하는 것에 해당하지."
테트라	"∨ 다음은 a에서 $\text{forall}(v, a)$를 가진다는 거군요."
미르카	"a에서 $\forall v(a)$를 구하는 것에 해당해."
유리	"아, 여기서도 $\text{IsVar}(v)$를 체크하고 있네."

정의 44 $\text{IsProof}(x)$는 "x는 '형식적 증명'이다"라는 의미의 술어다.

$$\text{IsProof}(x) \overset{\text{def}}{\Longleftrightarrow} \text{len}(x) > 0$$
$$\wedge \forall n \leq \text{len}(x) \Big[n > 0 \;\Rightarrow\; \text{IsAxiomAt}(x, n) \vee \text{ConseqAt}(x, n) \Big]$$

$\text{IsAxiomAt}(x, n)$과 $\text{ConseqAt}(x, n)$을 다음과 같이 정의한다.

$$\text{IsAxiomAt}(x, n) \overset{\text{def}}{\Longleftrightarrow} \text{IsAxiomAt}(x, [n])$$
$$\text{ConseqAt}(x, n) \overset{\text{def}}{\Longleftrightarrow} \exists p, q < n \Big[p, q > 0 \wedge \text{IsConseq}(x[n], x[p], x[q]) \Big]$$

정의 45 $\text{Proves}(p, x)$는 "p는 x의 '형식적 증명'이다"라는 의미의 술어다.

$$\text{Proves}(p, x) \overset{\text{def}}{\Longleftrightarrow} \text{IsProof}(p) \wedge \text{IsEndedWith}(p, x)$$

미르카	"유리!"
유리	"넵! p는 형식적 증명이고, 마지막 논리식이 x입니다!"
나	"'p는 x를 형식적으로 증명하고 있다'인가?"
테트라	"겨우 도달했네요."

정의 46 $\text{IsProvable}(x)$는 "x에는 '형식적 증명'이 존재한다"라는 의미의

술어다.

$$\text{IsProvable}(x) \overset{\text{def}}{\Longleftrightarrow} \exists p \Big[\text{Proves}(p, x) \Big]$$

"그럼 여기서 퀴즈." 미르카가 즐거운 듯이 말했다. "'정의 1~정의 45'와 '정의 46'과의 커다란 차이는 무엇일까?"

침묵. 사고의 시간.

"'정의 46은 자유 변수가 하나'라든가?" 테트라가 말했다.

"틀렸어. 자유 변수가 하나인 술어는 그것 외에도 많으니까."

"형태가 다르다?" 유리가 말했다.

"형태? 좀 더 명확하게." 미르카가 말했다.

"그러니까 정의 46만 $\exists p$라는 형태인 거죠."

"$\exists$는 다른 데서도 나왔잖아?"라고 말하는 미르카, 눈은 즐거운 듯 빛나고 있다.

"그런 게 아니라, $\exists p \leq M$ 같은 것이 되어 있지 않다는 의미예요."

"바로 그거야." 미르카가 말했다. "정의 1부터 정의 45까지는 $\forall$에도 $\exists$에도, 반드시 상한이 있었어. $\forall$나 $\exists$를 '반복해서 명제를 조사하는' 장치라고 한다면 '상한이 있다'라는 건 반복된 횟수를 안다는 말과 같아. 그게 원시 재귀성이야. 정의 1부터 정의 45까지는 모두 원시 재귀적, 정의 46의 $\text{IsProvable}(x)$만은 원시 재귀적이 아니지."

9. 새봄: 결정 불가능한 문장

계절의 확인

이제 드디어 '새봄'이야. 지금까지 살펴본 '계절'의 흐름을 한번 확인하고 넘어가자.

"**봄**에 우리는 형식적 체계 P를 정의했어. 즉, 형식적 체계 P의 기본 기호,

공리, 추론 규칙 같은 것을 결정했어.

여름에 우리는 괴델수를 정의했지. 형식적 체계 P의 기본 기호와 행렬에 수를 대응시키는 방법을 결정했어. 이것에 의해 형식적 체계를 수로 나타내는 것이 가능해졌어.

가을에 우리는 원시 재귀적 함수와 원시 재귀적 술어를 정의했어. 또 증명은 안 됐지만 표현 정리를 배웠지. 표현 정리는 의미의 세계에서 형식의 세계로 건너가는 가교였어.

겨울에 우리는 $\mathrm{Proves}(p, x)$ 즉, "p는 x의 '형식적 증명'이다"라는 술어를 원시 재귀적 술어로 정의했지."

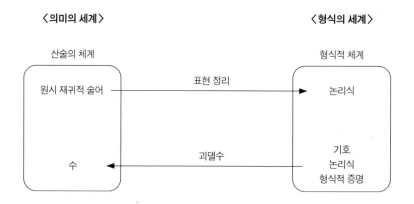

"자 '**새봄**'이야. 우리는 지금까지 준비한 것을 기초로 결정 불가능한 문장을 구성할 거야. 형식적 체계 P는 A 도 $\neg$A 도 형식적으로 증명할 수 없는 문장, 즉 결정 불가능한 문장을 갖고 있다는 걸 나타내.

새봄은 여덟 가지 단계로 이루어져.

다음에서 '씨앗', '새싹', '가지', '잎', '봉오리' 그리고 '매실', '복숭아', '벚꽃' 순으로 논의를 진행할 거야. 마지막 '벚꽃'에서 제1불완전성 정리의 증명이 비로소 완성될 거고."

씨앗: 의미의 세계에서 형식의 세계로

두 변수의 술어 Q를 다음과 같이 정의한다.

$$Q(x,y) \overset{\text{def}}{\Longleftrightarrow} \neg \text{Proves}(x, \text{subst}(y, \boxed{y_1}, \overline{y}))$$

$Q(x,y)$는 "x는 $\text{subst}(y, \boxed{y_1}, \overline{y})$의 '형식적 증명'이 아니다"라는 의미의 술어다. 이는 원시 재귀적 술어가 된다. 왜냐하면, $Q(x,y)$는 우리가 '겨울'에서 정의한 원시 재귀적 술어와 원시 재귀적 함수로 정의되어 있기 때문이다.

여기서 이해하기 쉽게끔 변수인 괴델수를 다음과 같이 정의하도록 한다.

$$\boxed{x_1} \overset{\text{def}}{\Longleftrightarrow} 17, \quad \boxed{y_1} \overset{\text{def}}{\Longleftrightarrow} 19$$

유리 "'겨울'에서 정의한 게 뭐더라?"

나 "$\text{Proves}(p, x)$와 $\text{subst}(x, v, c)$야."

테트라 "그리고…… 수항을 갖는 함수의 $\overline{x}$도요."

유리 "$\boxed{y_1}$은?"

나 "그건 19, 그저 수야."

유리 "어째서 $\boxed{y_1}$이 19였지?"

나 "변수인 괴델수의 정의(331p 참조)에 따라 그렇게 된 거지."

미르카 "그냥 수, 즉 정수 함수도 원시 재귀적 함수야."

여기서 표현 정리의 '가을-2'(339p 참조)를 쓰면 임의의 수 m, n에 대하여 다음과 같이 성립하는 2변수 논리식 q가 존재한다는 것을 알 수 있다.

$\neg Q(m, n) \Rightarrow \text{not}(q\langle \overline{m}, \overline{n} \rangle)$의 '형식적 증명'은 존재한다.

단, $q(\overline{m}, \overline{n})$은 다음과 같이 정의한다.

$$q(\overline{m}, \overline{n}) \overset{\text{def}}{=} \text{subst}(\text{subst}(q, \boxed{x_1}, \overline{m}), \boxed{y_1}, \overline{n})$$

테트라	"어…… 이러면 q를 q로 정의하는 게 되는데요?"
미르카	"아니야. $q(\overline{m}, \overline{n})$을 q로 정의하는 거지."
테트라	"죄송해요. 하지만 그 두 개의 차이가 뭔지 모르겠어요."
미르카	"q는 2변수 논리식의 괴델수야. 변수인 괴델수는 $\boxed{x_1}$과 $\boxed{y_1}$."
테트라	"네. 17하고 19였죠."
미르카	"그리고 $q(\overline{m}, \overline{n})$은 q의 두 개의 변수를 각각 $\overline{m}$과 $\overline{n}$을 치환해 생기는 문장의 괴델수야."
테트라	"아, 그러네요. 그러고 보니 표현 정리에서도 똑같은 설명을 들었었죠."

설명의 흐름상 '가을-2'에서 도출되는 부분을 먼저 설명하겠지만 '가을-1'과 '가을-2'는 함께 다루어 볼 필요가 있다. 즉, 이곳에 나오는 q는 '가을-1'과 '가을-2'에서 같은 것이다. '가을-1'에 대해서는 나중에 서술하기로 한다.

그럼,

$$\text{not}(q\langle \overline{m}, \overline{n}\rangle)\text{의 '형식적 증명'은 존재한다.}$$

를, $\text{IsProvable}(\text{not}(q\langle \overline{m}, \overline{n}\rangle))$으로 표시하고, 다음의 A0을 구한다.

▶A0 : $\neg\, Q(m, n) \;\Rightarrow\; \underline{\text{IsProvable}(\text{not}(q\langle \overline{m}, \overline{n}\rangle))}$

술어 Q의 정의(363p 참조)에서 $\neg\, Q(\overline{m}, \overline{n})$은 $\neg\neg\,\text{Proves}(m, n\langle \overline{n}\rangle)$, 즉 $\text{Proves}(m, n\langle \overline{n}\rangle)$이라 쓸 수 있다. 단, $n\langle \overline{n}\rangle$은 다음과 같이 정의한다.

$$n\langle \overline{n}\rangle \stackrel{\text{def}}{=} \text{subst}(n, \boxed{y_1}, \overline{n})$$

그러면 A0에서 다음의 A1을 구할 수 있다.

▶A1 : $\text{Proves}(m, n\langle \overline{n}\rangle) \;\Rightarrow\; \underline{\text{IsProvable}(\text{not}(q\langle \overline{m}, \overline{n}\rangle))}$

이 A1은 '잎'에서 쓸 것이다.

테트라 "아까의 subst$(n, \boxed{y_1}, \bar{n})$이란 무엇일까요?"

나 "1변수의 논리식 n의 자유 변수 $\boxed{y_1}$을, 그러니까 n 자신을 수항으로 만든 $\bar{n}$으로 치환하여 생기는 문장이 되는 셈인가?"

미르카 "그래. 메타 수학적인 관점에서는 이런 설명으로 충분해. 산술적인 관점에서 보면, 무척이나 까다롭지. '논리식'이라는 것은 '논리식의 괴델수'가 되고 '수항으로 만든 $\bar{n}$'이라는 건 '수항의 괴델수 $\bar{n}$'이 될 것이고 '~하여 생기는 문장'이라는 건 '~하여 생기는 문장의 괴델수'라는 의미야. 모든 것을 수로 나타내니까."

테트라 "저, 결국 subst$(n, \boxed{y_1}, \bar{n})$은 뭔가요?"

미르카 "n의 대각화야. 즉,

　□는 이러이러하다,

를 n이라 하면, subst$(n, \boxed{y_1}, \bar{n})$은

　'□은 이러이러하다'는 이러이러하다,

이런 뜻이 되는 거지."

이번에는 표현 정리의 '가을-1'(339p 참조)을 써서 다음 B0을 구한다.

▶B0 : $Q(m, n) \implies \mathrm{IsProvable}(q\langle \bar{m}, \bar{n}\rangle)$

술어 Q의 정의(363p 참조)에서 $Q(m, n)$은 $\neg\mathrm{Proves}(m, n\langle \bar{n}\rangle)$이라 쓸 수 있다.

그러면 B0에서 다음 B1을 구할 수 있다.

▶B1 : $\neg\mathrm{Proves}(m, n\langle \bar{n}\rangle) \implies \mathrm{IsProvable}(q\langle \bar{m}, \bar{n}\rangle)$

이 B1은 '봉오리'에서 사용한다.

나 "왜 그래, 테트라? 노트를 그렇게 펼쳐 놓고……."

테트라 "아뇨, 생각난 게 있어서요."

새싹: p의 정의

q의 두 개의 자유 변수를 x_1과 y_1이라고 하고, 그것을 명기하기 위해 q를 $q\langle x_1, y_1 \rangle$이라 써 보도록 하자.

$$q = q\langle x_1, y_1 \rangle$$

지금 논리식 p를 forall(x_1, q)라고 정의하면 p는 다음과 같이 쓸 수 있다.

$$p \stackrel{\text{def}}{=} \text{forall}(x_1, q\langle x_1, y_1 \rangle)$$

이것을 잘 보면, q의 자유 변수 x_1은 p에서는 forall($x_1, \cdots$)에 의해 속박되므로, p는 자유 변수로서 y_1만을 가지는 것을 알 수 있다. 거기서, p를 $p\langle y_1 \rangle$과 같이 표기하도록 한다. 결국, C1과 같이 쓸 수 있다.

▶ C1 : $p\langle y_1 \rangle = \text{forall}(x_1, q\langle x_1, y_1 \rangle)$
C1에서 y_1을 $\overline{p}$로 치환하고, 다음의 C2를 구한다.

▶ C2 : $p\langle \overline{p} \rangle = \text{forall}(x_1, q\langle x_1, \overline{p} \rangle)$
단, $p\langle \overline{p} \rangle \stackrel{\text{def}}{=} \text{subst}(p, y_1, \overline{p})$라고 한다.
이 C2는 '잎'과 '봉오리'에서 사용한다.

가지: r의 정의

'가지'에서는 r이라는 1변수 논리식을 $q\langle x_1, \overline{p} \rangle$로 정의한다. r에 남아 있는 자유 변수는 x_1이므로, r을 $r\langle x_1 \rangle$이라고 쓰기로 한다.

▶ C3 : $r\langle x_1 \rangle \stackrel{\text{def}}{=} q\langle x_1, \overline{p} \rangle$
C3에서 x_1을 $\overline{m}$으로 치환하고, 다음 C4를 얻는다.

▶C4 : $r\langle\overline{m}\rangle = q\langle\overline{m}, \overline{p}\rangle$

이 C4는 '잎'과 '봉오리'에서 사용한다.

지금 우리는 '의미의 세계'에 있다는 것을 잊지 말아야 한다. 지금도 수를 다루고 있는 것이다. 하지만 그 수는 괴델수다. 산술적인 관점에서 수를 다루고 있기는 하지만 메타 수학적인 관점으로 보면 '수항', '논리식', 혹은 '형식적 증명'을 다루고 있는 것이다.

잎: A1으로부터의 흐름

'잎'에서는 '씨앗'에서 도출해 낸 A1(364p 참조)을 r로 나타내는 것을 목표로 한다.

▶A1 : $\text{Proves}(m, n\langle\overline{n}\rangle) \implies \text{IsProvable}(\text{not}(q\langle\overline{m}, \overline{n}\rangle))$

A1의 n에 p를 대입하여, 다음의 A2를 구한다.

▶A2 : $\text{Proves}(m, p\langle\overline{p}\rangle) \implies \text{IsProvable}(\text{not}(q\langle\overline{m}, \overline{p}\rangle))$

A2와 C2 ($p\langle\overline{p}\rangle = \text{forall}(\boxed{x_1}, q\langle\boxed{x_1}, \overline{p}\rangle)$) 수식에서 다음의 A3를 구한다.

▶A3 : $\text{Proves}(m, \text{forall}(\boxed{x_1}, q\langle\boxed{x_1}, \overline{p}\rangle)) \implies \text{IsProvable}(\text{not}(q\langle\overline{m}, \overline{p}\rangle))$

A3와 C3 ($r\langle\boxed{x_1}\rangle = q\langle\boxed{x_1}, \overline{p}\rangle$) 수식에서 다음의 A4를 구한다.

▶A4 : $\text{Proves}(m, \text{forall}(\boxed{x_1}, r\langle\boxed{x_1}\rangle)) \implies \text{IsProvable}(\text{not}(q\langle\overline{m}, \overline{p}\rangle))$

A4와 C4 ($r\langle\overline{m}\rangle = q\langle\overline{m}, \overline{p}\rangle$) 수식에서 다음의 A5를 구한다.

▶A5 : $\text{Proves}(m, \text{forall}(\boxed{x_1}, r\langle\boxed{x_1}\rangle)) \implies \text{IsProvable}(\text{not}(r\langle\overline{m}\rangle))$

이 A5는 '매실'에서 사용한다.

봉오리: B1으로부터의 흐름

'봉오리'에서는 '씨앗'에서 이끌어 낸 B1(365p 참조)을 r로 나타내는 것을 목표로 한다.

▶B1 : $\neg\text{Proves}(m, n\langle \overline{n}\rangle) \implies \text{IsProvable}(q\langle \overline{m}, \overline{n}\rangle)$

B1의 n에 p를 대입하여, 다음의 B2를 구한다.

▶B2 : $\neg\text{Proves}(m, p\langle \overline{p}\rangle) \implies \text{IsProvable}(q\langle \overline{m}, \overline{p}\rangle)$

B2와 C2 ($p\langle \overline{p}\rangle = \text{forall}(\boxed{x_1}, q\langle \boxed{x_1}, \overline{p}\rangle)$) 수식에서 다음의 B3을 구한다.

▶B3 : $\neg\text{Proves}(m, \text{forall}(\boxed{x_1}, q\langle \boxed{x_1}, \overline{p}\rangle)) \implies \text{IsProvable}(q\langle \overline{m}, \overline{p}\rangle)$

B3과 C3 ($r\langle \boxed{x_1}\rangle \overset{\text{def}}{=} q\langle \boxed{x_1}, \overline{p}\rangle$) 수식에서 다음의 B4를 구한다.

▶B4 : $\neg\text{Proves}(m, \text{forall}(\boxed{x_1}, r\langle \boxed{x_1}\rangle)) \implies \text{IsProvable}(q\langle \overline{m}, \overline{p}\rangle)$

B4와 C4 ($r\langle \overline{m}\rangle = q\langle \overline{m}, \overline{p}\rangle$) 수식에서 다음의 B5를 구한다.

▶B5 : $\neg\text{Proves}(m, \text{forall}(\boxed{x_1}, r\langle \boxed{x_1}\rangle)) \implies \text{IsProvable}(r\langle \overline{m}\rangle)$

이 B5는 '복숭아'에서 사용한다.

결정 불가능한 문장의 정의

사실은 지금 '봉오리'에 나온 다음 식은 결정 불가능한 문장이 된다.

$$\text{forall}(\boxed{x_1}, r\langle \boxed{x_1}\rangle)$$

이 문장을 g라고 부르기로 한다.

▷**g의 정의** $g \overset{\text{def}}{=} \text{forall}(\boxed{x_1}, r\langle \boxed{x_1}\rangle)$

g가 결정 불가능한 문장이라는 것을 나타내려면 다음 두 가지를 증명하면 된다.

- $\neg\,\mathrm{IsProvable}(g)$
- $\neg\,\mathrm{IsProvable}(\mathrm{not}(g))$

이를 증명하는 것이 각각 '매실'과 '복숭아'에 해당한다.

매실: $\neg\,\mathrm{IsProvable}(g)$의 증명

형식적 체계 P는 무모순이라는 것을 전제로 한다.

▶ D0 : 형식적 체계 P는 무모순이다.

'매실'에서 증명하고자 하는 명제는 $\neg\,\mathrm{IsProvable}(\mathrm{forall}(\boxed{x_1},\,r\langle\boxed{x_1}\rangle))$ 이다. **귀류법**을 쓴다. 증명하고자 하는 명제의 부정으로서, 다음 D1을 가정한다.

▶ D1 : $\mathrm{IsProvable}(\mathrm{forall}(\boxed{x_1},\,r\langle\boxed{x_1}\rangle))$

D1에서 $\mathrm{forall}(\boxed{x_1},\,r\langle\boxed{x_1}\rangle)$의 형식적 증명을 s라 하고, 다음의 D2를 구한다.

▶ D2 : $\mathrm{Proves}(s,\,\mathrm{forall}(\boxed{x_1},\,r\langle\boxed{x_1}\rangle))$

여기서 '잎'에서 도출해 낸 A5(367p 참조)를 읽어 보자. 어떠한 m에 대하여 A5는 성립하므로, m으로 D2의 s를 써도 A5는 성립한다. 따라서 다음의 D3을 구할 수 있다.

▶ D3 : $\mathrm{Proves}(s,\,\mathrm{forall}(\boxed{x_1},\,r\langle\boxed{x_1}\rangle)) \Rightarrow \mathrm{IsProvable}(\mathrm{not}(r\langle\overline{s}\rangle))$

D2와 D3에서 다음의 D4를 구할 수 있다.

▶ D3 : $\mathrm{IsProvable}(\mathrm{not}(r\langle\overline{s}\rangle))$

이제, D1에 주목하여, 메타 수학적인 관점에서 형식적 체계에 관한 고

찰을 수행한다. D1에서 forall($\boxed{x_1}$, $r\langle\boxed{x_1}\rangle$)라는 문장에는 형식적 증명
이 존재한다는 것을 알 수 있다. 즉, forall($\boxed{x_1}$, $r\langle\boxed{x_1}\rangle$)은 정리가 된다.
여기서 형식적 체계 P의 공리 III-1(324p 참조)과 맞추어 subst(r, $\boxed{x_1}$,
$\overline{s}$) 즉 $r\langle\overline{s}\rangle$를 구할 수 있다. 따라서 $r\langle\overline{s}\rangle$도 정리가 된다.

$r\langle\overline{s}\rangle$에 형식적 증명이 존재하게 되므로, 다음의 D5를 구할 수 있다.

▶D5 : IsProvable($r\langle\overline{s}\rangle$)

D4와 D5에서 not($r\langle\overline{s}\rangle$)와 $r\langle\overline{s}\rangle$ 양쪽을 형식적으로 증명할 수 있다는
것을 알았다. 따라서 다음의 D6을 구할 수 있다.

▶D6 : 형식적 체계 P는 모순된다.

D6은 전제 D0(형식적 체계 P는 무모순이다)에 모순된다. 따라서 귀류법에
따라, 가정 D1(IsProvable(forall($\boxed{x_1}$, $r\langle\boxed{x_1}\rangle$)))의 부정이 성립한다.
즉, 다음의 D7이 성립한다는 것이 증명되었다.

▶D7 : $\neg$ IsProvable(forall($\boxed{x_1}$, $r\langle\boxed{x_1}\rangle$))

테트라 "어, 지금 두 종류의 '모순'이 나오지 않았나요?"

미르카 "테트라는 그걸 알아챘구나."

나 "두 종류?"

미르카 "D4와 D5는 형식의 세계에서 모순돼. 논리식과 그 부정 양쪽을
형식적으로 증명할 수 있어."

나 "그렇구나. 그래서?"

미르카 "D0과 D6은 의미의 세계에서 모순돼. 명제와 그 부정 양쪽이 성
립하니까."

나 "확실히 그러네. 두 종류의 모순인가?"

복숭아: $\neg \text{IsProvable}(\text{not}(g))$의 증명

형식적 체계 P에 대해, 다음의 E0을 전제로 한다.

▶E0 : 형식적 체계 P는 ω 무모순이다.

　여기서 ω 모순과 ω 무모순을 정의하기로 한다.

▷ **ω 모순**: 형식적 체계가 ω **모순**이라는 것은 어떤 1변수 논리식 $f\langle\,\boxed{x_1}\,\rangle$에 대하여 아래 두 가지 조건 모두가 충족된다는 것이다.

- $f\langle\overline{0}\rangle, f\langle\overline{1}\rangle, f\langle\overline{2}\rangle, \cdots$의 모든 것에 형식적 증명이 존재한다.
- $\text{not}(\text{forall}(\boxed{x_1}, f\langle\,\boxed{x_1}\,\rangle))$에 형식적 증명이 존재한다.

▷ **ω 무모순** : 형식적 체계가 ω **무모순**이라는 것은 형식적 체계가 ω 모순되지 않는다는 것이다.

　ω 무모순은 그저 무모순보다도 더 엄격한 조건이다. 형식적 체계가 ω 무모순이라면 반드시 무모순이라고 할 수 있다. 그러나 반대로 형식적 체계가 무모순이라고 해서 ω 무모순이라고 할 수는 없다.

나　"무모순이라도 ω 무모순이라고는 할 수 없는 건가? 이상하네. 어떤 수 t에 대하여 $f\langle\overline{t}\rangle$를 형식적으로 증명할 수 있는데, $\text{not}(\text{forall}(\boxed{x_1}, f\langle\,\boxed{x_1}\,\rangle))$도 형식적으로 증명할 수 있다고?"

미르카　"수의 표준적인 해석으로는 확실히 이상하다고 느낄 수 있지. '모든 수'에 관한 주장과 '∀'를 쓴 주장이 서로 약간 틈이 있다는 거야."

테트라　"어째서 ω가 나올까요?"

미르카　"여기서 ω는 수 전체의 집합 $\omega = \{0, 1, 2, \cdots\}$라는 의미로 쓰이고 있어. ω 무모순이라는 용어는 수의 표준적인 해석으로서 모순되지 않는 것으로부터 나왔을 거야."

'복숭아'에서 증명하고자 하는 것은 다음과 같다.

$$\neg\,\mathrm{IsProvable}(\mathrm{not}(\mathrm{forall}(\boxed{x_1}, r\langle\boxed{x_1}\rangle)))$$

'복숭아'로 이끌어 낸 D7에서 임의의 논리식의 행렬 t에 대하여 E1이 성립한다.

▶ E1 : $\neg\,\mathrm{Proves}(t, \mathrm{forall}(\boxed{x_1}, r\langle\boxed{x_1}\rangle))$
'봉오리'로 이끌어 낸 B5(368p 참조)는 m이 t일 때에도 성립하므로, 다음의 E2를 구할 수 있다.

▶ E2 : $\neg\,\mathrm{Proves}(t, \mathrm{forall}(\boxed{x_1}, r\langle\boxed{x_1}\rangle)) \Rightarrow \mathrm{IsProvable}(r\langle\overline{t}\rangle)$
E1과 E2에서 어떤 t에 대하여 다음 E3이 성립한다.

▶ E3 : $\mathrm{IsProvable}(r\langle\overline{t}\rangle)$
여기서 귀류법을 사용한다.
증명하고자 하는 명제의 부정으로서, 다음 E4를 가정한다.

▶ E4 : $\mathrm{IsProvable}(\mathrm{not}(\mathrm{forall}(\boxed{x_1}, r\langle\boxed{x_1}\rangle)))$
E4와 '어떤 t에 대하여 E3이 성립한다'라는 것에서 E5를 구할 수 있다.

▶ E5 : 형식적 체계 P는 ω 모순된다.
E5는 전제 E0(형식적 체계 P는 ω 무모순이다)에 모순된다.
따라서 귀류법의 가정인 E4의 부정이 성립한다.
즉, 다음의 E6이 성립한다는 것이 증명되었다.

▶ E6 : $\neg\,\mathrm{IsProvable}(\mathrm{not}(\mathrm{forall}(\boxed{x_1}, r\langle\boxed{x_1}\rangle)))$

벚꽃: 형식적 체계 P가 불완전하다는 것의 증명

'매실'에서 이끌어 낸 D7과 '복숭아'에서 이끌어 낸 E6에서 다음의 F1을
구한다.

▶F1 : g와 not(g) 중 어떤 것에도 형식적 증명이 존재하지 않는다.

　F1에서 다음의 F2를 구할 수 있다.

▶F2 : 형식적 체계 P는 불완전하다.

자, 이제 이것으로 하나 해결! 제1불완전성 정리의 증명이다.

◆◆◆

"으아." 유리는 책상 위로 엎어졌다.

"이거 꽤 힘든걸." 내가 말했다.

테트라는 열심히 노트에 그림을 그리고 있었다.

"테트라, 뭘 그리고 있어?"

"'새봄'이라는 여행 지도요!" 테트라가 힘차게 노트를 펼쳐 보였다.

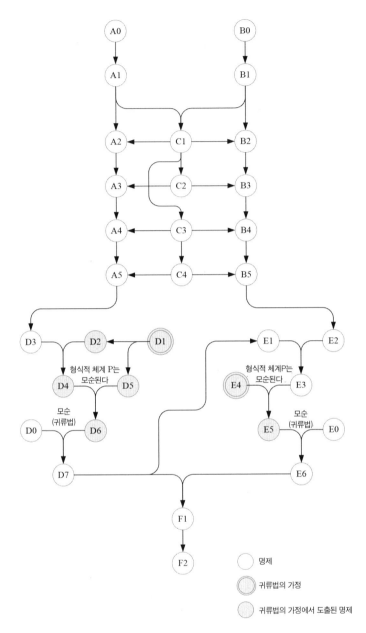

형식적 체계 P는
모순된다

형식적 체계P는
모순된다

모순
(귀류법)

모순
(귀류법)

○ 명제

◉ 귀류법의 가정

◉ 귀류법의 가정에서 도출된 명제

'새봄'의 여행 지도
(제1불완전성 정리 증명의 최종 단계)

10. 불완전성 정리의 의미

나는 증명할 수 없다

크롤린의 방. 화이트보드에 식이 빽빽이 씌어 있었다. 우리가 쓴 메모들이 탁자 위를 이리저리 뒹굴고 있었다.

미르카의 강의가 일단락되었는데도 우리는 그 열기에서 빠져나오지 못했다.

"불완전성 정리의 증명이라니, 이거 정말이지 굉장하군……." 내가 말했다.

"이 흐름은 괴델의 논문을 따라가고 있는 거야." 미르카가 말했다.

"머리가 뒤죽박죽, 아휴 피곤해……." 유리가 말했다.

"테트라의 '여행 지도'는 한눈에 보이는데……." 내가 말했다.

"저……." 하고 테트라가 자기 노트를 넘겨보다가 말을 꺼냈다.

"불완전성 정리의 증명에 대한 흐름은 미르카 선배가 이야기한 '계절'로 어떻게든 이해했어요. '봄'에서 형식적 체계 P, '여름'에서 괴델수, '가을'에서 표현 정리, '겨울'에서 증명 판정기, 그리고 '새봄'에서 결정 불가능한 문장……. 근데 이 결정 불가능한 문장이 어떤 의미를 가지고 있는지 아직 잘 모르겠어요."

"결정 불가능한 문장이 뭐더라?" 유리가 말했다.

"g야." 내가 말했다.

$$g = \mathrm{forall}(\boxed{x_1}, r\langle \boxed{x_1} \rangle)$$

"의미를 생각하고 싶으면 g를 p로 나타내면 돼." 미르카가 말했다.

$$
\begin{aligned}
g &= \mathrm{forall}(\boxed{x_1}, r\langle \boxed{x_1} \rangle) \\
&= \mathrm{forall}(\boxed{x_1}, q\langle \boxed{x_1}, \boxed{\bar{p}} \rangle) \quad &\text{C3에서} \\
&= p\langle \bar{p} \rangle \quad &\text{C2에서}
\end{aligned}
$$

"p는 C1에서 정의한 것처럼 자유 변수 $\boxed{y_1}$을 하나 갖는 논리식이야. g는

$p\langle\overline{p}\rangle$, 즉 '$p$의 대각화'지."

$$p=p\langle\boxed{y_1}\rangle=\text{forall}(\boxed{x_1}, q\langle\boxed{x_1}, \boxed{y_1}\rangle)$$
$$g=p\langle\overline{p}\rangle\quad=\text{forall}(\boxed{x_1}, q\langle\boxed{x_1}, \overline{p}\rangle)$$

"그렇다는 건 g는 p의 $\boxed{y_1}$을, p 자신의 수항으로 치환한 거네." 내가 말했다.

미르카는 손가락을 빙글 돌리면서 이야기를 계속했다.

"q는 'x는 y의 대각화의 형식적 증명이 아니다'를 표현해. p는 'y의 대각화의 형식적 증명은 존재하지 않는다'를 표현하고. g는 〈'y의 대각화의 형식적 증명은 존재하지 않는다'의 대각화의 형식적 증명은 존재하지 않는다〉를 표현하고 있어."

"미르카 언니, 이해가 안 가요." 유리가 말했다.

"풀어서 써 볼까?" 미르카는 화이트보드로 다가갔다.

p는……

y의 대각화의 형식적 증명은 존재하지 않는다.

g 는……

'y의 대각화의 형식적 증명은 존재하지 않는다'의 대각화의 형식적 증명은 존재하지 않는다.

"p를 ' '로 묶고, p 자신의 y 안에 넣는 거야. 그게 p의 대각화지. 그리고 g라는 것은 p의 대각화일 수밖에 없으니까, g의 형태를 잘 보고 다음과 같이 쓸 수 있다는 것을 알 수 있지." 그렇게 말하고 미르카는 밑에 추가해서 써 넣었다.

g 는……

'y의 대각화의 형식적 증명은 존재하지 않는다'의 대각화의 형식적 증명은 존재하지 않는다.

'p의 대각화의 형식적 증명은 존재하지 않는다.

<u>g</u>의 형식적 증명은 존재하지 않는다.

"즉, **문장 g**는 메타 수학적으로 '나의 형식적 증명은 존재하지 않는다'라고 주장하고 있는 거지."

"'□은 우울하다'는 우울하다." 유리가 말했다.

"우울한 건 전데요. 조금 알 것 같아요." 테트라가 말했다. "만약, 문장 g의 형식적 증명이 존재한다면, 그건 문장 g 자신이 메타 수학적으로 주장하는 것에 반한다는 거네요."

"바로 그거야." 미르카가 손가락을 세우고 말했다. "괴델의 증명에서는 그 '문장 g 자신'이나 '주장하고 있다'나 '반한다' 부분을, 수학적으로 엄밀하게 써 놓은 거라고 생각하면 돼."

"어려워요." 테트라가 노트를 만지작거리며 말했다.

"특히 중요한 건 ' '로 묶는 부분이야." 미르카가 말했다.

"괴델은 논리식을 논리식으로서 다루지 않고, 논리식을 괴델수라는 수로 나타냈어. 그리고 수를 사용해서 형식적 체계에 관한 술어를 만들고, 메타 수학적인 주장을 전개했지. 그렇게 해서 자기 자신에 대해 서술하는, 그러니까 **자기 언급**에 성공한 거야. 원시 재귀성과 표현 정리는 구성된 자기 언급이 제대로 된 자기 언급이라고 보증하는 거지. 형식적 체계 P만이 불완전한 것이 아니라, 똑같이 자기 언급을 구성할 수 있는 형식적 체계는 전부 불완전하다는 것이야."

"자기 언급……." 테트라가 생각에 잠겼다.

"나는 증명할 수 없다." 미르카가 말했다.

"나는 거짓말쟁이입니다." 유리가 말했다.

"나는 나에게 속하지 않는다." 내가 말했다. "아까부터 뭔가와 비슷하다고 생각했는데, 러셀의 패러독스에 나왔던 $x \notin x$ 식도 자기 언급이었지?"

"그래." 미르카는 곧바로 응답했다. "형식적 체계 P의 기본 논리식 $a(b)$를 떠올려 봐. a는 제$n+1$형이고 b는 제n형이라는 제약이 있었지? 즉, 반드시 **제n형∈제$n+1$형**인 거야. 형태가 어긋나기 때문에 러셀의 패러독스를 낳는

$x \notin x$ 즉 $\neg (x \in x)$ 형태는 형식적 체계 P에서는 절대로 나오지 않아. 자기 언급의 회피지. 하지만……."

그녀는 거기서 잠깐 설명의 속도를 늦추었다.

"'1변수 논리식'의 '변수'를 '1변수 논리식'을 '수항'으로 만든 것으로 치환시켜 '문장'을 만든다. 이것으로 논리식이 자기 자신에 대해 주장할 수 있어. 즉, 자기 언급이 되는 거지. 수항과 괴델수화를 통해 회피한 자기 언급이 다시 나오게 된 거야."

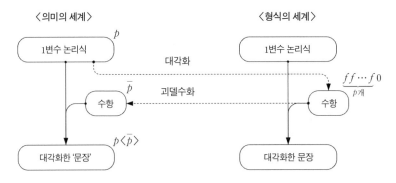

수항과 괴델수에 따른 자기 언급의 구조

"앗!" 테트라가 놀라며 말했다. "그러니까 〈' '로 묶는다〉는 게 중요하네요."

"괴델도 '갈릴레오의 망설임'을 뛰어넘고 있어." 내가 말했다. "러셀은 자기 언급으로 패러독스를 만들어 냈지. 괴델은 자기 언급이 낳는 '곤란한 상황'을 역으로 이용해서 증명에 이용한 거야!"

"'갈릴레오의 망설임'을 뛰어넘었다는 게 무슨 말이야?" 묻는 유리.

"실패한 것으로 보여도 실패라고 할 수 없다. 돌아가지 않고 전진할 때, 생각지도 않은 세계가 펼쳐진다! 이런 경우가 있다는 거지." 나는 말했다.

절벽이 가까워지고 지면에서 멀어진다면…… 하늘을 날아가면 된다.

우리는 잠시 침묵했다. 불완전성 정리도, 그 증명도, 퍼도 퍼도 끝이 없는 샘솟는 어떤 것을 지니고 있는 듯한 느낌이 들었다.

"자기 언급은 다산의 샘'이라고 할 수 있겠지."

미르카는 그렇게 말하고, 화이트보드에 표어 네 개를 적었다.

불완전성은 발견의 기초[基]

무모순성은 존재의 초석[礎]

동형 사상은 의미의 원천[源]

자기 언급은 다산의 샘[泉]

"'기초'와 '원천'이네요!" 테트라가 말했다.

제2의 불완전성 정리 증명의 요점

"문장 g는 흥미롭지만 〈'y의 대각화의 형식적 증명은 존재하지 않는다'의 대각화의 형식적 증명은 존재하지 않는다〉라는 건 너무 작위적이지." 미르카는 말했다. "괴델은 형식적 체계에 관한 가장 자연스러운 문장에서 형식적 증명이 불가능하다는 것을 발견했어."

"음…… 어떤 문장인데?" 내가 물었다.

"'나는 무모순이다'라는 문장."

"어? 그건……."

"맞아, 괴델의 제2불완전성 정리."

◆ ◆ ◆

지금부터 "'형식적 체계 P는 무모순이다'라는 명제를 표현하는 문장에는 형식적 체계 P에 있어서의 형식적 증명이 존재하지 않는다"는 증명의 요점을 설명할게.

우리는 '매실'에서 아래의 명제 D7을 증명했어.(370p 참조)

▶D7 : ¬IsProvable(forall($\boxed{x_1}$, $r\langle\boxed{x_1}\rangle$))

D7의 증명에서는 형식적 체계 P는 무모순이라는 것을 전제로 했지(D0). 여기서 '형식적 체계 P가 무모순이다'라는 명제를 Consistent라고 표기하도록 하자. 그러면 다음의 G1이 성립한다는 걸 알 수 있어.

▶G1 : Consistent $\Rightarrow$ ¬IsProvable(forall($\boxed{x_1}$, $r\langle\boxed{x_1}\rangle$))

테트라 "어?"

미르카 "뭐가 이상해?"

테트라 "'매실'은 제1불완전성 정리 증명의 일부죠?"

미르카 "그래."

테트라 "증명 도중에 했던 게 증명 안에 들어가 있는 것 같아서요."

미르카 "그게 바로 제2불완전성 정리 증명의 매력이지."

테트라 "어떤 거요?"

미르카 "제1불완전성 정리의 증명을 메타 수학의 관점으로 따라가고 있는 거야."

나 "Consistent라니, 정의할 수 있는 거야?"

미르카 "괴델의 논문에는 $\exists x\left[\text{IsForm}(x) \land \neg\text{IsProvable}(x)\right]$였어."

나 "어? 논리식에서 형식적으로 증명할 수 없는 게 있어도 돼?"

미르카 "모순된 형식적 체계에서는 모든 논리식이 형식적으로 증명되어 버리니까."

G1과 '가지'의 C3($r\langle\boxed{x_1}\rangle = q\langle\boxed{x_1}, \overline{p}\rangle$)에서 다음 G2를 구한다.

▶G2 : Consistent $\Rightarrow$ ¬IsProvable(forall($\boxed{x_1}$, $q\langle\boxed{x_1}, \overline{p}\rangle$))

G2와 '새싹'의 C2 ($p\langle\overline{p}\rangle = \text{forall}(\boxed{x_1}, q\langle\boxed{x_1}, \overline{p}\rangle)$)에서 G3을 구한다.

▶G3 : Consistent $\Rightarrow$ ¬IsProvable($p\langle\overline{p}\rangle$)

G3에서 Consistent라면 어떤 t도 $p\langle\overline{p}\rangle$의 형식적 증명이 아니다.
따라서 다음의 G4가 성립한다.

▶G4: Consistent $\Rightarrow$ $\forall t\left[\neg\text{Proves}(t,p\langle\overline{p}\rangle)\right]$
G4는 술어 $Q(m,n)$을 사용하여 다음의 G5처럼 쓸 수 있다.

▶G5: Consistent $\Rightarrow$ $\forall t\left[Q(t,p)\right]$
Consistent라는 명제를 표현하는 문장을 c라 하자.
$\forall t\left[Q(t,p)\right]$를 표현하는 문장은 forall($\boxed{x_1}$, $q\langle\boxed{x_1},\overline{p}\rangle$)이다.
따라서 G5에서 다음의 G6이 성립한다.

▶G6: IsProvable(implies(c, forall($\boxed{x_1}$, $r\langle\boxed{x_1}\rangle$)))
여기서 증명하고 싶은 명제 ($\neg\text{IsProvable}(c)$)의 부정인 G7을 가정한다.

▶G7: IsProvable(c)
G6과 G7에서 추론 규칙-1(326p 참조)을 사용하여, 다음의 G8을 구한다.

▶G8: IsProvable(forall($\boxed{x_1}$, $r\langle\boxed{x_1}\rangle$))
G8은 '매실'에서 이끌어 낸 D7과 모순된다.
따라서 귀류법에 의해 G7의 부정이 성립하여, 다음의 G9를 구한다.

▶G9: $\neg\text{IsProvable}(c)$

G9는 c를 형식적으로 증명할 수 없는 것을 주장하고 있어.
즉, '형식적 체계 P가 무모순이다'라는 것을 표현하고 있는 논리식의 형식적 증명은 형식적 체계 P에 존재하지 않는다. 이것이 바로 증명하고자 했던 거야.
여기까지 제2불완전성 정리의 증명이 대략적으로 끝났어. 단, 실제로 G6과

G8을 이끌어 내는 부분이 그다지 자명하지 않아서 세세한 논의가 필요해. 하지만 이제 괴델의 논문 범위를 넘어가고 있어. 오늘은 이쯤 해 두자.

불완전성 정리가 생성하는 것

이제 바닥을 보인 간식을 함께 나누어 먹었다.

"저기, 미르카." 나는 말했다. "네가 강의 처음에 '불완전성 정리의 건설적인 의의'라고 말했잖아. 이 불완전성 정리는 어디에 쓰이는 거야?"

"나도 잘은 몰라. 하지만 제2불완전성 정리라는 도구를 사용하면 형식적 체계끼리 관계가 명확해질 때가 있어."

"형식적 체계끼리의 관계?"

"그럼, **퀴즈**를 낼게. X라는 형식적 체계가 있다고 하자. X의 논리식 a를 새롭게 공리로 지정하고, 형식적 체계 Y를 정의한다고 치자. 공리가 늘었기 때문에 X보다도 Y쪽이 많은 정리를 가진 것이 되는 걸까?"

침묵.

"공리가 늘었기 때문에 형식적으로 증명할 수 있는 논리식도 늘어난다?" 내가 말했다.

"아니야!" 유리가 말했다. "a는 원래 X의 정리일지도 모르잖아."

"맞았어." 미르카가 유리의 머리를 쓰다듬었다. "혹시나 논리식 a가, 원래 X로 형식적으로 증명할 수 있는 논리식이었다면, a를 새로운 공리로 추가해도 새로운 정리가 생겨나지는 않아. 즉, 형식적 체계 X와 형식적 체계 Y의 정리 전체의 집합은 서로 일치해. 그렇기 때문에 공리를 추가한 형식적 체계 쪽이 많은 정리를 가진다고는 할 수 없어."

"확실히 그러네." 나는 말했다.

"일반적으로 형식적 체계 X에서 형식적 체계 Y를 만들었을 때, 정말로 새로운 형식적 체계가 만들어졌는지를 판단하기는 어려워. 하지만 만약 형식적 체계 Y를 사용해 형식적 체계 X의 무모순성이 형식적으로 증명되었다면……."

거기서 미르카는 말을 멈췄다.

침묵.

"과연!" 내가 소리쳤다. "무모순성을 형식적으로 증명할 수 있었다면······."

"앗!" 놀란 테트라. "형식적으로 증명할 수 있었다면······."

"응!" 깨달은 유리. "할 수 있었다면 X와 Y는 서로 달라!"

"유리, 설명해." 미르카가 유리를 가리켰다.

"음, 그러니까 괴델의 제2불완전성 정리에서 형식적 체계는 자기 자신의 무모순성이라는 걸 형식적으로 증명할 수 없는 거지? 그러니까 Y가 X의 무모순성을 형식적으로 증명할 수 있었다는 것은 Y는 X와 같은 형식적 체계가 아니라는 거잖아. 멋져!"

"맞았어. 제2불완전성 정리가 성립하는 형식적 체계에서는 무모순성의 형식적 증명을 할 수 있다면, X보다도 Y가 본질적으로 '강하게' 되어 있다는 것을 증명할 수 있어. 제2불완전성 정리에 따라 형식적 체계의 '강함'을 알아볼 수 있는 거야."

"그렇구나." 나는 감탄했다. "제2불완전성 정리는 '자신의 무모순성을 나타내는 형식적인 증명을 할 수 없다'고 주장하고 있어. 하지만 그 '증명할 수 없다'는 것을 이용해서, 형식적 체계의 상대적인 강함을 '증명할 수 있다'는 거군! 할 수 없다는 건 결점이라고 할 수 없는 거야!"

"또 갈릴레오의 망설임을 넘어섰네." 유리가 말했다.

수학의 한계?

잠시 후 테트라가 손을 들었다.

"기본적인 질문인데요. 불완전성 정리 때문에 수학이 구멍투성이가 된 게 아닌가요?"

"수학이 구멍투성이가 된 게 아니라······." 미르카가 말했다. "물론 구멍투성이도 정의에 따라 다르지만, 예를 들어 불완전성 정리를 증명했다고 해서 지금까지 수학으로 증명된 정리가 정리가 아니라고 말할 수는 없어. 또 증명도 반증(부정의 증명)도 할 수 없는 명제가 수학자의 연구를 방해하는 것도 아니고. 불완전성 정리가 있다 해도 수학자는 그다지 곤란해지지 않아. 불완전성 정리의 '불완전'이라는 말의 사전적인 의미에 현혹되어서는 안 돼. 불완전성 정리는 현대 논리학의 기본 정리야. 불완전성 정리에 의해 수학이 구멍투성이가 되었다기보다는 수학의 새로운 분야가 열렸다고 생각하는 게 옳아."

"아직 이해가 안 가는 부분이 있어요." 테트라가 진지한 표정으로 말했다. "'수학이라는 것'은 절대적으로 명확한 것이라고 생각했어요. 하지만 제1불완전성 정리의 결과를 놓고 보면…… 증명도 반증도 할 수 없는 게 있고, 제2불완전성 정리의 결과는…… 다른 도움을 빌리지 않으면 모순이 없다는 것을 나타낼 수 없다는 거죠. 그러니까 역시 '수학의 한계'가 증명된 거라고 생각하게 돼요. 이것을 어떻게 받아들여야 할까요?"

테트라의 진지한 물음에 미르카는 말없이 자리에서 일어나 점차 노을이 물드는 창가로 다가갔다. 그리고 이쪽을 돌아보며 말했다.

"논의에 혼란이 있어." 미르카가 말했다. "테트라는 '수학이라는 것'을 어떤 의미로 쓴 거지? (1) 명확하게 정의를 쓰고, 어떤 형태로든 형식적으로 표현할 수 있는 것? 아니면 (2) 정의를 쓸 수 없고, 우리의 마음속에 떠오른 수학이라는 이름을 부여하기에 적합한 것? 어느 쪽이라고 생각해?"

"……."

"혹시 (1)의 의미로 말한 거라면 '수학이라는 것'은 조건을 확인한 후에 불완전성 정리의 대상이 될 수 있지. 그리고 '수학이라는 것'은 불완전성 정리의 결과에 지배되고 말 거야."

"……."

"그렇지만 혹시나 (2)의 의미라면 '수학이라는 것'은 불완전성 정리의 대상이 아니야. 그건 수학론의 대상일까, 철학의 대상일까? 어쨌든 수학의 대상은 아니야. 따라서 불완전성 정리의 대상도 아니라는 거지. 그렇기 때문에 '수학이라는 것'은 불완전성 정리의 결과에 지배당하지 않아."

"……."

"게다가 '수학이라는 것'이 (1)인지 (2)인지를 식별하는 건, 그 또한 수학이 다루는 문제가 아니야."

미르카는 우리를 빙 둘러보더니 크게 양팔을 벌려 보이며 말했다.

"그래서 내 생각은 이래. 불완전성 정리의 결과를 사용하여 수학적인 이야기를 하고 싶다면, 대상을 수학으로 제한해서 이야기하자. 그렇지 않고 불완전성 정리의 결과에서 영감을 얻어 수학론적인 이야기를 하고 싶다면, 그쪽으로 이야기하자. 잊지 말아야 할 것은 수학론적 이야기는 '수학적으로 증명된 것'은 아니라는 거야."

나는 미르카에게 물었다.

"수학을 형식적 체계로 표현한다'는 것은 불가능하다는 얘기야?"

그녀는 눈을 감고 고개를 좌우로 저었다.

"그렇다기보다는 '수학이란 무엇인가?'를 결정하는 건 '수학'이 아니라는 거야. 그건 '수학관'이야. 그렇기 때문에 '수학이란 ○○ 이다'라는 주장은 수학적으로 증명할 수 없어."

미르카는 안경을 손가락으로 밀어 올리며 말했다.

"요컨대, 수학적 논의와 수학론적 논의는 구분해야 한다는 거야."

'구분하는 것은 앎을 향한 첫걸음.'

11. 꿈을 실어 보내며

끝이 아니야

지금은 저녁, 아니 벌써 밤이다. 완전히 캄캄해졌다.

나라비쿠라 도서관을 나와 우리 네 명은 덤불길을 지나 역으로 향했다.

논리를 계산하고자 했던 라이프니츠의 꿈, 그것은 형식적 체계를 수로 다루는 괴델의 증명과 이어져 있었으며, 현대의 컴퓨터와도 이어져 있구나. 나는 그런 생각을 하며 멍하니 걸었다.

오늘 하루, 우리는 '수학을 수학하는' 여행을 다녀왔다.

오늘 우리의 여행은 곧 끝난다.

하지만 우리의 여행은 여기서 끝이 아니다.

"파도 소리가 들려."

문득 앞에서 걷고 있던 미르카가 말했다.

멈춰 서서 귀를 기울이니, 멀리서 가느다랗지만 확실하게 파도 소리가 들려왔다.

바다에 도착하면 강은 끝난다.

하지만 물의 여행은 거기서 끝나지 않는다.

거기서 물은 하늘로 솟아오르는 것이다.

나만의 것

돌아가는 전철 안은 텅 비어 있었다. 전철을 전세 낸 것처럼 우리는 둘씩 4인용 좌석을 차지하고 마주 앉았다. 내 옆에는 유리, 맞은편에는 미르카와 테트라.

피곤한데도 서로 수학 퀴즈를 내며 대화를 나누었다.

한껏 고양된 분위기였다가 어느새 말수가 점점 줄어들었다. 유리가 크게 하품한 것을 시작으로 나도 꾸벅꾸벅 졸고 말았다.

그러다 문득 눈이 떠졌다.

테트라는 미르카의 어깨에 기대어 잠들어 있었다.

유리는 내 어깨에 기대어 잠들었다.

미르카는 창밖으로 흐르는 밤을 가만히 바라보고 있었다.

"미르카, 저기……." 나는 말했다.

검은 머리 소녀는 내 쪽으로 시선을 돌렸다.

그녀는 고르게 숨을 내쉬는 테트라와 유리를 가리켰다.

(자고 있으니까)

둘째 손가락을 입술에 댄다.

(조용히 해)

나를 향해 그녀는 천천히 손가락을 흔들었다.

1   1   2   3…

그리고 고개를 까닥인다.

(자, 그다음은?)

나는 오른손을 펼쳐서 대답했다.

…5

미소 짓는 미르카.
나는 미르카와 만났던 봄을 떠올렸다.

흩날리던 벚꽃 잎.
질문과 대답.
둘의 대화.

수많은 대화에서 나는 많은 것을 배웠다.
나는 지금 살아 있다. 나는 언젠가 죽는다.
배운 것을 전달할 상대가 없다면 얼마나 쓸쓸할까?
나는 배운 것을 확실히 전하고 싶다.
곁에 있는 누군가에게, 멀리 있는 누군가에게, 미래의 누군가에게……

'음악은 내 거야.' 예예는 말했다.
'논리는 유리 거야.' 유리가 말했다.
'영어는 내 거야.' 테트라가 말했다.

'수학은 내 거야.' 미르카가 말했다.
그렇다면 나는 이렇게 말하겠다.
'배움, 그리고 가르치는 것, 그게 내 것이다.'

이제 곧 4월이다. 우리는 새로운 학년으로 올라간다.
아마 수많은 문제가 우리를 기다리고 있을 것이다.
하지만 지금은 잠시 휴식할 때.

전철은 조용히 밤을 달렸다.
푹 잠들어 있는 테트라와 유리를 싣고.
침묵의 대화를 이어 가는 나와 미르카를 싣고.
전철은 조용히 꿈을 싣고 간다.
우리의 꿈은 여행을 계속한다.
언제까지나.
어디까지나.

괴델의 착상은
수학적 논증을 이용하여
수학적 논증 그 자체를 연구하는 것이었다.
_『괴델, 에셔, 바흐』

"선생님?" 소녀가 교무실로 들어온다.

열린 문에서 흘러드는 바람이 봄의 향기를 싣고 왔다.

"아, 웬일이야? 왠지 기운 없어 보이네."

"아뇨, 괜찮아요. 어떤 어려운 문제도 번개처럼 대답할 수 있어요."

"그럼 퀴즈를 내 볼까? 지금부터 A, B, C 세 명에게 각각 빨간색 혹은 흰색 모자를 씌운다고 하자."

"네!"

"세 사람 모두 자기가 쓴 모자는 볼 수 없지만, 다른 두 명의 모자는 볼 수 있지."

"자기 모자 색깔을 맞추는 거예요?"

"그래. 빨간 모자는 세 개, 하얀 모자는 두 개. 그중 세 개만 씌우고 나머지 두 개는 숨길 거야. 우선 A에게 '네 모자 색깔은?' 하고 묻자 '몰라'라고 대답했지."

"……." 소녀는 표정이 진지해졌다.

"듣고 있어?"

"듣고 있어요. 계속하세요, 선생님."

"B에게 '네 모자 색깔은?' 하고 물었더니 역시 '몰라'라고 대답했어."

"빨간색." 소녀가 말했다.

"응? 빨간색이라고?"

"C의 모자 색깔은 빨간색이죠." 소녀는 쿡쿡 웃었다.

"아직 문제 안 끝났는데……. C는 A와 B가 빨간색 모자를 쓴 것을 보았다. C의 모자 색깔은?"

"C의 모자 색깔은 빨간색 맞죠?"

"맞았어. 어떻게 문제를 다 듣지도 않고 맞힌 거야?"

"순서대로 생각하면 금방 알아요."

- A가 '모른다'고 말했으니까 B와 C는 적어도 한쪽이 빨간색.
- 그걸 B도 알고 있다.
- B에게는 C가 보인다. C가 흰색이면 B는 자기가 빨간색이라는 것을 알 수 있다.
- 하지만 B는 '모른다'고 했다.
- 따라서 C의 색깔은 빨간색이다.

"오호!"

"그러니까 이런 경우 C는 눈을 감고 있어도 스스로 빨간색을 썼다는 걸 알 수 있어요."

"확실히…… 그렇구나."

"헤헤, 대단하죠? 후우."

"그런데 왜 한숨을 쉬는 거니?"

"뭔가를 까먹은 것 같은데, 그게 뭔지를 잊고 있는 기분이라……."

"메타 기억 상실이네. 원인은 아마 내일 졸업식?"

"큭, 들켰네요. 허망해라. 송사 도중에 울 것 같아요."

"재학생 대표가 엄살은……. 졸업생은 내일 네 송사를 듣고 떠날 텐데."

"제발 그만요, 그런 말 좀……. 눈물 겨우 참고 있는데."

"선생님 때도 눈물의 졸업식이 있었지."

"선생님도 그런 게 떠올라요?"

"그야 물론."

"아, 그럼 카드 받아서 이제 갈래요!" 손을 내미는 소녀.

"이 카드는 어때?"

"'문제와 답이 똑같아지는 문제는 무엇인가?'라고요?"

"그래."

"'문제와 답이 똑같아지는 문제는 무엇인가?'는 간단하죠, 선생님."

"바로 대답하지 마. 그럼 이 카드로 할까?"

"'두 개의 자연수를 짝으로 만든…….' 선생님, 이건 긴데요?"

"연구 과제는 차분하게 생각할 것."

"네, 그럼 안녕히 계세요!"

소녀는 손가락을 획획 흔들며 교무실을 나갔다.

졸업식…인가?

이제 곧 교무실 창밖에 한가득 벚꽃이 피어나는 계절.

몇 번이고 몇 번이고 돌아오는 이 계절.

똑같아 보이지만 단순한 반복이 아니다.

반복되면서 올라가는 나선이다.

반복과 상승을 함께 느끼며…….

날개를 크게 펼쳐 날아가자.

좀 더, 좀 더 멀리까지.

막 배우기 시작한 학생에게 보여 주어야 할 것은
……수학에는 단순하지만 명백하지 않은 정리나 관계가
정말 놀랄 만큼 많다는 것이다.
……내 생각에 수학의 이 성질은 세계의 질서와 규칙성을
뭔가의 의미로 반영하고 있는 것이다.
세계는 표면적으로 관찰하고 있을 때 보이는 것보다
비교도 안 될 정도로 위대한 것이다.
_쿠르트 괴델

> 모든 책은 본질적으로 불가능성이라는 것을 항상 안고 있다.
> 작가는 최초의 흥분이 가라앉자마자 그것을 발견한다.
> 문제는 구조적인 것이자 해결 불가능한 것이다.
> 그래서 아무도 그 책을 쓰지 않는 것이다.
> _애니 딜라드, 『책을 쓴다는 것』

『미르카, 수학에 빠지다』 제3권 '망설임과 괴델의 불완전성 정리'가 세상에 나옵니다. 여기서도 주인공 나와 미르카, 테트라, 사촌동생 유리는 언제나처럼 수학을 공부하며 청춘의 이야기를 만들어 갑니다. 네 명의 학생들은 수학을 통해 세상의 진리를 어렴풋이나마 이해하며 평생 잊지 못할 청춘의 일기를 써 내려갑니다.

이 책을 처음 쓰기 시작했을 때 필자는 괴델의 불완전성 정리에 대해 알고 있다고 생각했습니다. 하지만 시간이 갈수록 총체적인 이해가 빈약하다는 사실을 발견했지요. 다시 차근차근 학습할 시간이 필요했습니다. 처음에는 수리논리학 이론을 파고들기 시작했습니다. 그리고 많은 분들의 조언과 지원을 받아 1년여 공부한 끝에 원고를 완성할 수 있었습니다.

독자 여러분들이 이 책을 통해 괴델의 불완전성 정리를 이해하고 조금이라도 수학적 깨달음에 이를 수 있다면 좋겠습니다. 수학에 관해 귀중한 조언을 해 주신 여러분께 감사드립니다. 놀라운 수학의 길을 닦아 놓은 괴델과 모든 수학자들에게 이 책을 바칩니다.

지금 이 문장을 읽고 있는 독자 여러분들께도 감사의 말을 전합니다.

언젠가 또 어딘가에서 다시 만나기를 기원합니다.

유키 히로시
책 한 권에 우주의 한 조각을 담는 신비로움을 생각하며

수학 걸 웹사이트 www.hyuki.com/girl

입학식이 끝나고 교실로 가는 시간이다. 나는 놀림감이 될 만한 자기소개를 하고 싶지 않아 학교 뒤쪽 벚나무길로 들어선다. "제가 좋아하는 과목은 수학입니다. 취미는 수식 전개입니다."라고 소개할 수는 없지 않은가? 거기서 '나'는 미르카를 만난다. 이 책의 주요 흐름은 나와 미르카가 무라키 선생님이 내주는 카드를 둘러싸고 벌이는 추리다.

무라키 선생님이 주는 카드에는 식이 하나 있다. 그 식을 출발점으로 삼아 문제를 만들고 자유롭게 생각해 보는 일은 막막함에서 출발한다. 학교가 끝나고 도서관에서, 모두가 잠든 밤에는 집에서, 그 식을 찬찬히 뜯어보고 이리저리 돌려보고 꼼꼼히 따져 보다가 아주 조그만 틈을 발견한다. 그 틈을 비집고 들어가 카드에 적힌 식의 의미를 파악하고 정체를 벗겨 내는 일, 위엄을 갖고 향기를 발산하며 감동적일 정도로 단순하게 만드는 일. 그 추리를 완성하는 것이 '나'와 미르카가 하는 일이다. 카드에는 나열된 수의 특성을 찾거나 홀짝을 이용해서 수의 성질을 추측하는 나름 쉬운 것이 담긴 때도 있지만 대수적 구조인 군, 환, 체의 발견으로 이끄는 것이나 페르마의 정리의 증명으로 이끄는 묵직한 것도 있다.

빼어난 실력을 갖춘 미르카가 간결하고 아름다운 사고의 전개를 보여 준다면 후배인 테트라와 중학생인 유리는 수학을 어려워하는 독자를 대변하는 등장인물이다. 테트라와 유리가 깨닫는 과정을 따라가다 보면 '아하!' 하며 무릎을 치게 된다. 그동안 의미를 명확하게 알지 못한 채 흘려보냈던 식의 의미가 명료해지는 순간이다. 망원경의 초점 조절 장치를 돌리다가 초점이 딱 맞게 되는 순간과 같은 쾌감이 온다. 그래서 이 책은 수학을 좋아하고 즐기는 사람에게도 권하지만, 수학을 어려워했던, 수학이라면 고개를 절레절레 흔들었던 사람에게도 권하고 싶다. 누구에게나 '수학이 이런 거였어?' 하는 기억이 한 번쯤은 있어도 좋지 않은가? 더구나 10년도 더 전에 한 권만 소개되었던 책이 6권 전권으로 출간된다니 천천히 아껴 가면서 즐겨보기를 권한다.

남호영

미르카, 수학에 빠지다 ③
망설임과 괴델의 불완전성 정리

초판 1쇄 인쇄일 2022년 5월 25일
초판 1쇄 발행일 2022년 6월 3일

지은이   유키 히로시
옮긴이   박지현
펴낸이   강병철

펴낸곳   이지북
출판등록 1997년 11월 15일 제105-09-06199호
주소   04047 서울시 마포구 양화로6길 49
전화   편집부 (02)324-2347, 경영지원부 (02)325-6047
팩스   편집부 (02)324-2348, 경영지원부 (02)2648-1311
이메일   ezbook@jamobook.com

ISBN 978-89-5707-235-6 (04410)
     978-89-5707-224-0 (세트)